普通高等教育农业农村部“十四五”规划教材（审定编号：NY-1-0198）
浙江省线上线下混合式一流本科课程配套教材
智慧树精品共享课程配套教材

现代食品分析实验指导

陆柏益　主编

ZHEJIANG UNIVERSITY PRESS
浙江大学出版社
·杭州·

图书在版编目（CIP）数据

现代食品分析实验指导 / 陆柏益主编. -- 杭州：浙江大学出版社，2023. 12
ISBN 978-7-308-24428-2

Ⅰ. ①现… Ⅱ. ①陆… Ⅲ. ①食品分析—实验—高等学校—教材 Ⅳ. ①TS207. 3

中国国家版本馆 CIP 数据核字(2023)第 228774 号

现代食品分析实验指导
陆柏益　主编

责任编辑　秦　瑕
责任校对　徐　霞
封面设计　周　灵
出版发行　浙江大学出版社
（杭州市天目山路 148 号　邮政编码 310007）
（网址：http://www.zjupress.com）
排　　版　杭州青翊图文设计有限公司
印　　刷　浙江新华数码印务有限公司
开　　本　787mm×1092mm　1/16
印　　张　17.25
字　　数　441 千
版 印 次　2023 年 12 月第 1 版　2023 年 12 月第 1 次印刷
书　　号　ISBN 978-7-308-24428-2
定　　价　52.00 元

编　委　会

序

全民健康是建设健康中国的根本目的，健康中国行动明确指出食品安全得到有效保障是有效控制健康危险因素的重要一环。国家卫生健康委发布的《食品安全标准与监测评估“十四五”规划》也指出，要发挥好食品安全标准与风险监测评估工作在“预防为主、风险管理、全程控制、社会共治”的食品安全治理体系中的基础性作用。以上信息无不透露出国家对食品安全的重视和实现全民健康的决心。食品分析是现代食品工业发展的重要技术支撑，食品分析实验是理论与实践相结合的重要环节，在食品科技人才培养过程中发挥着举足轻重的作用。

食品分析人才的职业素养和一个国家食品行业的发展息息相关，食品分析人员在进行食品检验的过程中，是否能够秉持公平、客观的态度，保证数据的准确性，必然会影响到市场中所流通食品的安全性。食品类专业课程的设置需要重视食品分析专业方面的人才培养，将工匠精神渗透其中，不断地提升食品分析专业学生严谨、认真的科学态度，提升学生的综合素养，为食品安全行业和健康中国建设做出更大的贡献。因此，迫切需要进一步推进教材建设，提高食品科技人才培养的能力和水平，更好地满足经济社会发展对高素质食品科技人才的需要。

本教材编委会在对国内外食品分析实验类教材的培养目标、课程体系、教学内容等进行广泛而深入的调研的基础上，组织了一批学术水平高、教学经验丰富的一线教师和食品专业研究员编写了本教材。本教材有以下几点优势：顺应了现代社会和食品行业发展需要，尤其是食品营养功能成分的分析需求；突出了权威性和标准性，以国家或行业标准为准绳；能适应本学科本科生的知识水平，深度适宜，凝聚了长期教学和科研成果；内容系统、连贯、渐进，既有基础实验训练，又有创新实验和综合设计实验；综合设计实验选编结合实际了案例、思政元素和团队研究基础；引入了新形态教材模式，利用二维码拓展课外学习资源，便于学生自主学习。本教材适合食品科学与工程类专业学生、科研人员和教师，还可作为生物、制药、轻工、农林等相关专业人员的参考书目。

李培武

前　言

随着社会工业化的发展以及人民生活水平的提高，人们对更营养、更安全的食品的需求更迫切。利用食品分析技术对食物成分进行标准检测，对保障食品安全和营养、引导居民形成科学膳食习惯至关重要。食品分析实验课程是与食品营养、食品安全等社会经济问题关联较密切的一门应用性课程。该课程的学习，可以巩固学生在食品分析方面的理论知识，提高其基本实验技能，培养在科学研究和产业实践中发现问题、分析问题、解决问题的能力。食品分析实验课程可以为食品安全检测、食品营养功能评价等行业培养专业技术人才。因此，食品分析实验配套教材也需要不断推陈出新，适应社会的快速发展和行业的新需求。

本书是在食品分析实验教学科研实践的基础上，以浙江大学《食品分析实验》教学讲义为蓝本，并参考和引用最新国家标准和国内外检测技术的研究成果编写而成，是浙江省线上线下混合式一流本科课程和智慧树精品共享课程配套教材，并成功入选了首批农业农村部“十四五”规划教材。

本书由浙江大学陆柏益教授主编，内容包括食品基本性质、安全检测、食品营养健康，以及食品营养功能成分、食品添加剂、食品中的有害成分等的测定方法。同时，本书结合食品相关热门问题、团队研究基础和思政融入，选编了创新性实验、综合设计实验。本书既有常规的化学方法，也加强了仪器分析方法的介绍，强调实用性与先进性结合。全书共四个部分，分别为食品分析实验的基本知识、食品分析基础实验、食品分析创新实验和综合设计实验。每个实验都引入了新形态教材模式，利用二维码拓展课外学习资源，便于学生开展自主学习。

本书可作为食品科学与工程、食品质量与安全等食品专业的本科生教学用书，也可作为生物、制药、轻工、农林等相关专业人员的参考书，还可供食品工程技术人员、科研人员和教师参考使用。

由于编者知识面和专业水平有限，书中难免存在不妥之处，敬请专家、读者批评指正。

陆柏益

2023 年 7 月于浙江大学

目　录

第一章　食品分析实验的基本知识

食品分析实验是食品分析课程教学实践的重要环节。在实验前，实验人员必须做好充足的准备，具备化学实验的基本技术并掌握食品分析实验的基本知识。

本章介绍实验室中应当遵守的原则、实验室中可能存在的危险及其应对措施。同时，对常用试剂的配制方法进行了描述，对实验数据的分析和处理方法进行了介绍。

第一节　食品分析实验室的基本要求

（一）实验前准备

教师应提前向学生发放实验教材或讲义，进行预实验，按分组准备好实验试剂、药品及仪器，写好板书。

学生实验前应认真预习，熟悉实验原理、实验内容、操作步骤及注意事项。

（二）实验过程须知

（1）进行实验前，教师讲解实验流程及注意事项，并解答学生的疑问。

（2）实验过程中，实验人员应严格遵守《实验室安全规则》。

（3）实验过程中应保持实验室整洁有序，天平、烘箱、水浴锅等公用仪器设备用后及时清理，公用试剂、药品务必用干净的刻度吸管或药匙取用，取用后应及时放回原处。

（4）严格遵守实验操作规范，避免失误、减少误差，确保数据的可靠性。

（5）实验过程中应仔细观察、勤于思考，及时记录实验数据及实验现象，灵活运用理论知识分析实验现象和问题。

（6）仪器设备出现损坏的应进行登记，实验过程中出现异常现象或遇到危险，应立即报告老师。

（7）实验完成后，应清洁实验台面，清洗并清点实验用品，摆放整齐。待指导老师检查完实验原始记录后，签退离开实验室。

（8）值日同学打扫完公共卫生，协助老师再次检查所有设备是否断电，水阀是否关紧。关闭门窗，签退离开实验室。

第二节 实验室安全及防护

凡进入实验室工作的教师、实验员和学生都必须具有安全意识，严格遵守操作规程和规章制度，保持警惕，以免事故发生。

(一)实验室易发生的危险

1. 易燃、易爆危险品

实验室内往往存有易燃和易爆化学危险品、高压气体钢瓶、低温液化气体等，另外，实验中还会经常进行高压灭菌、蒸馏、干燥浓缩等操作，如果操作不当或没有遵守安全操作规定，则有可能导致安全事故的发生。

2. 有毒气体

在食品分析实验中，经常用到各种有机溶剂和易挥发的有毒、有害试剂，也可能产生有毒气体和腐蚀性气体，如不注意，都有引起中毒的可能。

3. 机械伤害

实验中经常涉及玻璃仪器安装、管道连接的设备等，操作者疏忽大意或操作不当是导致事故发生的主要原因。

4. 触电

实验室有电气设备，用电安全必须时刻注意。

5. 腐蚀

在食品分析实验中，使用浓酸、浓碱等具有腐蚀性的试剂时，必须小心操作，防止溅出而造成皮肤伤害。

6. 其他危险

涉及放射性、微波辐射、电磁、电场的工作场所应有适当的防护措施，以防造成人体伤害或污染环境。

(二)实验室通用安全守则

为保障人身及仪器设备安全，实验人员必须遵守下列安全守则。

(1)实验室人员必须熟悉仪器、设备的性能和使用方法，按规定进行操作。

(2)凡进行危险性的实验，实验人员应先检查防护措施，确证防护妥当后，再进行操作。实验过程中，操作人员不得擅自离开，实验完成后立即做好清理工作，并做好记录。

(3)凡涉及有毒或有刺激性气体产生的实验，均应在通风橱(柜)内进行，并做好个人防护，不得把头伸进通风橱内。

(4)凡接触或使用腐蚀和刺激性药品，如强酸、强碱、氨水、过氧化氢、冰醋酸等，取用时尽可能佩戴橡皮手套和防护眼镜，瓶口不要直接对着人，禁止用手直接拿取。开启有毒气体容器时应戴防毒面具。

(5)不用无标签(或无标志)的容器盛放试剂、试样。

(6)实验中产生的有毒、有害废液、废物应集中处理,不得任意排放或流入下水道。酸、碱或有毒物品溅落时,应及时清理及除毒。

(7)严格遵守安全用电规程,不使用绝缘不良或接地不良的电器设备,不擅自拆修电器。

(8)禁止在实验室内私拉乱拉电线,禁止在烘箱、电阻炉等加热设备或冰箱等散热设备附近堆放物品。

(9)使用易破裂的玻璃仪器,要用布片包裹。往玻璃管上套胶皮管时,管端应烧圆滑,并使用水或甘油润滑,以防玻璃管破裂割伤手。

(10)进入实验室应穿工作服,切勿穿拖鞋、凉鞋或露趾鞋。留长发者应束扎头发,离开实验室须脱下工作服。

(11)实验完毕,实验人员应养成洗手离开的习惯。实验室内禁止吸烟和存放食物、食具(食品感官鉴评实验室除外)。实验室内禁止娱乐、睡觉等与实验操作无关的活动。

(12)实验室应配备消防器材,实验人员要熟悉其使用方法并掌握相关的消防知识。

(13)实验结束离室前要检查水、电、燃气和门窗是否关好,确保安全,并做好登记。

(三)常见的实验室事故急救和处理

1.实验室灭火

实验室发生火灾危险的可能性较大。万一发生火灾,切忌惊慌失措,在拨打 119 报警电话的同时,如能在火灾发生的初期采取适当的措施,可以减小损失。实验室灭火的原则是:移去或隔绝燃料的来源,隔绝空气(氧气),降低温度。对不同物质引起的火灾,应采取不同的扑救办法。

(1)防止火势蔓延,应先切断电源,关闭所有加热设备,快速移去附近的可燃物质,关闭通风装置,减少空气流通。

(2)立即扑灭火焰,设法隔断空气,使温度下降到可燃物的着火点以下。

(3)火势较大时,可用灭火器扑救。常用的灭火器有:①二氧化碳灭火器,用以扑救电器、油类和酸类火灾,不能扑灭钾、钠、镁、铝等物质火灾;②泡沫灭火器,适用于有机溶剂、油类着火,不宜扑救电器火灾;③干粉灭火器,适用于扑灭油类、有机物、遇水燃烧物质的火灾;④1211 灭火器,适用于扑救油类、有机溶剂、精密仪器、文物档案等火灾。

水是最常用的灭火物质,但应注意:能与水发生猛烈作用的物质失火时,不能用水灭火;比水轻、不溶于水的易燃与可燃液体着火时,不能用水灭火;电气设备及电线着火时,首先用四氯化碳灭火器灭火,电源切断后才能用水扑救;严禁在未切断电源前用水或泡沫灭火器扑救。

2.化学物质中毒及灼伤的急救

(1)有毒气体的中毒。常见的有毒气体有氯气、硫化氢、氮氧化物、一氧化碳等。若发生中毒,要立即离开现场,将中毒者抬到空气新鲜处,及时送医院抢救。

(2)强酸、强碱灼伤。受到硫酸、盐酸、硝酸伤害时,立即用大量清水冲洗,然后用 2%的小苏打水冲洗患处;受到 NaOH、KOH 溶液伤害时,迅速用大量水冲洗,再用 2%的稀乙酸或 2%的硼酸充分洗涤伤处。若有衣服粘连在皮肤上,切忌撕开或揭开,以防破坏皮肤组织,应大量冲水后再送医院由医生处理。

3. 触电的急救

遇到触电事故时，必须保持冷静，立即拉下电闸断电，或用木棍将电源线拨开。千万不要徒手或者在脚底无绝缘体的情况下去拉触电者。脱离电源后，检查伤员的呼吸和心跳情况。如果呼吸停止，立即进行人工呼吸，并打120求救。

4. 机械损伤的急救

被玻璃或其他锐器割伤时，必须检查伤口内有无残留的玻璃或金属等物体碎片，对伤口进行清洗后，再擦碘酒或紫药水，必要时用纱布包扎。若伤口较大或过深引起大量出血，应当扎紧伤口上部或下部进行紧急止血，立即送往医院救治。

第三节 常用试剂配制与标定

(一)试剂的纯度

食品理化检验使用的试剂除特别注明外，一般为分析纯试剂。乙醇除特别注明外，指95%的乙醇。水除特别注明外，均为蒸馏水或去离子水。常用的酸碱试剂有盐酸、硫酸、硝酸、磷酸及氨水等，如果没有指明浓度，即为市售的浓盐酸、浓硫酸、浓硝酸、浓磷酸和浓氨水等。

(二)物质浓度的表示

混合物(或溶液)中某物质的含量通常有以下几种表示方法。

1. 溶质质量分数

溶质质量分数指溶质的质量与溶液的质量之比，可用符号 ω_B 表示，B代表溶质。如 $\omega(KCl)=15\%$，表示100 g氯化钾溶液中含有15 g氯化钾。如果溶质和溶液的质量单位不同，则质量分数应加上单位，如mg/g，μg/g等。

2. 溶质体积分数

溶质体积分数指在相同的温度和压力下，溶质的体积与溶液的体积之比，可用符号 φ_B 表示，B代表溶质。如 $\varphi(CH_3CH_2OH)=80\%$，表示100 mL乙醇溶液中含有80 mL无水乙醇。

3. 质量浓度

质量浓度是指溶质的质量与溶液的体积之比，可用符号 ρ_B 表示，B代表溶质。$\rho(NaOH)=10$ g/L，指1 L氢氧化钠溶液中含有10 g氢氧化钠。$\rho(NaOH)=10$ g/dL，表示1 dL溶液中含有10 g氢氧化钠。当浓度很稀时，可用mg/mL，μg/L，ng/mL表示。

4. 物质的量浓度

物质的量浓度指溶质的物质的量与溶液的体积之比，可用符号 c_B 表示，B代表溶质。如 $c(H_2SO_4)=1$ mol/L，表示1 L硫酸溶液中含有1 mol的 H_2SO_4。

5. 比例

比例是指溶液中各组分的体积比。如：正丁醇：氨水：无水乙醇＝7：1：2，指由7倍体积的正丁醇、1倍体积的氨水和2倍体积的无水乙醇混合而成的溶液。

6. 滴定度

滴定度是指 1 mL 标准溶液相当于被测物的质量，可用 T(s/x)表示，s 表示滴定剂(标准溶液)的分子式，x 代表被测物质的分子式。如 $T(HCl/Na_2CO_3)$=0.005316 g/mL，表示 1 mL盐酸标准溶液相当于 0.005316 g 碳酸钠。

食品分析中所用的计量单位均采用中华人民共和国法定计量单位、法定的量和单位名称及其符号(GB 3100—3102—1993)(文件名见附录Ⅲ)。分析检测中常用的量及其单位的名称和符号见表 1-1。

表 1-1　分析检测中常用的量及单位的名称和符号

量的名称	量的符号	单位名称	单位符号	倍数与分数单位
物质的量	n_B	摩尔	mol	mmol 等
质量	m	千克	kg	g、mg、μg 等
体积	V	立方米	m^3	L(dm)、mL(cm^3)等
摩尔质量	M	千克每摩尔	kg/mol	B/mol 等
摩尔体积	V_m	立方米每摩尔	m^3/mol	L/mol 等
物质的量浓度	c_B	摩尔每立方米	mol/m^3	mol/L 等
质量分数	ω_B	—	—	—
质量浓度	ρ_B	千克每立方米	kg/m^3	g/L、g/mL 等
体积分数	φ_B	—	—	—
滴定度	T(s/x)、T_ξ	克每毫升	g/mL	—
密度	ρ	千克每立方米	kg/m^3	g/mL、g/m^3 等
相对原子质量	A	—	—	—
相对分子质量	M	—	—	—

(三)常用酸碱试剂

常用酸碱试剂见表 1-2。

表 1-2　常用酸碱试剂

试剂名称	分子式	相对分子质量(Mr)	密度 ρ/(g/mL)	质量分数 ω/%	物质的量浓度 c_B/(mol/L)
硫酸	H_2SO_4	98.1	1.84(约)	96～98	18
盐酸	HCl	36.5	1.18(约)	36～38	12

续表

试剂名称	分子式	相对分子质量(Mr)	密度 ρ/(g/mL)	质量分数 ω/%	物质的量浓度 c_B/(mol/L)
硝酸	HNO_3	63.02	1.4(约)	65～68	16
磷酸	H_3PO_4	98	1.7	85	15
无水乙酸	CH_3COOH	60.05	1.05(约)	99	17
乙酸	CH_3COOH	60.05	1.04	36	6.3
甲酸	HCOOH	46.02	1.2	90	23
高氯酸	$HClO_4$	100.5	1.67	70	12
氨水	$NH_3 \cdot H_2O$	17	0.9(约)	25～28	15

(四)常用的实验仪器

1. 玻璃器皿

化学分析中常用的仪器大部分属玻璃制品。可加热的有烧杯、烧瓶、锥形瓶和试管，而试剂瓶、量筒、容量瓶、滴定管等仪器都不能加热。还有一些有特殊用途的玻璃仪器，如干燥器、漏斗、称量瓶等。在实验中，应当根据具体要求来选择仪器。

2. 分析天平

分析天平是分析实验中使用率最高的设备之一，常用的电子天平通常要求能准确称量至 0.0001 g，其最大载量一般在 100～200 g。在称量样品前，必须对天平进行校准，以免造成实验误差。

(五)几种常用试剂的配制与标定

1. 盐酸标准溶液的配制与标定

(1)盐酸标准溶液的配制：

①盐酸溶液(1 mol/L)。量取 90 mL 盐酸，加水稀释至 1000 mL。

②盐酸溶液(0.5 mol/L)。量取 45 mL 盐酸，加水稀释至 1000 mL。

③盐酸溶液(0.1 mol/L)。量取 9 mL 盐酸，加水稀释至 1000 mL。

④溴甲酚绿-甲基红混合指示液。量取 30 mL 溴甲酚绿的乙醇溶液(2 g/L)，加入 20 mL甲基红的乙醇溶液(1 g/L)，混匀。

(2)盐酸标准溶液的标定：

①标定步骤。采用减重法准确称取 1.5 g 已于 270～300 ℃干燥至恒重的基准无水碳酸钠，加入 50 mL 水使之溶解，再加 10 滴溴甲酚绿-甲基红混合指示液，用盐酸溶液(1 mol/L)滴定至溶液由绿色转变为暗红色，煮沸 2 min，冷却至室温，继续滴定至溶液再呈暗红色，做 3 次以上平行试验，同时做试剂空白试验。

②标定盐酸溶液 0.5 mol/L。步骤同①，但基准无水碳酸钠的量改为 0.75 g。

③标定盐酸溶液 0.1 mol/L。步骤同①，但基准无水碳酸钠的量改为 0.15 g。

(3)结果计算。盐酸标准溶液浓度按式(1-1)计算。

$$c=\frac{m\times 1000}{(V_1-V_2)(M_r/2)} \tag{1-1}$$

式中：c——盐酸标准溶液的物质的量浓度，mol/L；

m——基准无水碳酸钠的质量，g；

V_1——样品消耗盐酸标准溶液的体积，mL；

V_2——空白试验消耗盐酸标准溶液的体积，mL；

M_r——基准无水碳酸钠的摩尔质量，105.98 g/mol。

至少取3次平行实验结果的平均值，结果保留小数点后4位，每次实验结果的相对平均偏差不超过0.2%。

2.硫酸标准溶液的配制与标定

(1)硫酸标准溶液的配制：

①硫酸溶液[$c(1/2H_2SO_4)=1$ mol/L]。量取30 mL硫酸，缓缓注入适量水中，冷却至室温后用水稀释至1000 mL，混匀。

②硫酸溶液[$c(1/2H_2SO_4)=0.5$ mol/L]。量取15 mL硫酸，步骤同①

③硫酸溶液[$c(1/2H_2SO_4)=0.1$ mol/L]。量取3 mL硫酸，步骤同②。

(2)硫酸溶液的标定：

①标定步骤。采用减重法准确称取1.9 g已于270～300 ℃干燥至恒重的基准无水碳酸钠，加入50 mL水使之溶解，再加10滴溴甲酚绿-甲基红混合指示液，用硫酸溶液[$c(1/2H_2SO_4)=1$ mol/L]滴定至溶液由绿色转变为暗红色，煮沸2 min，冷却至室温，继续滴定至溶液再呈暗红色，做3次以上平行试验，同时做试剂空白试验。

②标定硫酸溶液[$c(1/2H_2SO_4)=0.5$ mol/L]。步骤同①，但基准物无水碳酸的量改为0.95 g。

③标定硫酸溶液[$c(1/2H_2SO_4)=0.1$ mol/L]。步骤同②，但基准物无水碳酸钠的量改为0.19 g。

(3)结果计算：硫酸标准溶液的浓度[$c(1/2H_2SO_4)$]按式(1-2)计算。

$$c=\frac{m\times 1000}{(V_1-V_2)(M_r/2)} \tag{1-2}$$

式中：c——硫酸标准溶液的物质的量的浓度，mol/L；

m——基准无水碳酸钠的质量，g；

V_1——硫酸标准溶液的体积，mL；

V_2——空白试验消耗硫酸标准溶液的体积，mL；

M_r——基准无水碳酸钠的摩尔质量，105.98 g/mol。

至少取3次平行实验测量数据的平均值，结果保留小数点后4位，每次实验结果的相对平均偏差不超过0.2%。

3.氢氧化钠标准溶液的配制与标定

(1)氢氧化钠标准溶液的配制：

①氢氧化钠饱和溶液的配制。称取120 g氢氧化钠，加无二氧化碳的蒸馏水100 mL，边加边搅拌使之溶解，冷却后置于聚乙烯塑料瓶中，密闭，放置数日，澄清后备用。

②氢氧化钠溶液(1 mol/L)。吸取 56.0 mL 澄清的氢氧化钠饱和溶液,加适量新煮沸过的冷却的蒸馏水至 1000 mL,摇匀。

③氢氧化钠溶液(0.5 mol/L)。吸取 28.0 mL 澄清的氢氧化钠饱和溶液,加无二氧化碳的蒸馏水至 1000 mL,摇匀。

④氢氧化钠溶液(0.1 mol/L)。吸取 5.6 mL 澄清的氢氧化钠饱和溶液,加无二氧化碳的蒸馏水至 1000 mL,摇匀。

⑤酚酞指示剂。称取 1 g 酚酞溶于适量乙醇中,再用乙醇稀释至 100 mL。

(2)氢氧化钠标准溶液的标定:

①标定步骤。采用减重法准确称取 6 g 已于 105～110 ℃干燥至恒重的基准邻苯二甲酸氢钾,加 80 mL 去除二氧化碳的蒸馏水溶解,加 2 滴酚酞指示剂,用氢氧化钠溶液(1 mol/L)滴定至溶液呈粉红色,保持 30 s 不褪色。平行实验做 3 次以上,并以水代替邻苯二甲酸氢钾溶液做空白对照试验。

②标定氢氧化钠溶液(0.5 mol/L)。步骤同①,但基准邻苯二甲酸氢钾的量改为 3 g。

③标定氢氧化钠溶液(0.1 mol/L)。步骤同②,但基准邻苯二甲酸氢钾的量改为0.6 g,加入 50 mL 无二氧化碳的蒸馏水溶解。

(3)结果计算:氢氧化钠标准溶液浓度按式(1-3)计算。

$$c=\frac{m\times 1000}{(V_1-V_2)\times(M_r/2)} \tag{1-3}$$

式中:c——氢氧化钠标准滴定溶液的物质的量浓度,mol/L;

m——邻苯二甲酸氢钾的质量,g;

V_1——氢氧化钠标准溶液体积,mL;

V_2——空白试验消耗氢氧化钠标准溶液的体积,mL;

M_r——基准邻苯二甲酸氢钾的摩尔质量,204.22 g/mol。

至少取 3 次平行实验测得数据的平均值,结果保留小数点后 4 位,每次实验结果的相对平均偏差不超过 0.2%。

4. 高锰酸钾标准溶液的配制与标定[$c(1/5KMnO_4)=0.1$ mol/L]

(1)高锰酸钾标准溶液的配制:称取 3.3 g 高锰酸钾,溶于 1000 mL 水中,缓缓煮沸 15 min,冷却,于暗处放置 2 周,用 4 号玻璃滤锅(在同样浓度的高锰酸钾溶液中缓缓煮沸 5 min)过滤,并将溶液贮存于棕色瓶中。

(2)高锰酸钾标准溶液的标定:采用减重法准确称取 0.2 g 在 110 ℃下干燥至恒重的基准草酸钠于锥形瓶中,溶于 100 mL 硫酸溶液(8+92)中,用配制的高锰酸钾溶液滴定,近终点时加热至约 65 ℃,继续滴定至溶液呈粉红色,保持 30 s 不褪色,在滴定终了时,溶液温度不低于 55 ℃。平行实验做 3 次以上,同时做空白试验。

(3)结果计算:高锰酸钾标准滴定溶液的实际浓度[$c(1/5KMnO_4)$]按式(1-4)计算。

$$c=\frac{m\times 1000}{(V_1-V_2)(M_r/2)} \tag{1-4}$$

式中:m——基准草酸钠的质量,g;

V_1——实际消耗 $KMnO_4$ 标准滴定溶液的体积,mL;

V_2——空白消耗标准滴定溶液的体积,mL;

M_r——基准草酸钠的摩尔质量，134.02 g/mol。

至少取 3 次平行实验结果的平均值，结果保留小数点后 4 位，每次实验结果的相对平均偏差不超过 0.2%。

5. 草酸标准滴定溶液的配制与标定[$c(1/2H_2C_2O_4)$ = 0.1 mol/L]

(1)草酸标准滴定溶液的配制：用直接称样法称取 6.4 g 草酸，加适量的水使之溶解并稀释至 1000 mL，混匀。

(2)草酸标准滴定溶液的标定：量取 35.00～40.00 mL 配制好的草酸溶液，加 100 mL 硫酸溶液(8+92)，用高锰酸钾标准滴定溶液[$c(1/5KMnO_4)$ = 0.1 mol/L]滴定，近终点时加热至约 65 ℃，继续滴定至溶液呈粉红色，并保持 30 s。滴定终点时溶液温度应不低于 55 ℃。平行实验做 3 次以上，同时做空白试验。

(3)结果计算：草酸标准滴定溶液的浓度[$c(1/2H_2C_2O_4)$]按式(1-5)计算。

$$c=\frac{(V_1-V_2)\times c_1}{V} \tag{1-5}$$

式中：V_1——高锰酸钾标准溶液体积，mL；

V_2——空白试验消耗高锰酸钾标准溶液体积，mL；

c_1——高锰酸钾标准滴定溶液的物质的量浓度，mol/L；

V——草酸溶液体积，mL。

至少取 3 次平行实验结果的平均值，结果保留小数点后 4 位，每次实验结果的相对平均偏差不超过 0.2%。

6. 碘标准滴定溶液的配制与标定[$c(1/2I_2)$ = 0.1 mol/L]

(1)碘标准滴定溶液的配制：

①碘标准滴定溶液。采用直接称样法。称取 13.5 g 碘，加 36 g 碘化钾、50 mL 水，溶解后加入 3 滴盐酸及并加适量水稀释至 1000 mL，用垂融漏斗过滤，过滤完置于阴凉处，密闭，避光保存。

②淀粉指示液。称取 1.0 g 可溶性淀粉，加入 5 mL 水，混匀后缓缓倾入 100 mL 沸水中，边加边搅拌，煮沸 2 min，放冷，备用。此指示液应临用时配制。

(2)碘标准滴定溶液的标定：准确量取 35.00～40.00 mL 碘标准滴定溶液，置于碘量瓶中，加 150 mL 水(15～20 ℃)、5 mL 盐酸溶液[$c(HCl)$ = 0.1 mol/L]，用硫代硫酸钠标准滴定溶液[$c(Na_2S_2O_3)$ = 0.1 mol/L]滴定，近终点时加 2 mL 淀粉指示液，继续滴定至溶液蓝色消失。

用水做空白试验，取 250 mL 水(15～20 ℃)，加 5 mL 盐酸溶液[$c(HCl)$ = 0.1 mol/L]、0.05～0.2 mL 碘标准滴定溶液及 2 mL 淀粉指示液，用硫代硫酸钠标准滴定溶液[$c(Na_2S_2O_3)$ = 0.1 mol/L]滴定至溶液蓝色消失。

(3)结果计算：碘标准滴定溶液浓度[$c(1/2I_2)$]按式(1-6)计算。

$$c(1/2I_2)=\frac{(V_1-V_2)\times c_1}{V_3-V_4} \tag{1-6}$$

式中：V_1——硫代硫酸钠标准滴定溶液体积，mL；

V_2——空白试验消耗硫代硫酸钠标准滴定溶液体积，mL；

c——硫代硫酸钠标准滴定溶液物质的量浓度，mol/mL；

(二)数字修约规则

1. 有效数字

有效数字指测量结果中能够反映被测量大小的、带有一位存疑数字的全部数字。一般判读可能不是完全正确的,会造成有意义数字的丢失,而留下了无意义的结果。正确使用有效数字将保证所用分析方法的可靠性。因此报告的结果必须全部使用有效数字,有效数字包括所有的真实测量值以及最后一位的不确定值。例如,结果中的 18.8 mg 则“18”必须是确定值,而“0.8”则为不确定值。数字 0 是否属于有效数字,应视情况而定。

(1)末尾是有效数字,例如,9.8 g 记为 9.800 g,表明结果准确度接近毫克级别。

(2)小数点前的零,如果还有其他数字,则为有效数字;如果没有其他数字,则不是。

(3)如果小数点前没有其他数字,小数点后面紧挨着的零也不是有效数字,只表示小数点的位置。

(4)对于整数,末位的 0 是不是有效数字也需要具体讨论。例如,电导率测量结果为 1000 $\mu\Omega$/cm,但并没有表明电导率为(1000±1) $\mu\Omega$/cm,那么 0 只表示数字的位数。

还可以通过指数表示的方式,来确定数字中的 0 是否属于有效数字。可以丢弃的 0 均不是有效数字。例如 100.08 g 结果采用指数形式表示时,数字中的 0 均不能舍弃;但对于 0.0008 g 的质量则可以指数形式表示为 8×10^{-4}g;那么这些 0 就不是有效数字。有效数字也反映了所采用方法的局限性。如果想增加有效数字的位数,则需要采用其他的测量方法。

某种分析方法的有效数字位数确定后,就要根据设定的修约规则分析得到的数据。

2. 数字修约规则

在确定了有效数字应保留的位数之后,可根据数字的修约规则来处理,即四舍五入,奇进偶不进的原则。

(1)在拟舍弃的数字中,若修约要求的位数后第一个数字小于 5(不包括 5 时),则舍去,即所拟保留的末位数字不变。例如将 24.2468 修约到保留一位小数,则修约后为 24.2。

(2)在拟舍弃的数字中,若修约要求的位数后第一个数字大于 5(不包括 5 时),则进一,即所保留的末位数加 1。例如,将 24.2468 修约到保留二位小数,则修约后为 24.25。

(3)在拟舍弃的数字中,若修约要求的位数后的第一个数字等于 5,其右边的数字并非全部为零时,则进 1,即所拟保留的末位数加 1;例如,3.2501 修约到保留一位小数时,则修约为 3.3。

(4)在拟舍弃的数字中,若修约要求的位数后第一个数字等于 5,右边的数字皆为零时,所拟保留的末位数字若为奇数则进 1,若为偶数(包括“0”)则不进,例如将 0.1500、0.2500、3.0500 修约到只保留一位小数,则修约后分别为 0.2、0.2、3.0。

(5)所拟舍去的数字,若为两位以上数字,不得连续进行多次修约,应根据所拟舍弃数字中修约要求的位数后第一个数字大小,按上述规则一次修约出结果,如将 2.3451 修约到小数点后一位,正确的结果应为 2.3,而不可按下列方式修约:2.3451→2.35→2.4。

3. 有效数字的运算

(1)加减运算(加减法计算)的结果,其小数点以后保留的位数,应与参加运算各数中小数点后位数最少的相同。

如：0.342＋25.11＋13.2－1.25

＝0.3＋25.1＋13.2－1.2

＝37.4

即将结果的小数点后的位数保留到与13.2的小数点后位数相同。

(2)乘除运算(乘除法计算)的结果，其有效数字保留的位数，应与参加运算的各数中有效数字最少者相同。

如：0.0104×2132×1.02712

其有效数字位数最少者为0.0104，三位有效数字，其计算结果也应是三位有效数，为0.228。

(3)复杂运算时，其中间过程可多保留一位，最后结果须取应有位数。

(4)在计算平均值时，若为四个或超过四个数相平均，则平均值的有效数字可增加一位。

(5)在所有计算公式中，常数 π，e 的数值以及乘数 $\sqrt{2}$，1/3 等的有效数字可以为无限制，即在计算中需要几位就写几位。

(三)误差与控制

1.误差

分析结果与真实值之间的差值称为误差。根据误差产生的原因和性质，将误差分为系统误差和偶然误差两大类。

系统误差：由于某种确定的原因引起的，按照某一确定的规律发生的误差。

偶然误差：又称随机误差，是由某些难以控制、无法避免的偶然因素造成的，其大小与正负值都是不固定的。

两者的区别如表1-3所示。

表1-3　系统误差与偶然误差的区别

项目	系统误差	偶然误差
产生原因	固定因素，有时不存在	不定因素，总是存在
分类	方法误差、仪器与试剂	环境的变化因素等
	误差、主观误差	主观的变化因素等
性质	重现性、单向性、可测性	不可测性
影响	准确度	精密度
消除、减小的方法	校正	增加测定的次数

2.准确度和精确度(精密度)

准确度表示测量值与真实值相接近的程度，通常用误差表示。测量值与真实值越接近，测量误差越小，即测量值准确度越高。误差来源包括分析方法、仪器、试剂、外来杂质污染、操作过程等许多因素。经常重复向同一方向发生的误差称为系统误差，由于未知的因素引起的误差，大小不一，或正或负，称为偶然误差。

误差的表示方法有两种：测定值与真实值之间的差数，称为绝对误差；测定值与真实值的差数对真实值的百分数，称为相对误差。例如某一物体真实重为 1.000 g，测定值为 0.998 g，则此测定的绝对误差为 0.998－1.000＝－0.002 g，相对误差为－0.002/1.000×100＝－0.2％。

误差是有方向的，所以可以相加减。在测定中，如果各步骤所产生的误差的正负不清楚，则测定总误差为各步骤所产生的误差的绝对值总和。

精确度(精密度)表示各测量值彼此相接近的程度，即表示几次测定结果与测定平均值的偏差。准确度高表示测定结果很好，而精确度高只说明测定方法很稳定，重现性好。正如射击打靶一样，偏离靶心很远，且不集中于一处，表示准确度和精确度都很差。虽偏离靶心，但集中于某一很小范围，则表示准确度差而精确度高；集中击中靶心附近，则表示准确度和精确度都很高。理想的测定方法应同时具有很高的准确度和精确度。

(四)数据处理方法

1.数据处理方法

计算机在食品分析数据处理中的应用非常广泛，常用的数据处理软件如下。

(1)Excel：Excel 是微软公司的办公软件 Office 的组件之一，可以进行各种数据的处理和统计分析。食品分析实验中的标准曲线、误差、偏差、方差、精密度、准确度、回收率、灵敏度和检测限等指标均可以通过该软件计算获得。Excel 在食品分析中应用广泛、使用简单，但绘图精度有待提高。

(2)Origin：Origin 是一款专业的制图软件与数据分析软件，能够满足一般用户的制图需求，如完成线图、散点图、点线图、直方图、饼图、雷达图和三维图等。这款软件特别适合食品分析中不规则或高精度图的制作。

(3)SPSS：SPSS 在食品分析中的应用主要是在统计分析和图表分析方面。其功能包括均值比较、一般线性模型、相关分析、回归分析、多重响应等。

(4)SAS：SAS 是一个模块化、集成化的大型统计分析应用软件系统，在食品分析里的应用与 SPSS 相似。

(5)MATLAB：MATLAB 在食品分析中的应用不广泛，只用于特定的分析中，如食品物性或生物学研究图像输出处理。

2.分析结果的表述

根据 GB/T 5009.1，分析结果的表述应注意下述事项。

(1)结果应报告平行样测定值的算术平均值，并报告计算结果精确到小数点后的位数或有效位数。测定值的有效数字的位数应能达到卫生标准的要求。

(2)样品测定值应使用法定计量单位。

(3)如果分析结果在方法的检出限以下，可以用“未检出”表述分析结果，但应注明检出限数值。

(4)检验结果的应用法定计量单位表示并尽量与食品标准一致。

第二章　食品分析基础实验

基础实验的设置旨在加深学生对理论知识的理解，培养学生运用这些理论的能力。通过实际操作滴定法、比色法、高效液相色谱法、气相色谱法和离子色谱法等，使学生能够掌握食品分析所需的基本技术手段。

本章设置了三十个实验，内容涵盖食品中基本营养成分的测定、功能性成分的测定、食品添加剂的检测和食品中有毒有害物质的检测四个部分。

实验一　食品中水分含量的测定

（一）实验背景

【概述】

食品中的水分检测包括多种检测方法，GB 5009.3 中规定的检测方法包括直接干燥法、减压干燥法和蒸馏法和卡尔·费休法。干燥法已被广泛使用多年，适用于大部分食品中的水分含量测定。

【实验目的】

采用烘箱直接干燥法测定食品中水分含量，使学生掌握直接干燥法的原理和实验技巧，了解该方法的适用范围。通过分析实验误差的主要来源，加深对课堂理论知识的理解。

【课前准备】

学习 GB 5009.3 中测定食品中水分含量的方法，熟悉直接干燥法的操作流程。在实验步骤旁标明原理公式。

【思维导图】

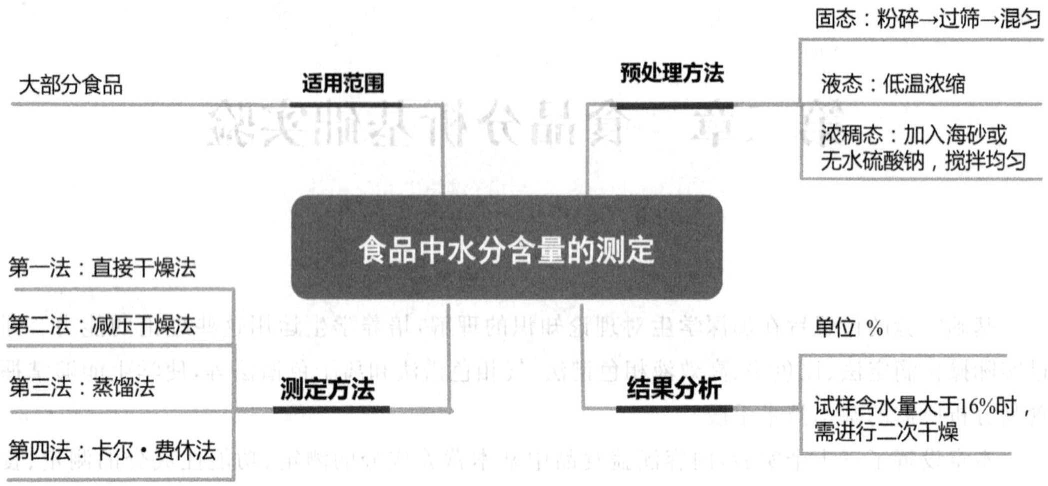

（二）实验原理

当食品受热时，其内部水分蒸发产生的蒸汽压力超过电热干燥箱中空气的分压，从而驱动水分从食品中蒸发出来。通过持续加热和排除蒸发的水分，食品最终能够达到完全干燥的状态。这一干燥过程的速率主要取决于蒸汽压力与空气分压之间的压力差。

（三）器材与试剂

1. 实验仪器

扁形铝制或玻璃制称量瓶、电热恒温干燥箱、干燥器、天平。

2. 实验试剂

（1）盐酸溶液（6 mol/L）：量取 50 mL 盐酸，加水稀释至 100 mL。

（2）氢氧化钠溶液（6 mol/L）：称取 24 g 氢氧化钠，加水溶解并稀释至 100 mL。

（3）海砂：取用水洗去泥土的海砂、河砂、石英砂或类似物，先用盐酸溶液（6 mol/L）煮沸 0.5 h，用水洗至中性，再用氢氧化钠溶液（6 mol/L）煮沸 0.5 h，用水洗至中性，经 105 ℃干燥备用。

（四）实验步骤

样品的制备方法常以食品种类及其存在状态的不同而异。一般情况下，食品以固态（如面包、饼干、乳粉等）、液态（如牛乳、果汁等）和浓稠态（如炼乳、糖浆、果酱等）存在。现将样品制备与测定方法等分述如下。

（1）固态样品：首先需磨碎并通过 20～40 目的筛网，以确保均匀混合。为避免样品水分含量的不必要变化，研磨过程应迅速操作。通常，当样品的水分含量低于 14%时，认为其处于安全水分水平，在实验室环境中进行粉碎和过筛等操作，水分含量应保持稳定。

测定时，精确称取上述样品 2～10 g(视样品性质和水分含量而定)，置于已干燥、冷却称至恒重的有盖称量瓶中，随称量瓶一起移入 101～105 ℃常压烘箱中，开盖烘 2～4 h 后取出，加盖置于干燥器内冷却 0.5 h 后称重。再移入烘箱烘 1 h 左右，冷却 0.5 h 后称重。重复上述操作，直至前后两次质量差不超过 2 mg 即算恒重。

(2)浓稠态样品：若直接加热干燥，其表面易结硬壳焦化，使内部水分蒸发受阻，故在测定前，需加入精制海沙或无水硫酸钠，搅拌均匀，以增大蒸发面积。测定中，应先准确称样，再加入已知质量的海砂或无水硫酸钠，搅拌均匀后反复干燥直至恒重。测定结果按式(2-1)计算：

$$水分含量(\%)=\frac{(m_1+m_2)-m_3}{m_1-m_4}\times 100\% \tag{2-1}$$

式中：m_1——干燥前样品与称量瓶的总质量，g；

m_2——海砂(或无水硫酸钠)质量，g；

m_3——干燥后样品、海砂及称量瓶的总质量，g；

m_4——称量瓶质量，g。

(3)液态样品：直接将液态样品置于高温下加热会导致沸腾，从而造成样品的损失。因此，需要先将液态样品进行低温浓缩，再进行高温干燥。在测定时，首先需要将准确称量的样品置于已经烘干至恒重的蒸发皿中，再在热水浴上蒸发直至接近干燥，最后将其移入干燥箱中继续干燥直至达到恒重。

由于液态样品主要由水分和可溶性固形物所组成，所以也可先采用比重法、折光法等测出样品中固形物含量，再按式(2-2)间接求出水分含量。

$$水分含量(\%)=100\%-可溶性固形物含量(\%) \tag{2-2}$$

(五)数据和计算

【实验记录】

实验记录参考表 2-1。

表 2-1 水分含量测定实验记录表

时间：	地点：	实验员：	室内温度：
项目	样品 1	样品 2	样品 3
称量瓶质量			
干燥前样品与称量瓶质量			
干燥后样品与称量瓶质量			
结果			

【结果计算】

测定结果按式(2-3)计算：

$$水分含量(\%)=\frac{m_1-m_2}{m_1-m_3}\times 100\% \tag{2-3}$$

式中：m_1——干燥前样品与称量瓶质量，g；

m_2——干燥后样品与称量瓶质量，g；

m_3——称量瓶质量，g。

对于水分含量在16%以上的样品，通常采用二步干燥法进行测定。即先将样品称出总质量，在自然条件下风干15～20 h，使其达到安全水分标准(即与大气湿度大致平衡)，再准确称重，然后将风干样品粉碎、过筛、混匀，贮于洁净干燥的磨口瓶中备用。测定时按上述安全水分含量的样品操作手续进行。分析结果按式(2-4)计算：

$$水分含量(\%)=\frac{m_1-m_2+m_2[(m_3-m_4)/(m_3-m_5)]}{m_1}\times 100\% \tag{2-4}$$

式中：m_1——新鲜样品总质量，g；

m_2——风干后样品总质量，g；

m_3——干燥前适量样品与称量瓶质量，g；

m_4——干燥后适量样品与称量瓶质量，g；

m_5——称量瓶质量，g。

(六)注意事项

(1)水果、蔬菜样品，应先洗去泥沙，再用蒸馏水冲洗一次，然后用洁净纱布吸干表面的水分。

(2)在测定过程中，称量器从烘箱中取出后，应迅速放入干燥器中进行冷却，否则，不易达到恒重。

(3)一般用硅胶作干燥剂，硅胶吸湿后效能会降低，故当硅胶的蓝色减退或变红时，需及时换出，置于135 ℃左右烘2～3 h后再用。硅胶若吸附油脂等后，去湿能力也会大大降低。

(4)果糖含量较高的样品，如水果制品、蜂蜜等，在高温下(>70 ℃)长时间加热，其果糖会发生氧化分解作用而导致明显误差，故宜采用减压干燥法测定水分含量。

(5)含有较多氨基酸、蛋白质及羰基化合物的样品，长时间加热则会发生羰氨反应析出水分而导致误差，宜用其他方法测定水分含量。

(6)在进行水分含量测定时，恒重的标准通常设定在1～3 mg。具体的恒重标准应根据食品的种类和测定的具体要求来确定，以保证测定结果的准确性和可靠性。

(7)对于含挥发性组分较多的样品，如香料油、低醇饮料等，宜采用蒸馏法测定水分含量。

(七)思考题

(1)分析实验过程中可能产生的误差及原因。

(2)何种样品需用蒸馏法测定水分?

实验一 食品中水分的测定

实验二　食品中水分活度的测定

(一)实验背景

【概述】

食品中的水分活度有多种检测方法,GB 5009.238 中规定的检测方法包括康卫氏皿扩散法、水分活度仪扩散法。其中康卫氏皿扩散法已被广泛使用多年,适用于大部分食品水分活度的测定。

【实验目的】

(1)深入理解水分活度的基本概念,掌握扩散法测定水分活度的科学原理。

(2)学习并掌握扩散法在测定食品中水分活度时的具体操作技术,包括实验步骤和数据分析方法。

【课前准备】

学习 GB 5009.238 中规定的检测方法,熟悉康卫氏皿扩散法的操作流程。在实验步骤旁标明原理公式。

【思维导图】

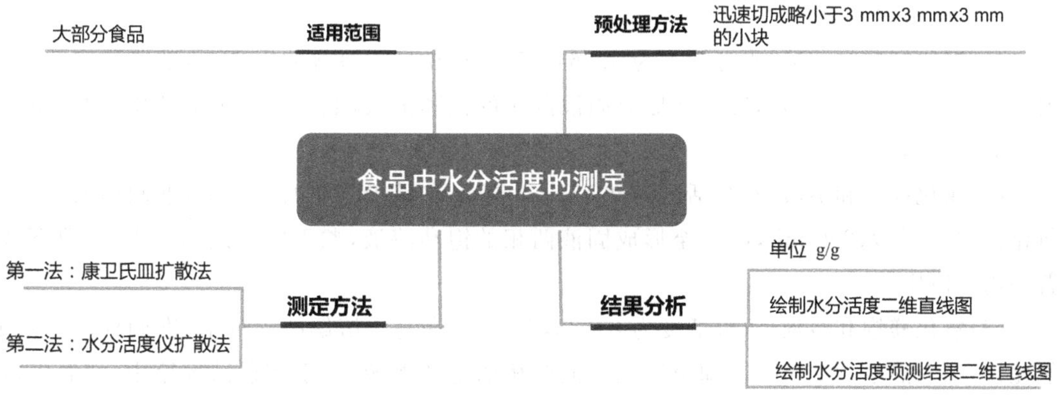

(二)实验原理

食品中的水分含量随环境条件的变动而变化。当环境空气的相对湿度低于食品的水分活度时，食品中的水分向空气中蒸发，食品的质量减轻；相反，当环境空气的相对湿度高于食品的水分活度时，食品就会从空气中吸收水分，使质量增加。不管是蒸发水分还是吸收水分，最终食品和环境的水分都会达到平衡。据此原理，通过标准水分活度的试剂，形成相应湿度的空气环境，在密封和恒温条件下，观察食品试样在此环境中因水分变化而发生的质量变化，分别使试样在 A_w 较高、中等和较低的标准饱和盐溶液中扩散平衡后，根据试样质量的增加(即在较高 A_w 标准饱和盐溶液达平衡)和减少(即在较低 A_w 标准饱和盐溶液达平衡)的量，计算试样的 A_w 值。食品试样放在以此为相对湿度的空气中时，既不吸湿也不解吸，即其质量保持不变。

(三)器材与试剂

1. 实验仪器

康卫氏皿(图 2-1)、称量皿(直径 35 mm，高 10 mm)、天平、恒温培养箱(精度±1 ℃)、电热恒温鼓风干燥箱。

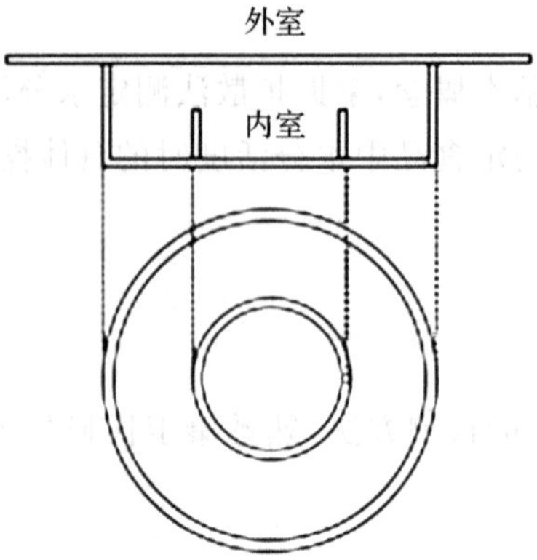

图 2-1　康卫氏皿

2. 实验试剂

(1)溴化锂饱和溶液(水分活度为 0.064，25 ℃)：在易于溶解的温度下，准确称取 500 g 溴化锂，加入热水 200 mL，冷却至形成固液两相的饱和溶液，贮于棕色试剂瓶中，常温下放置一周后使用。

(2)氯化锂饱和溶液(水分活度为 0.113，25 ℃)：在易于溶解的温度下，准确称取 220 g 氯化锂，加入热水200 mL，冷却至形成固液两相的饱和溶液，贮于棕色试剂瓶中，常温下放置一周后使用。

(3)氯化镁饱和溶液(水分活度为 0.328，25 ℃)：在易于溶解的温度下，准确称取 150 g 氯化镁，加入热水 200 mL，冷却至形成固液两相的饱和溶液，贮于棕色试剂瓶中，常温下放置一周后使用。

(4)碳酸钾饱和溶液(水分活度为 0.432,25 ℃):在易于溶解的温度下,准确称取 300 g 碳酸钾,加入热水 200 mL,冷却至形成固液两相的饱和溶液,贮于棕色试剂瓶中,常温下放置一周后使用。

(5)硝酸镁饱和溶液(水分活度为 0.529,25 ℃):在易于溶解的温度下,准确称取 200 g 硝酸镁,加入热水 200 mL,冷却至形成固液两相的饱和溶液,贮于棕色试剂瓶中,常温下放置一周后使用。

(6)溴化钠饱和溶液(水分活度为 0.576,25 ℃):在易于溶解的温度下,准确称取 260 g 溴化钠,加入热水 200 mL,冷却至形成固液两相的饱和溶液,贮于棕色试剂瓶中,常温下放置一周后使用。

(7)氯化钴饱和溶液(水分活度为 0.649,25 ℃):在易于溶解的温度下,准确称取 160 g 氯化钴,加入热水 200 mL,冷却至形成固液两相的饱和溶液,贮于棕色试剂瓶中,常温下放置一周后使用。

(8)氯化锶饱和溶液(水分活度为 0.709,25 ℃):在易于溶解的温度下,准确称取 200 g 氯化锶,加入热水 200 mL,冷却至形成固液两相的饱和溶液,贮于棕色试剂瓶中,常温下放置一周后使用。

(9)硝酸钠饱和溶液(水分活度为 0.743,25 ℃):在易于溶解的温度下,准确称取 260 g 硝酸钠,加入热水 200 mL,冷却至形成固液两相的饱和溶液,贮于棕色试剂瓶中,常温下放置一周后使用。

(10)氯化钠饱和溶液(水分活度为 0.753,25 ℃):在易于溶解的温度下,准确称取 100 g 氯化钠,加入热水 200 mL,冷却至形成固液两相的饱和溶液,贮于棕色试剂瓶中,常温下放置一周后使用。

(11)溴化钾饱和溶液(水分活度为 0.809,25 ℃):在易于溶解的温度下,准确称取 200 g 溴化钾,加入热水 200 mL,冷却至形成固液两相的饱和溶液,贮于棕色试剂瓶中,常温下放置一周后使用。

(12)硫酸铵饱和溶液(水分活度为 0.810,25 ℃):在易于溶解的温度下,准确称取 210 g 硫酸铵,加入热水 200 mL,冷却至形成固液两相的饱和溶液,贮于棕色试剂瓶中,常温下放置一周后使用。

(13)氯化钾饱和溶液(水分活度为 0.843,25 ℃):在易于溶解的温度下,准确称取 100 g 氯化钾,加入热水 200 mL,冷却至形成固液两相的饱和溶液,贮于棕色试剂瓶中,常温下放置一周后使用。

(14)硝酸锶饱和溶液(水分活度为 0.851,25 ℃):在易于溶解的温度下,准确称取 240 g 硝酸锶,加入热水 200 mL,冷却至形成固液两相的饱和溶液,贮于棕色试剂瓶中,常温下放置一周后使用。

(15)氯化钡饱和溶液(水分活度为 0.902,25 ℃):在易于溶解的温度下,准确称取 100 g 氯化钡,加入热水 200 mL,冷却至形成固液两相的饱和溶液,贮于棕色试剂瓶中,常温下放置一周后使用。

(16)硝酸钾饱和溶液(水分活度为 0.936,25 ℃):在易于溶解的温度下,准确称取 120 g

硝酸钾，加入热水 200 mL，冷却至形成固液两相的饱和溶液，贮于棕色试剂瓶中，常温下放置一周后使用。

(17)硫酸钾饱和溶液(水分活度为 0.973，25 ℃)：在易于溶解的温度下，准确称取 35 g 硫酸钾，加入热水 200 mL，冷却至形成固液两相的饱和溶液，贮于棕色试剂瓶中，常温下放置一周后使用。

(四)实验步骤

1. 试样准备

精确称量 200 g 的面包，将温度维持在 18～25 ℃、相对湿度控制在 50%～80%的环境中，迅速将其切割成大约 3 mm×3 mm×3 mm 的小方块。注意：不要使用组织捣碎机，以免破坏样品的完整性。切割后，将样品块混合均匀，并放入一个密封的玻璃容器中，以待下一步使用。

2. 试样预测定

将盛有试样的密闭容器、康卫氏皿及称量皿置于恒温培养箱内，于(25±1) ℃条件下，恒温 30 min。取出后立即使用及测定。

分别取 12.0 mL 溴化锂饱和溶液、氯化镁饱和溶液、氯化钴饱和溶液、硫酸钾饱和溶液于 4 只康卫氏皿的外室。迅速称取 4 份均 1.5 g(精确至 0.0001 g)的面包样品，再迅速放入盛有上述标准饱和盐溶液的康卫氏皿的内室。沿康卫氏皿边缘平移盖好涂有凡士林的磨砂玻璃片，随后放入(25±1)℃的恒温培养箱内，恒温 24 h。取出盛有试样的称量皿，立即称重(精确至 0.0001 g)。

3. 二维直线图

以所选饱和盐溶液(25 ℃)的水分活度(A_w)数值为横坐标，对应标准饱和盐溶液的试样的质量增/减数值为纵坐标，绘制二维直线图。横坐标截距，即为面包的水分活度的预测值。

4. 试样测定

依据预测定结果，选用水分活度数值大于和小于试样预测水分活度的饱和盐溶液各 3 种，各取 12.0 mL 分别注入 6 个康卫氏皿的外室。迅速称取 6 份各 1.5 g(精确至 0.0001 g)的面包样品，分别置于预先干燥并称重的称量皿中(精确至 0.0001 g)，再迅速放入盛有上述标准饱和盐溶液的康卫氏皿的内室。沿康卫氏皿边缘平移盖好涂有凡士林的磨砂玻璃片，随后放入(25±1) ℃的恒温培养箱内，恒温 24 h。取出盛有试样的称量皿，立即称量重(精确至 0.0001 g)。

(五)数据和计算

从二维直线图中得到的横坐标截距值代表面包样品的水分活度。为了确保结果的准确性，应进行至少三次独立的测定，并取这些测定值的算术平均数作为最终结果。在记录和报告计算结果时，保留至小数点后两位有效数字。

【实验记录】

实验记录参考表 2-2。

表 2-2 水分活度实验记录表

时间： 地点： 实验员： 室内温度：

项目	样品 1	样品 2	样品 3
称量皿的质量			
25 ℃扩散平衡前，试样和称量皿的质量			
25 ℃扩散平衡后，试样和称量皿的质量			
结果			

【结果计算】

食品中水分活度预测定结果按式(2-5)计算。

$$X=\frac{m_1-m}{m-m_0} \tag{2-5}$$

式中：X——试样质量的增减量，g/g；

m_1——25 ℃扩散平衡后，试样和称量皿的质量，g；

m——25 ℃扩散平衡前，试样和称量皿的质量，g；

m_0——称量皿的质量，g。

【实验分析】

(1)二维直线图：以所选饱和盐溶液(25 ℃)的水分活度(A_w)数值为横坐标，对应标准饱和盐溶液的试样的质量增减数值为纵坐标，绘制二维直线图。取横坐标截距值，即为面包的水分活度预测值。

(2)面包水分活度预测结果二维直线图，见图 2-2。

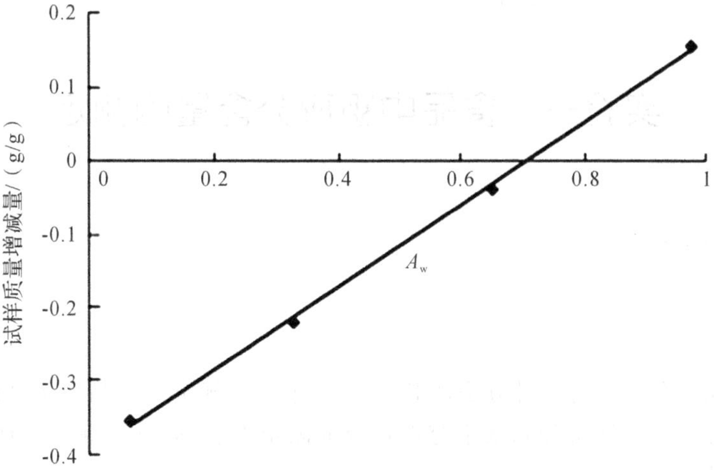

图 2-2 面包水分活度预测结果二维直线图

(3)面包水分活度二维直线图,见图 2-3。

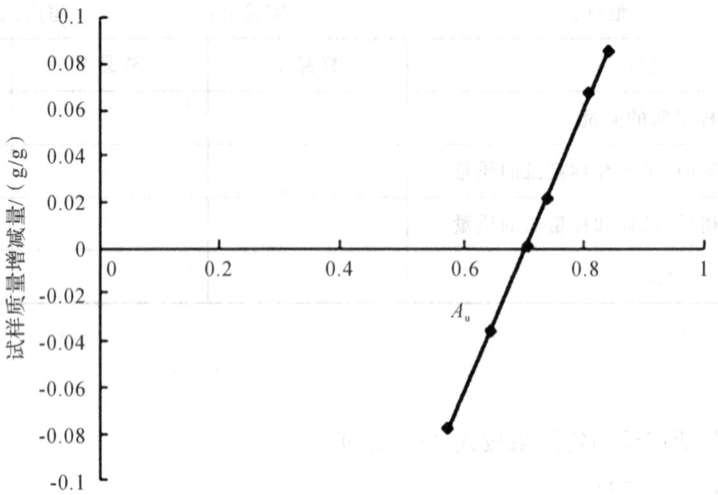

图 2-3　面包水分活度二维直线图

(六)注意事项

(1)称量要准确,避免实验误差。

(2)取样应在同一条件下进行,并迅速操作。

(3)根据样品性质确定标准溶液的体积,保证经康卫氏皿平衡后样品出现质量增/减变化即可。

(七)思考题

(1)简述水分活度测定的意义。

(2)简述康卫氏皿测定水分活度的原理。

实验三　食品中粗灰分含量的测定

(一)实验背景

【概述】

食品中的粗灰分检测有多种方法,GB 5009.4 第一法规定了食品中灰分的测定方法,第二法规定了食品中水溶性灰分和水不溶性灰分的测定方法,第三法规定了食品中酸不溶性灰分的测定方法。

【实验目的】

通过称量法来测定食品中的总灰分含量，使学生能够熟练掌握该方法的基本原理和实验操作技巧。同时，对实验中可能出现的误差来源进行分析，加深学生对课堂理论知识的理解和应用。

【课前准备】

根据 GB 5009.4 中规定的检测方法，熟悉食品中灰分的测定方法操作流程。在实验步骤旁标明原理公式。

【思维导图】

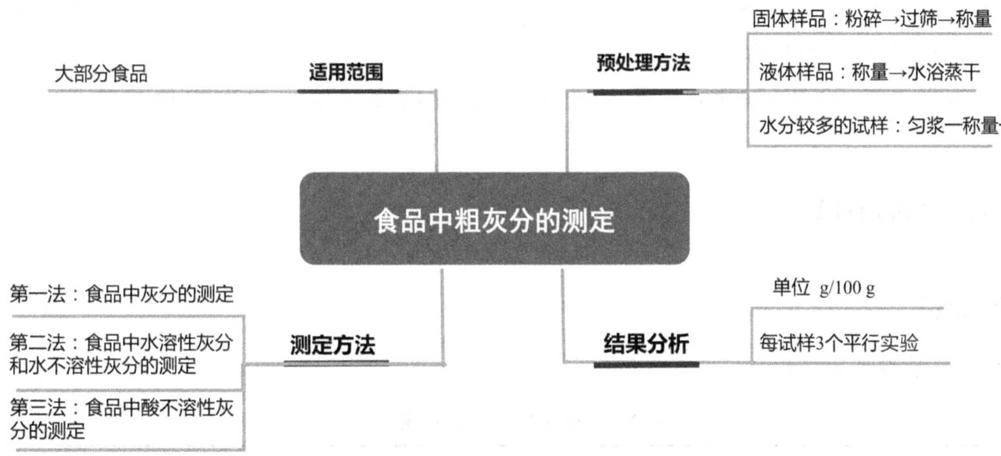

(二)实验原理

把一定量的样品炭化后放入高温炉内灼烧，使有机物质被氧化分解，以二氧化碳、氮的氧化物及水等形式逸出，而无机物质以硫酸盐、磷酸盐、碳酸盐、氯化物等无机盐和金属氧化物的形式残留下来，这些残留物即为灰分。称量残留物的重量即可计算出样品中总灰分的含量。

(三)器材与试剂

高温电炉、坩埚钳、带盖坩埚、电子分析天平、干燥器。

(四)实验步骤

1. 坩埚的准备

将坩埚用盐酸(1∶4)煮 1～2 h，洗净晾干；将洗净的坩埚置于高温炉中，在 900±25 ℃下灼烧 30 min，并在干燥器内冷却至室温，称重，精确至 0.0001 g。用铅笔在坩埚外壁及盖上写上编号。

2. 样品预处理

对于水分含量较低的固态样品，例如谷物和豆类，先进行粉碎并通过筛网筛选，再称量。对于水分含量较高的固态样品，如蔬菜和动物组织，应先制成均匀的试样，称量后再进行烘干处理。至于液体样品，包括果汁和牛乳等，先称量，再通过水浴蒸发至固态再处理。

3. 炭化

精确称量 2～10 g 样品，精确至 0.0001 g，均匀分布在坩埚中，不要压紧，将坩埚置于高温炉口或电热板上，半盖坩埚盖，在保持通风条件下，小心加热使样品完全炭化至无烟。

(1)防止在灼烧时，因温度高试样中的水分急剧蒸发使试样飞扬；

(2)防止糖、蛋白质、淀粉等易发泡膨胀的物质在高温下发泡膨胀而溢出坩埚；

(3)不经炭化而直接灰化，炭粒易被包住，灰化不完全。

4. 灰化

炭化后，把坩埚移入温度 500～550 ℃的高温炉炉口处，慢慢移入炉膛内，坩埚盖斜倚在坩埚口，关闭炉门；500～550 ℃灼烧至无炭粒存在；冷却至 200 ℃左右，打开炉门，将坩埚移入干燥器中冷却至室温后称重。

以后，再灼烧、冷却、称重，直至达到恒重（重复灼烧至前后两次称量相差不超过 0.5 mg）。

(五)数据和计算

【实验记录】

实验记录参考表 2-3。

表 2-3 粗灰分实验记录表

时间：　　地点：　　实验员：　　室内温度：

项目	样品 1	样品 2	样品 3
空坩埚质量			
样品加空坩埚质量			
残灰加空坩埚质量			
结果			

【结果计算】

食品中粗灰分的计算结果按式(2-6)计算。

$$X=\frac{m_3-m_1}{m_2-m_1}\times 100 \tag{2-6}$$

式中：X——试样中粗灰分的含量，g/100 g；

m_1——空坩埚质量，g；

m_2——样品加空坩埚质量，g；

m_3——残灰加空坩埚质量，g。

(六)注意事项

(1)样品炭化时要注意热源强度,防止产生大量泡沫溢出坩埚。

(2)把坩埚放入高温炉或从炉中取出时,要在炉口停留片刻,让坩埚预热或预冷,防止坩埚因温度剧变而破裂。

(3)灼烧后的坩埚应冷却到 200 ℃以下再移入干燥器中,否则热对流作用易造成残灰飞散,且冷却速度慢,冷却后干燥器内形成较大真空,盖子不易打开;从干燥器内取出坩埚时,因内部形成真空,开盖恢复常压时,应注意使空气缓缓流出,以防残灰飞散。

(4)对于富含糖分、淀粉、蛋白质较高的样品,为防止其发泡溢出,炭化前可加数滴植物油。

(5)使用过的坩埚在初步清洗后,可以浸泡在稀盐酸中 10～20 min 以去除残留物,再用水彻底冲洗,以备再次使用。

(6)反复灼烧至恒重是判断灰化是否完全的最可靠的方法。因为有些样品即使灰化完全,残留物也不一定是灰白色。例如,含铁高的样品,残灰呈褐色;锰、铜含量高的样品残灰呈蓝绿色;而有时即使灰的表面呈白色或灰白色,但内部仍有炭粒存在。

(7)灼烧温度不能超过 600 ℃,否则会造成钾、钠、氯等易挥发成分的损失。

(七)思考题

(1)灰化的温度过高或过低对测定有什么影响?

(2)为什么样品在高温灼烧前要先炭化至无烟?

(3)如何判断样品是否灰化完全?

(4)样品经长时间灼烧后,灰分中仍有炭粒遗留的主要原因是什么?

实验三 食品中总灰分的测定

实验四　食品中粗脂肪含量的测定

(一)实验背景

【概述】

食品中的脂肪及脂肪酸含量可通过多种检测方法确定。GB 5009.6 中规定的脂肪含量的测定方法包括索氏提取法、酸水解法、碱水解法和盖勃法。

【实验目的】

通过索氏提取法测定食品中的粗脂肪含量,使学生能够熟练掌握该方法的实验原理和操作步骤,并理解其在不同食品分析中的适用性,从而加深对课堂理论知识的理解。

【课前准备】

根据 GB 5009.6 及 GB 5009.168 中规定的脂肪及其脂肪酸含量的测定方法，熟悉索氏提取法测定脂肪含量操作流程。在实验步骤旁标明原理公式。

【思维导图】

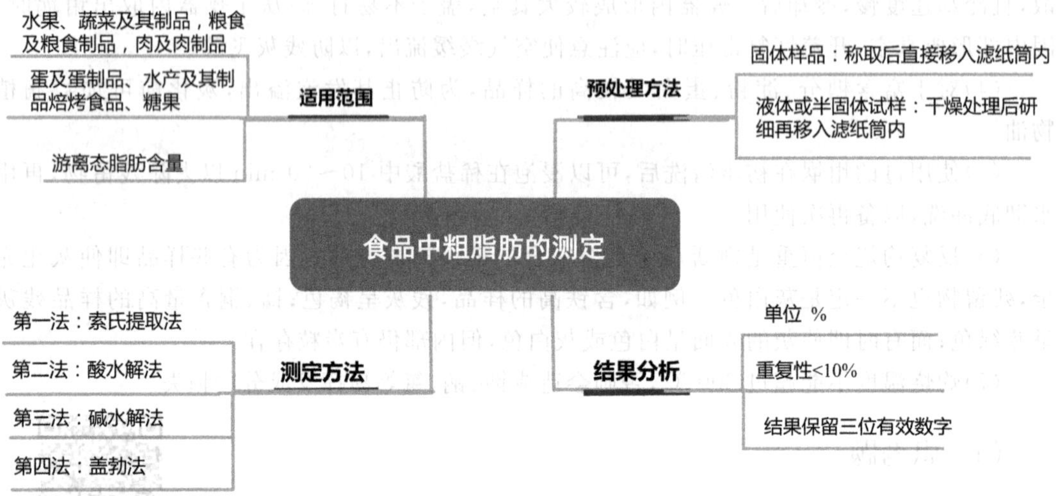

(二)实验原理

将经处理后的、分散且干燥的样品用无水乙醚或石油醚等溶剂回流提取，使样品中的脂肪进入溶剂，回收溶剂后得到的残留物即为脂肪(或粗脂肪)。

一般食品用有机溶剂浸提，有机溶剂挥发干后得到的主要是游离脂肪。此外，还含有磷脂、色素、树脂、蜡状物、挥发油等物质，所以用索氏提取法测得的脂肪，也称粗脂肪。

(三)器材与试剂

1. 实验仪器

索氏提取器、恒温水浴锅、分析天平、电热鼓风干燥箱、干燥器、滤纸筒、匀浆机或实验室用组织粉碎机或研磨机。

2. 实验试剂

石油醚：沸程 30～60 ℃

(四)实验步骤

1. 样品处理

取出方便面样品，研细。准确称取干燥并研细的样品 25 g，记为 m。必要时拌以海沙，无损地移入滤纸筒内。折叠滤纸筒，保证样品能被密封且能顺利放入提取管。

2. 搭建索氏提取装置

准确称取已干燥至恒重的接收瓶质量，记为 m_1，然后在通风橱内加人石油醚，加量为接收瓶容积的 1/2～2/3。索氏提取装置(图 2-4)搭建顺序从左到右,从下到上。将滤纸筒放入提取管内,要求滤纸筒的最高处不得超过虹吸管最高处。冷凝水由冷凝管下端进,上端出。装置要稳定,接收瓶和提取管、提取管和冷凝管之间连接要密闭。冷凝管上端管口可加入一定量棉花,避免石油醚在此处过度挥发。

3. 提取

于水浴上(80 ℃)加热使石油醚不断地回流提取,当提取管内液面高度超过虹吸管最高处时,带有脂肪的液体会通过虹吸回到接收瓶内。重复此过程 3～4 次。

4. 回收溶剂、烘干、称重

经过上一步骤,视作样品中的脂肪均被提取到接收瓶中。此后,当提取管中液体快到达虹吸管最高处时,及时取下提取管,倾斜一定角度,使溶剂回收液体到废液瓶。重复此过程,直到接收瓶内石油醚只剩 1～2 mL 时,拆下索氏提取器。拆卸顺序与搭建顺序相反。将接收瓶置于通风橱中水浴直至溶剂蒸干,再于 80 ℃敞开的烘箱中干燥 15 min,取出放于干燥器内冷却 15 min,称重(认为已恒重),记为 m_2。

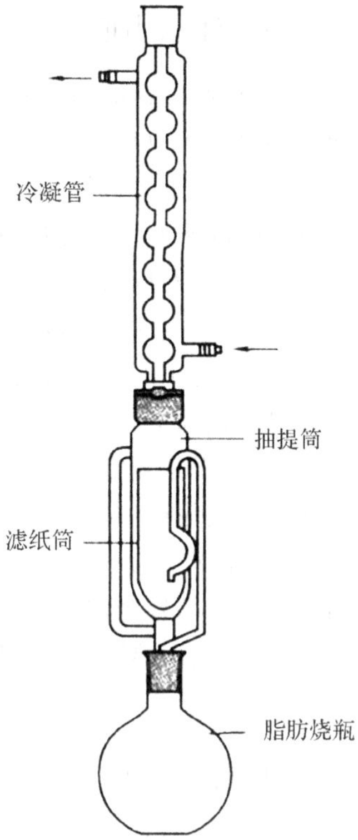

图 2-4　索氏提取器

(五)数据和计算

【实验记录】

实验记录参考表 2-4。

表 2-4　索氏提取法法实验记录表

时间：　　　地点：　　　实验员：　　　室内温度：

项目	第一次	第二次	第三次	第四次
接收瓶和脂肪的质量 m_2/g				
接收瓶的质量 m_1/g				
样品的质量 m/g				
标准差				

【结果计算】

试样中脂肪的含量按式(2-7)计算:

$$\text{脂肪}\% = \frac{m_2 - m_1}{m} \times 100 \tag{2-7}$$

式中:m_2——接受瓶和脂肪的质量,g;

m_1——接受瓶的质量,g;

m——样品的质量,g。

(六)注意事项

(1)样品在研磨前应先干燥,以确保细度均匀。样品中的水分会影响溶剂的提取效果,溶剂还可能吸收样品中的水分,导致非脂成分的分离。装样品的滤纸筒一定要严密,不能往外漏样品,也不要包得太紧影响溶剂渗透。样品放入滤纸筒时高度不要超过回流弯管,否则超过弯管的脂肪不能提尽,造成误差。

(2)对糖及糊精含量高的样品,要求以冷水使糖及糊精溶解,经过滤除去,将残渣连同滤纸烘干,再一起放入提取管中。

(3)抽提用的乙醚或石油醚要求无水、无醇、无过氧化物和挥发类等,否则测定结果会偏高。过氧化物会导致脂肪氧化,在烘干时也有引起爆炸的危险。

(4)抽提是否完全,可凭经验,也可用滤纸或毛玻璃检查。将提取管下口滴下的乙醚滴在滤纸或毛玻璃上,挥发后若不留下油迹表明已抽提完全,若留下油迹说明抽提不完全。

(5)在挥发乙醚或石油醚时,切忌直接用火加热,应该用电热套、电水浴等。用烘箱干燥前应驱除全部残余的乙醚,因乙醚稍有残留,放入烘箱时,都有发生爆炸的危险。

(6)反复加热脂类会因发生氧化而增重。重量增加时,以增加前的重量作为恒重。

实验四 食品中粗脂肪的测定

(七)思考题

(1)分析实验过程中可能产生的误差及其原因。

(2)若样品水分含量高,对测定会有何影响?

实验五 食品中蛋白质含量的测定

(一)实验背景

【概述】

食品中的蛋白质含量可通过多种检测方法确定,GB 5009.5 中规定的蛋白质测定方法包括凯氏定氮法、分光光度法和燃烧法。其中凯氏定氮法已被广泛使用,适合大部分食品中蛋白质含量的测定。

【实验目的】

学习凯氏定氮法测定蛋白质的原理。掌握凯氏定氮法的操作技术,包括样品的消化处理、蒸馏、滴定及蛋白质含量计算等。

【课前准备】

根据 GB 5009.5 中规定的蛋白质的测定方法,熟悉凯氏定氮法测定蛋白质实验的操作流程。在实验步骤旁标明原理公式。

【思维导图】

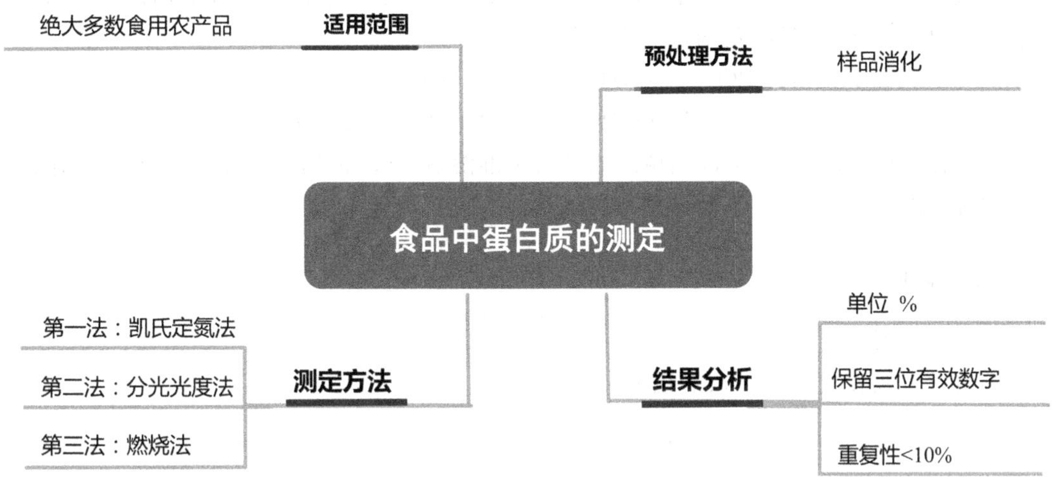

（二）实验原理

样品与浓硫酸、催化剂一同加热消化，使蛋白质分解。其中碳和氢被氧化为二氧化碳和水逸出，而样品中的有机氮转化为氨与硫酸，结合成硫酸铵。然后加碱蒸馏，使氨蒸出，用硼酸吸收后再以标准盐酸或硫酸溶液滴定。根据标准酸消耗量可计算出总氮的含量，将结果乘以换算系数即为蛋白质的含量。

样品消化，反应方程式如下：

$$NH_2CH_2COOH+3H_2SO_4 = 2CO_2\uparrow+3SO_2\uparrow+4H_2O+NH_3\uparrow$$

浓硫酸具有脱水性，使有机物脱水后被炭化为碳、氢、氮。同时，浓硫酸又有氧化性，将有机物炭化后的碳氧化为二氧化碳，硫酸则被还原成二氧化硫。

$$2H_2SO_4+C = 2SO_2\uparrow+2H_2O+CO_2\uparrow$$

二氧化硫使氮还原为氨，本身则被氧化成三氧化硫，氨随之与硫酸作用生成硫酸铵留在酸性溶液中。

$$H_2SO_4+2NH_3 = (NH_4)_2SO_4$$

在消化反应中，为了加速蛋白质的分解，缩短消化时间，常加入硫酸钾、$CuSO_4$ 等物质作为催化剂，以提高反应温度。

硫酸铜的作用机理如下所示：

$$C+2CuSO_4 = Cu_2SO_4+SO_2\uparrow+CO_2\uparrow$$

$$Cu_2SO_4+2H_2SO_4 = 2CuSO_4+2H_2O+SO_2\uparrow$$

此反应不断进行，待有机物全部被消化完后，不再有褐色硫酸亚铜（Cu_2SO_4）生成，溶液呈现清澈的蓝绿色。故硫酸铜除了起催化剂的作用外，还可指示消化终点，以及在下一步蒸馏时作为碱性反应的指示剂。

蒸馏：在消化完全的样品溶液中加入浓氢氧化钠使之呈碱性，加热蒸馏，即可释放出氨气，反应方程式如下：

$$2NaOH+(NH_4)_2SO_4 = 2NH_3\uparrow+Na_2SO_4+2H_2O$$

吸收与滴定：加热蒸馏所放出的氨，可用硼酸溶液进行吸收。待吸收完全后，再用盐酸标准溶液滴定，因硼酸呈微弱酸性（$K_{a1}=5.8\times10^{-10}$），用酸滴不影响指示剂的变色反应。但它有吸收氨的作用，吸收及滴定反应方程式如下：

$$2NH_3+4H_3BO_3 = (NH_4)_2B_4O_7+5H_2O$$

$$(NH_4)_2B_4O_7+5H_2O+2HCl = 2NH_4Cl+4H_3BO_3$$

蒸馏释放出来的氨，也可以用硫酸或盐酸标准溶液吸收，再用氢氧化钠标准溶液滴定吸收液中过剩的硫酸或盐酸，从而计算出总氮量。

（三）器材与试剂

1. 实验仪器

半微量定氮装置（图 2-5）、消化炉。

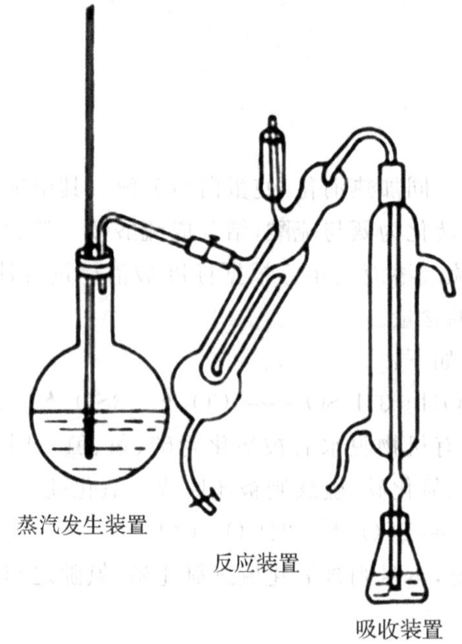

图 2-5　半微量定氮装置

2. 实验试剂

（1）硫酸铜（$CuSO_4\cdot5H_2O$）。

（2）硫酸钾。

（3）浓硫酸（密度为 1.84 g/mL）。

（4）硼酸溶液（20 g/L）：称取 20 g 硼酸，加水溶解并稀释至 1000 mL。

（5）氢氧化钠溶液（400 g/L）：称取 40 g 氢氧化钠加水溶解后，放冷，并稀释至 100 mL。

（6）盐酸标准滴定溶液（0.01 mol/L）。

（7）混合指示试剂（1 g/L 甲基红乙醇溶液∶1 g/L 溴甲酚绿乙醇溶液＝1∶5）。甲基红乙醇溶液(1 g/L):称取 0.1 g 甲基红,溶于 95%乙醇,用 95%乙醇稀释至 100 mL。溴甲酚绿乙醇溶液(1 g/L):称取 0.1 g 溴甲酚绿,溶于 95%乙醇,用 95%乙醇稀释至 100 mL。

(四)实验步骤

1. 样品消化

准确称取固体样品 0.2～2 g(半固体 2～5 g,液体 10～20 mL),小心移入干燥洁净的 500 mL 凯氏烧瓶中,加入研细的硫酸铜 0.5 g,硫酸钾 10 g 和浓硫酸 20 mL(若取样量>5 g,可按每克试样 5 mL 的比例增加浓硫酸用量),轻轻摇匀。

安装好消化装置,于凯氏瓶口放一小漏斗,并将其以 45°角斜支于有小孔的石棉网上。用消化炉以小火加热,至内容物全部炭化。在泡沫停止产生后,加大火力,保持瓶内液体微沸,至液体变蓝绿色透明后,再继续加热,微沸 30 min。将消化完全的消化液冷却后,完全转入 100 mL 容量瓶中,定容,摇匀备用。

试剂空白实验:取与样品消化相同的硫酸铜、硫酸钾、浓硫酸,按以上方法进行消化,冷却后,加水定容至 100 mL,得试剂空白消化液。

2. 蒸馏与吸收

装好半微量定氮装置,准确移取消化稀释液 10 mL 于反应管内,经漏斗再加入 10 mL 40%的氢氧化钠溶液使其呈强碱性,用少量蒸馏水洗漏斗数次,再用蒸馏水液封,进行水蒸气蒸馏。冷凝管下端预先插入盛有 10 mL 4%硼酸吸收液的液面下。蒸馏至吸收液中混合指示剂变为绿色时计时,蒸馏 10 min,再将冷凝管尖端提离硼酸液面之上继续蒸馏 1 min,用蒸馏水冲洗冷凝管尖端后停止蒸馏。

3. 滴定

用盐酸标准溶液滴定馏出液至浅灰红色即为滴定终点。同时做空白试验。

(五)数据和计算

【实验记录】

实验记录表参考表 2-5。

表 2-5　凯式定氮法实验记录表

时间：	地点：		实验员：	室内温度：
c—盐酸标准滴定溶液浓度：　　mol/L	F—氮换算为蛋白质的系数：			
项目	第一次	第二次	第三次	第四次
样品质量/g				
空白滴定消耗盐酸标准溶液/mL				
滴定消耗盐酸标准液/mL				
计算得蛋白质含量/(g/100 g)				

续表

项目	第一次	第二次	第三次	第四次
蛋白质平均含量/(g/100 g)				
标准差				

【结果计算】

食品中蛋白质的含量按式(2-8)计算。

$$蛋白质\% = \frac{C\times(V_1-V_2)\times 0.014\times B}{m}\times F\times 100 \tag{2-8}$$

式中：C——盐酸标准溶液的浓度，mol/L；

V_1——滴定样品吸收液时消耗盐酸标准溶液体积，mL；

V_2——滴定空白吸收液时消耗盐酸标准溶液体积，mL；

m——样品质量，g；

0.014——1 mL 盐酸[$c(HCl)=1.000$ mol/L]标准滴定溶液相当氮的质量，g；

F——氮换算为蛋白质的系数；

B——稀释倍数，为 10。

蛋白质含量≥1 g/100 g 时，结果保留三位有效数字；蛋白质含量＜1 g/100 g 时，结果保留两位有效数字。

注：当只检测氮含量时，不需要乘蛋白质换算系数 F。

(六)注意事项

(1)必须穿好实验服，注意佩戴隔热手套和口罩。

(2)消化过程中易产生大量泡沫，为防止泡沫溢出，在开始消化时应用小火加热，并不时转动凯氏烧瓶，保持缓慢沸腾，以免造成氮损失。

(5)蒸馏装置需进行检漏。

(6)硼酸吸收液的温度不应超过 40 ℃，否则对氨的吸收作用会减弱。超过40 ℃时可置于冷水浴中使用。

(7)蒸馏完毕后，应先将冷凝管下端提离液面，再蒸 1 min 后关掉热源，否则可能造成吸收液倒吸。

(8)溴钾酚绿和甲基红混合指示剂在碱性溶液中呈绿色，在中性溶液中呈灰色，在酸性溶液中呈红色。

(七)思考题

(1)分析实验过程中可能产生的误差及原因。

(2)分析硫酸铜在实验中作为催化剂的作用机制，并结合化学反应方程式来解释其如何促进有机物质的分解和氮的转化。

(3)结合三聚氰胺的案例，分析凯氏定氮法存在的缺点。

实验五 食品中蛋白质的测定

实验六　食品中氨基酸态氮含量的测定

(一)实验背景

【概述】

GB 5009.235 中规定的测定食品中氨基酸态氮的方法主要包括酸度计法、比色法。一般常用酸度计法测定食品中氨基酸态氮,适于以粮食和其副产品为原料酿造或配制的酱油,如以粮食为原料酿造的酱类,以黄豆、小麦粉为原料酿造的豆酱类。

【实验目的】

用酸度计法测定酱油中的氨基酸态氮含量,使学生能够熟练掌握该方法的实验原理和操作技巧。同时,对实验中可能出现的误差来源进行分析,以增强学生对课堂理论知识的深入理解。

【课前准备】

根据 GB 5009.235 中规定的测定食品中氨基酸态氮的方法,熟悉酸度计法的操作流程。在实验步骤旁标明原理公式。

【思维导图】

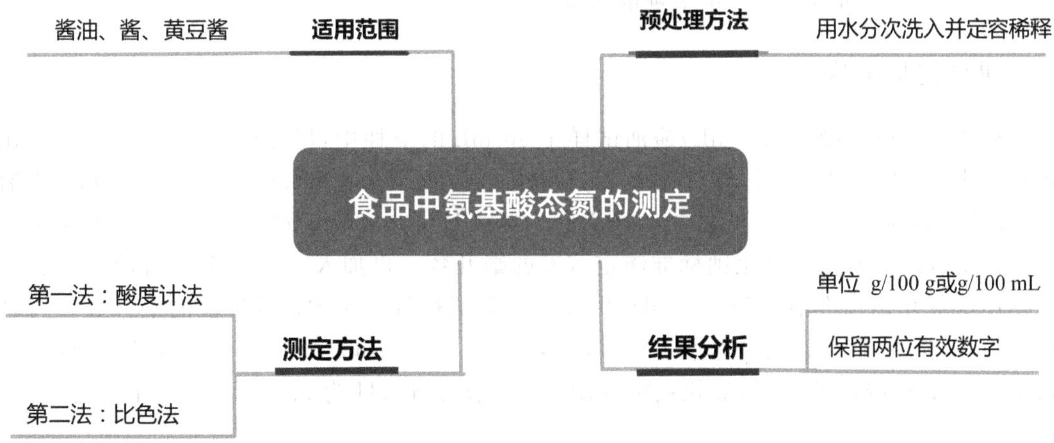

(二)实验原理

利用氨基酸的两性作用,加入甲醛以固定氨基的碱性,使羧基显示出酸性,再用氢氧化钠标准溶液滴定后定量,以酸度计测定终点。

（三）器材与试剂

1. 实验仪器

酸度计、10 mL 微量碱式滴定管、分析天平。

2. 实验试剂

(1)甲醛(36%～38%)：应不含有聚合物(没有沉淀且溶液不分层)。

(2)乙醇(CH_3CH_2OH)。

(3)酚酞指示液：称取酚酞 1 g，溶于 95%的乙醇中，用 95%乙醇稀释至 100 mL。

(4)氢氧化钠标准滴定溶液[$c(NaOH)=0.05$ mol/L]：取 40 g 氢氧化钠于 250 mL 的烧杯中，加 100 mL 的水，振摇使之溶解成饱和液，冷却后置备用。取上层清液 5.0 mL，加适量新煮沸过的冷蒸馏水至1000 mL，摇匀。

(5)氢氧化钠标准滴定溶液的标定：准确称取 0.36 g 已于 105～110 ℃干燥至恒重的基准邻苯二甲酸氢钾，加 80 mL 新煮沸过的水，使之尽量溶解，加 2 滴酚酞指示液(10 g/L)，用氢氧化钠溶液滴定至溶液呈微红色且 30 s 不褪色。记下耗用氢氧化钠溶液的毫升数。同时做空白试验。

(6)计算：氢氧化钠标准滴定溶液的浓度按式(2-9)计算：

$$c=\frac{m}{(V_1-V_2)\times 0.2042} \tag{2-9}$$

式中：c——氢氧化钠标准滴定溶液的实际浓度，mol/L；

m——基准邻苯二甲酸氢钾的质量，g；

V_1——氢氧化钠标准溶液的用量，mL；

V_2——空白实验中氢氧化钠标准溶液的用量，mL；

0.2042——与 1.00 mL 氢氧化钠标准滴定溶液[$c(NaOH)=1.000$ mol/L]相当的基准邻苯二甲酸氢钾的质量，g。

（四）实验步骤

称量 5.0 g(或吸取 5.0 mL)酱油试样于 50 mL 的烧杯中，用蒸馏水多次洗入 100 mL 容量瓶中，加水至刻度。混匀后吸取 20.0 mL 液体置于 200 mL 烧杯中，加 60 mL 蒸馏水，开动磁力搅拌器，用氢氧化钠标准溶液[$c(NaOH)=0.050$ mol/L]滴定至酸度计指示 pH 为 8.2，记下消耗氢氧化钠标准滴定溶液的毫升数。再加入 10.0 mL 甲醛溶液，混匀。继续用氢氧化钠标准溶液滴定至 pH 为 9.2，记下消耗氢氧化钠标准溶液的毫升数。同时取 80 mL 水，先用氢氧化钠标准溶液[$c(NaOH)=0.050$ mol/L]调节至 pH 为 8.2，再加入 10.0 mL 甲醛溶液，用氢氧化钠标准滴定溶液滴定至 pH 为 9.2，做试剂空白试验。

（五）数据和计算

【实验记录】

实验记录参考表 2-6。

表 2-6　氨基酸态氮含量测定实验记录表

时间：	地点：	实验员：	室内温度：
项目	样品 1	样品 2	样品 3
样品质量/g 或体积/mL			
测定用试样稀释液加入甲醛后消耗氢氧化钠标准滴定溶液的体积/mL			
空白对照实验加入甲醛后消耗氢氧化钠标准滴定溶液的体积/mL			
试样稀释液的取用量/mL			
试样稀释液的定容体积/mL			
结果			

【结果计算】

测定结果按式(2-10)或式(2-11)计算：

$$X_1=\frac{(V_1-V_2)\times c\times 0.014}{m\times V_3/V_4}\times 100 \tag{2-10}$$

$$X_2=\frac{(V_1-V_2)\times c\times 0.014}{V\times V_3/V_4}\times 100 \tag{2-11}$$

式中：X_1——试样中氨基酸态氮的含量，g/100 g；

X_2——试样中氨基酸态氮的含量，g/100 mL；

V_1——测定用试样稀释液加入甲醛后消耗氢氧化钠标准滴定溶液的体积，mL；

V_2——试剂空白实验加入甲醛后消耗氢氧化钠标准滴定溶液的体积，mL；

c——氢氧化钠标准滴定溶液的浓度，mol/L；

0.014——与 1.00 mL 氢氧化钠标准滴定溶液[c(NaOH)＝1.000 mol/L]相当的氮的质量，g；

m——称取试样的质量，g；

V——吸取试样的体积，mL；

V_3——试样稀释液的取用量，mL；

V_4——试样稀释液的定容体积，mL；

100——单位换算系数。

计算结果保留两位有效数字。

(六)注意事项

(1)加入甲醛后应立即滴定，放置时间不宜过长，以免甲醛聚合，影响测定结果。

(2)由于铵离子能与甲醛作用，样品中若含有铵盐，将会使测定结果偏高。

(3)计算结果保留两位有效数字。精密度：在重复性条件下获得的两次独立测定结果的绝对差值不得超过算术平均值的10%。

(七)思考题

(1)讨论加入甲醛在实验中的作用及其重要性。

(2)酸度计的作用是什么?

(3)分析实验中可能产生的误差及原因。

实验七　食品中还原糖含量的测定

(一)实验背景

【概述】

食品中还原糖的检测方法有多种,GB 5009.7 中规定的检测方法包括直接滴定法、高锰酸钾滴定法、铁氰化钾滴定法等。

【实验目的】

用直接滴定法测定蜂蜜中的还原糖含量,让学生熟悉该方法的基本原理、操作步骤和应用范围。通过实践操作,提升实验技能,并加强对相关课堂理论知识的理解。

【课前准备】

根据 GB 5009.7 中规定的还原糖的测定方法,熟悉直接滴定法测定还原糖实验的操作流程。在实验步骤旁标明原理公式。

【思维导图】

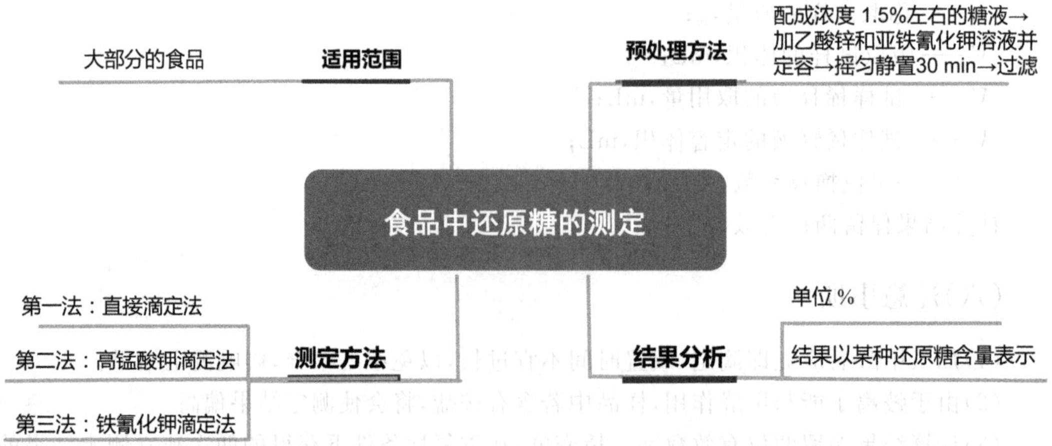

(二)实验原理

将一定量的碱性酒石酸铜甲液、乙液(斐林试剂甲、乙液)等量混合,立即生成天蓝色的氢氧化铜沉淀。这种沉淀很快与酒石酸钾钠反应,生成深蓝色的可溶性酒石酸钾钠铜络合物。在加热条件下,以次甲基蓝作为指示剂,用样液滴定,样液中的还原糖与酒石酸钾钠铜反应,生成红色的氧化亚铜沉淀,这种沉淀与亚铁氰化钾络合成可溶的无色络合物。待二价铜全部被还原后,稍过量的还原糖将次甲基蓝还原,溶液由蓝色变为无色,即为滴定终点。根据样液消耗量可计算出还原糖含量。

主要化学反应方程式:

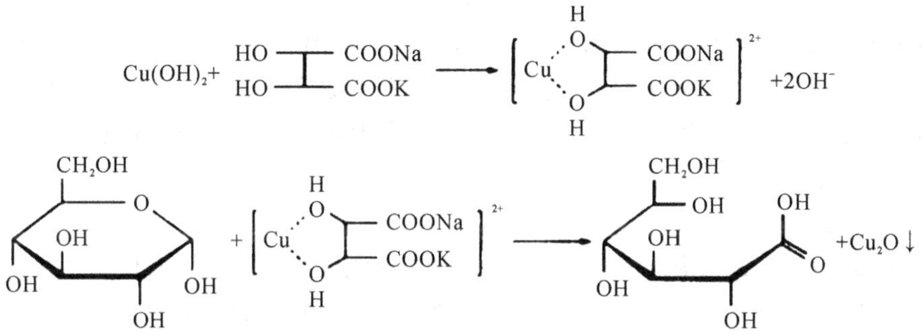

(三)器材与试剂

1. 试验仪器

天平、碱式滴定管、电炉、三角瓶、刻度吸管等玻璃仪器若干。

2. 试验试剂

(1)盐酸溶液(1+1,体积比):量取盐酸 50 mL,加水 50 mL 混匀。

(2)碱性酒石酸铜甲液:称取硫酸铜 15 g 和亚甲蓝 0.05 g,溶于水中,并稀释至 1000 mL。

(3)碱性酒石酸铜乙液:称取酒石酸钾钠 50 g 和氢氧化钠 75 g,溶解于水中,再加入亚铁氰化钾 4 g,完全溶解后,用水定容至 1000 mL,贮存于橡胶塞玻璃瓶中。

(4)乙酸锌溶液:称取乙酸锌 21.9 g,加冰乙酸 3 mL,加水溶解并定容至 100 mL。

(5)亚铁氰化钾溶液(106 g/L):称取亚铁氰化钾 10.6 g,加水溶解并定容至 100 mL。

(6)氢氧化钠溶液(40 g/L);称取氢氧化钠 4 g,加水溶解后,放冷,并定容至 100 mL。

(7)葡萄糖标准溶液(1.0 mg/mL):准确称取经过 98～100 ℃干燥 2 h 的葡萄糖 1 g,加水溶解后加入盐酸溶液 5 mL,并用水定容至 1000 mL。此溶液每毫升相当于 1.0 mg 葡萄糖。

(8)果糖标准溶液(1.0 mg/mL):准确称取经过 98～100 ℃干燥 2 h 的果糖 1 g,加水溶解后加入盐酸溶液 5 mL,并用水定容至 1000 mL。此溶液每毫升相当于 1.0 mg 果糖。

(9)乳糖标准溶液(1.0 mg/mL):准确称取经过 94～98 ℃干燥 2 h 的乳糖(含水)1 g,加水溶解后加入盐酸溶液 5 mL,并用水定容至 1000 mL。此溶液每毫升相当于 1.0 mg 乳糖。

(10)转化糖标准溶液(1.0 mg/mL):准确称取 1.0526 g 蔗糖,用 100 mL 水溶解,置于具塞锥形瓶中。加盐酸溶液 5 mL，在 68～70 ℃水浴中加热 15 min，放置至室温，转移至 1000 mL 容量瓶中并加水定容至 1000 mL，每毫升标准溶液相当于 10 mg 转化糖。

(四)实验步骤

1.样品处理

取适量蜂蜜样品(记为 m)，配成浓度 1.5%左右的糖液，总体积为 V。移取50 mL糖液于250 mL容量瓶中，慢慢加入 5 mL 乙酸锌溶液和 5 mL 亚铁氰化钾溶液，加水至刻度，摇匀后静置 30 min。用干燥滤纸过滤，弃初滤液，然后收集滤液备用。

2.样液预测

吸取斐林试剂甲、乙液各 5 mL 于 250 mL 锥形瓶中，用滴定管加入样液约 15 mL，把锥形瓶放在石棉网上加热，使其在 2 min 内至沸，然后维持沸腾 2 min，加入 3 滴次甲基蓝(如蓝色立即消失，说明糖液浓度大高，可适当增大稀释倍数后再预测)，继续滴加样液(滴加速度控制在使糖液维持沸腾状态)至溶液蓝色刚好腿去为止。记录样液消耗总量(包括预先放入的 15 mL 样液)。

3.样液的测定

吸取斐林试剂甲、乙液各 5 mL 于 250 mL 锥形瓶中，从滴定管加入样液，其量比预测时所消耗的样液总量少 0.5～1 mL。加热锥形瓶使之在 2 min 内至沸，然后维持沸腾 2 min，加入 3 滴次甲基蓝指示剂，再以每 2 秒加 1 滴的速度继续滴加样液，直至蓝色褪去为终点。续滴工作应控制在 1 min 内完成。记录样液消耗量(记为 V_1)。

(五)数据和计算

【实验记录】

实验记录参考表 2-7。

表 2-7　还原糖含量实验记录表

时间：　　地点：　　实验员：　　室内温度：

项目	样品 1	样品 2	样品 3
样品质量			
糖液总体积			
滴定时消耗样液量			
还原糖因数			
结果			

【结果计算】

食品中还原糖含量的计算结果按式(2-12)计算。

$$还原糖\% = \frac{F \times 250 \times V}{m \times V_1 \times 50 \times 1000} \times 100 \tag{2-12}$$

式中：V_1——滴定时消耗样液量，mL；

m——样品质量，g；

F——还原糖因数，即 10 mL 斐林试剂相当的还原糖量，mg；

V——糖液总体积，mL。

(六)注意事项

(1)测定结果用哪种还原糖表示，就应该用相应的还原糖标准溶液标定斐林试剂。

(2)影响测定结果的主要因素是反应液碱度、热源强度、煮沸时间和滴定速度。反应液碱度直接影响二价铜与还原糖反应的速度、反应进行的程度及测定结果。在一定范围内，溶液碱度越高，二价铜的还原越快。热源一般采用 800 W 电炉，电炉温度恒定后才能加热，热源强度应使反应液在两分钟内沸腾。因此，测定时应严格控制上述实验条件，力求一致。平行试验样液消耗量相差不超过 0.1 mL。

(3)在滴定过程中，不应随意摇动锥形瓶，且不得将锥形瓶从热源上移开进行滴定，以防空气进入反应液中。

(4)滴定必须在沸腾条件下进行，主要原因有两个：首先，可以加快还原糖与 Cu^{2+} 的反应速度；其次，次甲基蓝变色反应是可逆的，还原型次甲基蓝遇到空气中的氧又会被氧化为氧化型。此外，氧化亚铜也极不稳定，易被空气中氧氧化。因此，保持反应液沸腾可防止空气进入，避免次甲基蓝和氧化亚铜被氧化而增加耗糖量从而引起实验误差。

(5)样品溶液预测的目的：一是本法对样品溶液中还原糖浓度有一定要求(0.1%左右)，测定时样品溶液的消耗体积应与标定葡萄糖标准溶液时消耗的体积相近，通过预测可了解样品溶液浓度是否合适，浓度过大或过小加以调整，使预测时消耗样液量在 10 mL 左右；二是通过预测可知道样液大概消耗量，以便在正式测定时，预先加入比实际用量少 1 mL 左右的样液，只留下 1 mL 左右样液在续滴定时加入，以保证在 1 min 内完成续滴定工作，提高测定的准确度。

(6)碱性酒石酸铜溶液已用葡萄糖标准溶液标定，即还原糖因子已知。

(七)思考题

(1)分析实验过程中产生的误差及其主要原因。

(2)不同类型样品中还原糖提取应如何选用提取剂？

实验七 食品中还原糖的测定

实验八　食品中淀粉含量的测定

(一)实验背景

【概述】

食品中淀粉含量检测的主要依据是 GB 5009.9 中规定的酸水解法、酶水解法等,第一法和第二法适用于食品中(非肉制品)淀粉的测定。

【实验目的】

用酶水解法测定淀粉含量,学习酶水解法测定淀粉含量的基本原理及操作流程,包括淀粉含量的计算。

【课前准备】

学习 GB 5009.9 中规定的食品中淀粉含量测定的方法,熟悉酶水解法实验的操作流程。在实验步骤旁标明原理公式。

【思维导图】

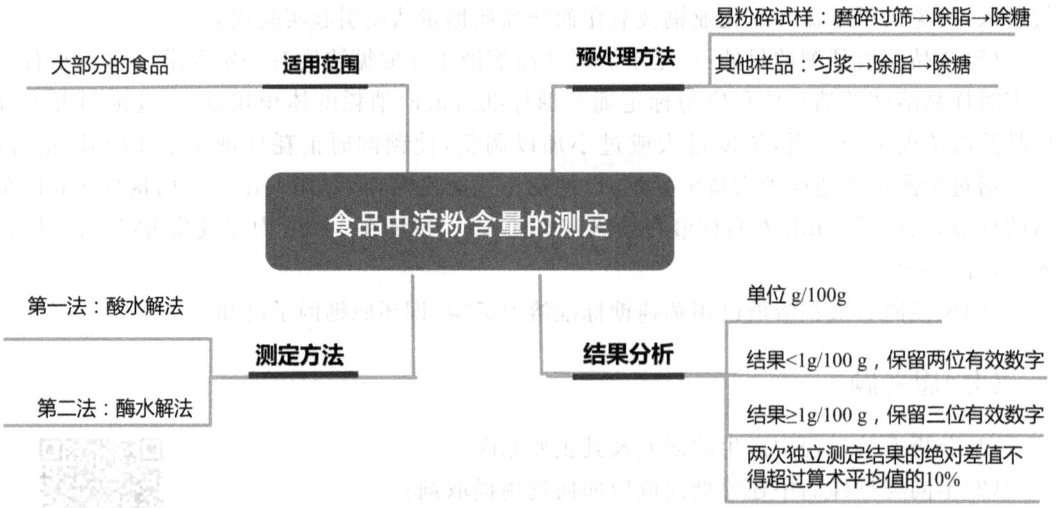

(二)实验原理

先去除试样中的脂肪及可溶性糖留下淀粉。用淀粉酶将淀粉水解成小分子糖,再用盐酸将小分子糖水解成单糖。用还原糖测定单糖含量，即可折算淀粉含量。

（三）器材与试剂

1. 实验仪器

天平、恒温水浴锅、组织捣碎机、电炉。

2. 实验试剂

(1)甲基红指示液(2 g/L)：称取甲基红 0.20 g，用少量乙醇溶解后，加水定容至 100 mL。

(2)盐酸溶液(1+1)：量取 50 mL 盐酸，与 50 mL 水混合。

(3)氢氧化钠溶液(200 g/L)：称取 20 g 氢氧化钠，加水溶解并定容至 100 mL。

(4)碱性酒石酸铜甲液：称取 15 g 硫酸铜及 0.050 g 亚甲蓝，溶于水中并定容至 1000 mL。

(5)碱性酒石酸铜乙液：称取 50 g 酒石酸钾钠、75 g 氢氧化钠，溶于水中，再加入 4 g 亚铁氰化钾，完全溶解后，用水定容至 1000 mL，贮存于橡胶塞玻璃瓶内。

(6)淀粉酶溶液(5 g/L)：称取高峰氏淀粉酶 0.5 g，100 mL 水溶解，临用时配制；也可加入数滴甲苯或三氯甲烷防止长霉，置于 4 ℃冰箱中。

(7)碘溶液：称取 3.6 g 碘化钾溶于 20 mL 水中，加入 1.3 g 碘，溶解后加水定容至100 mL。

(8)乙醇溶液(85%，体积比)：取 85 mL 无水乙醇，加水定容至 100 mL 混匀。也可用 95%乙醇配置。

(9)葡萄糖标准溶液：准确称取 1 g(精确至 0.0001 g)经过 98～100 ℃干燥 2 h 的*D*-无水葡萄糖，加水溶解后加入 5 mL 盐酸，并以水定容至 1000 mL。此溶液每毫升相当于 1.0 mg葡萄糖。

（四）实验步骤

1. 样品制备

(1)易于粉碎的样品：将样品磨碎过 0.425 mm 筛(相当于 40 目)，称取 2～5 g(精确到 0.001g)。将样品置于装有慢速滤纸的漏斗中，先用 50 mL 石油醚或乙醚分 5 次洗涤样品以去除脂肪，然后用 100 mL 85%体积比的乙醇分次充分洗涤样品以去除可溶性糖。根据样品的实际情况，可适当增加洗涤液的用量和洗涤次数，以保证干扰检测的物质完全去除 。滤干乙醇，将残留物移入 250 mL 烧杯内，并用 50 mL 水洗净滤纸，洗液并转移至上述烧杯内，将烧杯置沸水浴上加热 15 min，使淀粉糊化，放冷至 60 ℃以下，加 20 mL 淀粉酶溶液，在55～60 ℃保温1 h，并时时搅拌。取 1 滴此液加 1 滴碘溶液，观察着色变化。若显蓝色，再加热糊化并加 20 mL 淀粉酶溶液，继续保温，直至加碘溶液不显蓝色为止。加热混合液至沸腾，冷却后移入 250 mL 容量瓶中并加水至刻度，混匀，过滤，并弃去初滤液。

取 50.00 mL 滤液，置于 250 mL 锥形瓶中，加 5 mL 盐酸(1+1)，装上回流冷凝器，在沸水浴中回流 1 h，冷却后加 2 滴甲基红指示液，用氢氧化钠溶液(200 g/L)中和至中性。

溶液转入 100 mL 容量瓶中，洗涤锥形瓶，洗液并入 100 mL 容量瓶中，加水至刻度，混匀备用。

(2)其他样品：称取一定量样品，准确加入适量水在组织捣碎机中捣成匀浆(蔬菜、水果需先洗净晾干取可食部分)，称取相当于原样质量 2.5～5 g(精确到 0.001 g)的匀浆，置于放有慢速滤纸的漏斗内。随后的操作同(1)。

2. 标定碱性酒石酸铜溶液

吸取 5.00 mL 碱性酒石酸铜甲液及 5.00 mL 碱性酒石酸铜乙液，置于 150 mL 锥形瓶中，加水 10 mL，加入玻璃珠两粒，从滴定管滴加约 9 mL 葡萄糖标准溶液，在 2 min 内加热至沸腾。保持溶液呈沸腾状态，以 2 s/滴的速度继续滴加葡萄糖，直至溶液蓝色刚好褪去(即为终点)，记录消耗葡萄糖标准溶液的总体积。同时做三次平行实验，取其平均值，计算每 10 mL(甲、乙液各 5 mL)碱性酒石酸铜溶液相当于葡萄糖的质量m_1(mg)。

3. 样品溶液预测

吸取 5.00 mL 碱性酒石酸铜甲液及 5.00 mL 碱性酒石酸铜乙液，置于 150 mL 形瓶中，加水 10 mL，加入玻璃珠两粒，在 2 min 内加热至沸腾。保持沸腾，以先快后慢的速度，从滴定管中滴加样品溶液，待溶液颜色变浅时，以 2 s/滴的速度滴定，直至溶液蓝色刚好褪去。记录试样溶液的消耗体积。当样液中葡萄糖浓度过高时，应适当稀释后再进行正式测定，使每次滴定消耗试样溶液的体积在与标定碱性酒石酸铜溶液时所消耗的葡萄糖标准溶液的体积相近，即 10 mL 左右。

4. 样品溶液测定

吸取 5.00 mL 碱性酒石酸铜甲液及 5.00 mL 碱性酒石酸铜乙液，置于 150 mL 锥形瓶中，加水 10 mL，加入玻璃珠两粒，从滴定管滴加比预测体积少 1 mL 的样品溶液至锥形瓶中，在 2 min 内加热至沸，保持沸腾状态继续以 2 s/滴的速度滴定，直至蓝色刚好褪去，记录样品溶液消耗体积。同法平行操作三次，得出平均消耗体积。结果按式(2-13)计算。

当样品溶液浓度过低时，则直接加入 10.00 mL 样品溶液，再用葡萄糖标准溶液滴定至终点，记录消耗的体积与按步骤 4 测定时消耗的葡萄糖标准溶液体积之差(相当于 10 mL 样液)中所含葡萄糖的量(mg)。结果按式(2-14)、式(2-15)计算。

5. 试剂空白测定

同时量取 20.00 mL 水及与样品制备时相同量的淀粉酶溶液，按反滴法做试剂空白试验。即用葡萄糖标准溶液滴定试剂空白溶液至终点，记录消耗的体积与标定时消耗的葡萄糖标准溶液体积之差(相当于 10 mL 样液)。按式(2-16)、式(2-17)计算试剂空白中葡萄糖的含量。

(五)数据和计算

【实验记录】

实验记录参考表 2-8。

表 2-8　淀粉含量测定实验记录表

时间：	地点：	实验员：	室内温度：
项目	样品 1	样品 2	样品 3
每 10 mL 碱性酒石酸铜溶液相当于葡萄糖的质量/mg			
平均消耗试样体积/mL			
所称试样中葡萄糖的量/mg			
标定 10 mL 碱性酒石酸铜溶液时消耗的葡萄糖标准溶液的体积与加入试样后消耗的葡萄糖标准溶液体积之差相当于葡萄糖的质量/mg			
加入试样后消耗葡萄糖的体积/mL			
标定 10 mL 碱性酒石酸铜溶液时消耗的葡萄糖标准溶液的体积/mL			
试剂空白值/mg			
标定 10 mL 碱性酒石酸铜溶液时消耗的葡萄糖标准溶液的体积与加入空白后消耗的葡萄糖标准溶液体积之差相当于葡萄糖的质量/mg			
加入空白试样后消耗的葡萄糖标准溶液体积/mL			
试样质量/g			
试样中淀粉的含量/g/100 g			

【结果计算】

试样中葡萄糖含量按式(2-13)计算：

$$X_1=\frac{m_1}{\frac{50}{250}\times\frac{V_1}{100}} \tag{2-13}$$

式中：X_1——所称试样中葡萄糖的量，mg；

m_1——10 mL 碱性酒石酸铜溶液（甲、乙液各半）相当于葡萄糖的质量，mg；

50——测定用样品溶液体积，mL；

250——样品定容体积 mL；

V_1——测定时平均消耗试样溶液体积，mL；

100——测定用样品的定容体积，mL。

当试样中淀粉浓度过低时葡萄糖含量按式(2-14)、式(2-15)进行计算：

$$X_2=\frac{m_2}{\frac{50}{250}\times\frac{10}{100}} \tag{2-14}$$

$$m_2=m_1\left(1-\frac{V_1}{V_s}\right) \tag{2-15}$$

式中：X_2——所称试样中葡萄糖的质量，mg；

m_2——标定 10 mL 碱性酒石酸铜溶液（甲、乙液各半）时消耗的葡萄糖标准液的体积与加入试样后消耗的葡萄糖标准溶液体积之差相当于葡萄糖的质量，mg；

50——测定用样品溶液体积，mL；

250——样品定容体积，mL；

10——直接加入的试样体积，mL；

100——测定用样品的定容体积，mL；

m_1——10 mL 碱性酒石酸铜溶液（甲、乙液各半）相当于葡萄糖的质量，mg；

V_2——加入试样后消耗的葡萄糖标准溶液体积，mL；

V_s——标定 10 mL 碱性酒石酸铜溶液（甲、乙液各半）时消耗的葡萄糖标准溶液的体积，mL。

试剂空白值按式(2-16)、式(2-17)计算：

$$X_0=\frac{m_0}{\frac{50}{250}\times\frac{10}{100}} \tag{2-16}$$

$$m_0=m_1\left(1-\frac{V_0}{V_s}\right) \tag{2-17}$$

式中：X_0——试剂空白值，mg；

m_0——标定 10 mL 碱性酒石酸铜溶液（甲、乙液各半）时消耗的葡萄糖标准液的体积与加入空白后消耗的葡萄糖标准溶液体积之差（相当于葡萄糖的质量），mg；

50——测定用样品溶液体积，mL；

250——样品定容体积，mL；

10——直接加入的试样体积，mL；

100——测定用样品的定容体积，mL；

V_0——加入空白后消耗的葡萄糖标准溶液体积，mL；

V_s——标定 10 mL 碱性酒石酸铜溶液（甲、乙液各半）时消耗的葡萄糖标准溶液的体积，mL。

试样中淀粉含量按式(2-18)计算：

$$X=\frac{(X_1-X_0)\times 0.9}{m\times 1000}\times 100 \quad 或 \quad X=\frac{(X_2-X_0)\times 0.9}{m\times 1000}\times 100 \tag{2-18}$$

式中：X——试样中淀粉的含量，g/100 g；

0.9——还原糖(以葡萄糖计)换算成淀粉的换算系数；

m——试样质量，g。

(六)注意事项

(1)淀粉酶水解具有选择性，只水解淀粉不水解其他多糖。淀粉水解后可通过过滤除去其他多糖，测定结果准确，但操作费时。

(2)在使用淀粉酶之前，应先检查其活性。

(七)思考题

(1)除国标所述三种方法外，其他检测淀粉含量的方法有哪些？其原理分别是什么？

(2)淀粉的主要性质有哪些？

实验八 食品中淀粉的测定

实验九 食品中总酸含量的测定

(一)实验背景

【概述】

GB 12456 中规定的食品中总酸的测定方法包括酸碱指示剂滴定法、pH 计电位滴定法、自动电位滴定法。其中酸碱指示剂滴定法适用范围较广。

【实验目的】

学习食品中总酸测定方法。掌握其操作技术，包括样品的制备、样品溶液制备、分析及总酸含量计算等。

【课前准备】

学习 GB 12456 中规定的总酸的测定方法，熟悉实验的操作流程。在实验步骤旁标明原理公式。

【思维导图】

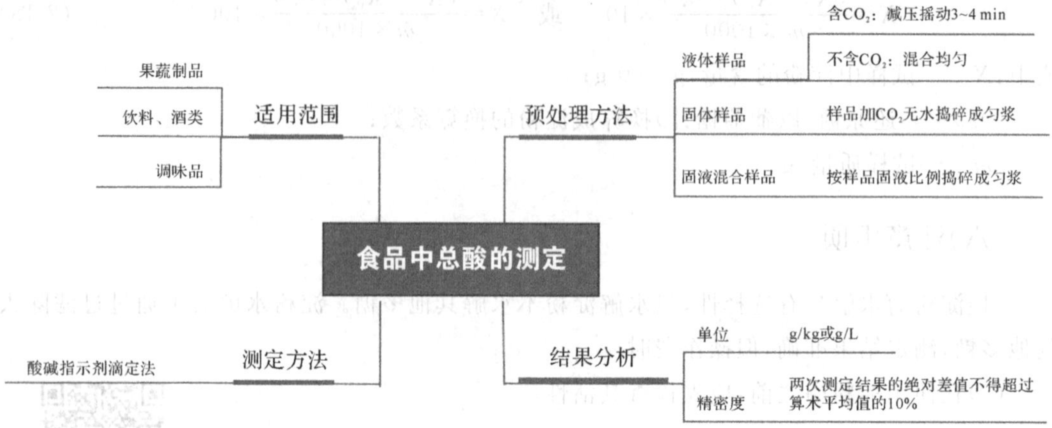

(二)实验原理

根据酸碱中和原理，用碱液滴定试液中的酸性物质，并以酚酞作为指示剂来确定滴定终点，食品中的总酸含量可根据碱液的消耗量来计算食品中总酸含量。

(三)器材与试剂

1. 实验仪器

分析天平、碱式滴定管(容量 10mL，最小刻度 0.05mL)、碱式滴定管(容量 25mL，最小刻度 0.1mL)、水浴锅、锥形瓶、移液管、均质器、超声波发生器、研钵、组织捣碎机。

2. 实验试剂

(1)乙醇(C_2H_5OH)：95%。

(2)酚酞指示液(10 g/L)：称取 1 g 酚酞，溶于乙醇(95%)，并用乙醇(95%)稀释至 100 mL。

(3)无二氧化碳的水：将水煮沸 15 min 以逐出二氧化碳，冷却，密闭。

(4)氢氧化钠标准滴定溶液(0.1 mol/L)：称取 4 g 氢氧化钠，加水溶解后并稀释至 1000 mL。

(5)氢氧化钠标准滴定溶液(0.01 mol/L)：用移液管吸取 100 mL 0.1 mol/L 氢氧化钠标准滴定溶液至容量瓶，用水稀释到 1000 mL，现用现配，必要时重新标定。

(6)氢氧化钠标准滴定溶液(0.05 mol/L)：用移液管吸取 50 mL 0.1 mol/L 氢氧化钠标准滴定溶液至容量瓶，用水稀释到 100 mL。现用现配，必要时重新标定。

(四)实验步骤

1. 试样制备

试样于常温密封保存。

(1)液体样品

不含二氧化碳的样品：充分混合均匀，置于密闭玻璃容器内。

含二氧化碳的样品：至少取 200 g 样品(精到 0.01 g)于 500 mL 烧杯中，在减压下摇动

3～4 min,以除去液体样品中的二氧化碳。

(2)固体样品:取至少 200 g 有代表性的样品(精确到 0.01 g),放入研钵或组织捣碎机中,并加入与样品等量的无二氧化碳的水。用研钵研碎或用组织捣碎机捣碎,混匀成浆状后置于密闭玻璃容器内。

(3)固液混合样品:按样品的固、液体比例至少取 200 g(精确到 0.01 g),用研钵研碎或用组织捣碎机捣碎,混匀后置于密闭玻璃容器内。

2. 待测溶液的制备

(1)液体样品:称取 25 g(精确至 0.01 g)或用移液管吸取 25.0 mL 样品至 250 mL 容量瓶中,用无二氧化碳的水定容至刻度,摇匀。用快速滤纸过滤,收集滤液,用于测定。

(2)其他样品:称取 25 g 样品(精确至 0.01 g),置于 150 mL 带有冷凝管的锥形瓶中,加入约 50 mL 80 ℃无二氧化碳的水,混合均匀,置于沸水浴中煮沸 30 min(摇动 2～3 次,使试样中的有机酸全部溶解于溶液中)。取出,冷却至室温,用无二氧化碳的水定容至 250 mL,用快速滤纸过滤,收集滤液,用于测定。

3. 分析步骤

(1)根据试样总酸的可能含量,使用移液管吸取 25 mL、50 mL 或者 100 mL 试液,置于 250 mL 三角瓶中,加入 2～4 滴(10 g/L)酚酞指示液,用 0.1 mol/L 氢氧化钠标准滴定溶液(若为白酒等样品,总酸≤4 g/kg,可用 0.01 mol/L 或 0.05 mol/L 氢氧化钠滴定溶液)滴定至微红色 30 s 不褪色。记录消耗 0.1 mol/L 氢氧化钠标准滴定溶液的体积。

(2)空白试验:按照上述操作步骤,使用等体积的无二氧化碳的水代替试液进行空白试验,并记录消耗的氢氧化钠标准滴定溶液的体积。

(五)数据和计算

【实验记录】

实验记录参考表 2-9。

表 2-9　酸碱滴定总酸实验记录表

时间:	地点:	实验员:	室内温度:	
F—试液的稀释倍数:				
项目	第一次	第二次	第三次	第四次
样品质量/(g/mL)				
氢氧化钠标准滴定溶液的浓度/(mol/L)				
试样消耗氢氧化钠标准滴定溶液的体积/mL				
空白消耗氢氧化钠标准滴定溶液的体积/mL				
计算得试样中总酸/(g/kg)或(g/L)				

续表

项目	第一次	第二次	第三次	第四次
总酸平均含量/(g/kg)或(g/L)				
标准差				

【结果计算】

食品中总酸的含量按式(2-19)计算。

$$X=\frac{c\times(V_1-V_2)\times k\times F}{m}\times 1000 \tag{2-19}$$

式中：X——试样中总酸的含量，g/kg 或 g/L；

c——氢氧化钠标准滴定溶液的浓度，mol/L；

V_1——滴定试液时消耗氢氧化钠标准滴定溶液的体积，mL；

V_2——空白试验时消耗氢氧化钠标准滴定溶液的体积，mL；

k——酸的换算系数：苹果酸，0.067；乙酸，0.060，酒石酸，0.075；柠檬酸，0.054；柠檬酸（含一分子结晶水），0.070；乳酸，0.090；盐酸，0.036；硫酸，0.049；磷酸，0.049；

F——试液的稀释倍数；

m——样品质量，g；或吸取试样的体积，mL；

1000——换算系数。

计算结果以重复条件下获得的两次独立测定结果的算术平均值表示。结果保留到小数点后两位。

(六)注意事项

(1)浸渍样品和稀释用的蒸馏水必须除去 CO_2。无 CO_2 蒸馏水的制备方法为：将蒸馏水煮沸 20 min 后用碱石灰保护冷却；或将蒸馏水在使用前煮沸 15 min 并迅速冷却备用。因样品中 CO_2 对测定亦有干扰，故对含有 CO_2 的饮料、酒类等样品，在测定之前须除去 CO_2。

(2)样液制备方法、浸渍与稀释用水量和滴定方法等应根据样品中总酸含量来慎重选择。为使误差不超过允许范围，一般要求滴定时消耗的 0.1 mol/L NaOH 溶液不得少于 5 mL，最好在 10～15 mL。

(3)由于食品中有机酸均为弱酸，在用强碱(NaOH)滴定时，其滴定终点偏碱性，一般在 pH8.2 左右，故可选用酚酞作终点指示剂。

(4)若样液带有颜色，则在滴定前用与样液同体积的不含 CO_2 蒸馏水稀释。或采用试验滴定法，即对有色样液，用适量无 CO_2 蒸馏水稀释，并按 100 mL 样液加入 0.3 mL 酚酞的比例加入酚酞指示剂，用标准 NaOH 溶液滴定近终点时，取此溶液 2～3 mL 移入盛有 20 mL 无 CO_2 的蒸馏水中观察(此时，样液颜色相当浅，易观察酚酞的颜色)。若试验表明还没达到终点，则将此稀释的样液倒回原样液中，继续滴定至终点出现为止；若样液颜色过深或浑浊，则宜用电位滴定法测定。

（七）思考题

（1）对于颜色较深的样品，测定总酸度时终点不易观察，应如何处理？
（2）测定食品总酸时，如何消除 CO_2 对测定的影响？

实验十　食品中有机酸含量的测定

（一）实验背景

【概述】

主要根据食品安全国家标准 GB 5009.157 中规定的方法测定有机酸。本标准规定了食品中酒石酸、乳酸、苹果酸、柠檬酸、丁二酸、富马酸和己二酸的测定，本标准适用于果汁及果汁饮料、碳酸饮料、固体饮料、胶基糖果、饼干、糕点、果冻、水果罐头、生湿面制品和烘焙食品馅料中此 7 种有机酸的测定。

【实验目的】

用高效液相色谱法测定有机酸的含量。学习高效液相色谱法测定有机酸含量的基本原理及操作流程，计算苹果酸含量。

【课前准备】

学习 GB 5009.157 中规定的食品中有机酸的测定方法，熟悉高效液相色谱法实验的操作流程。在实验步骤旁标明原理公式。

【思维导图】

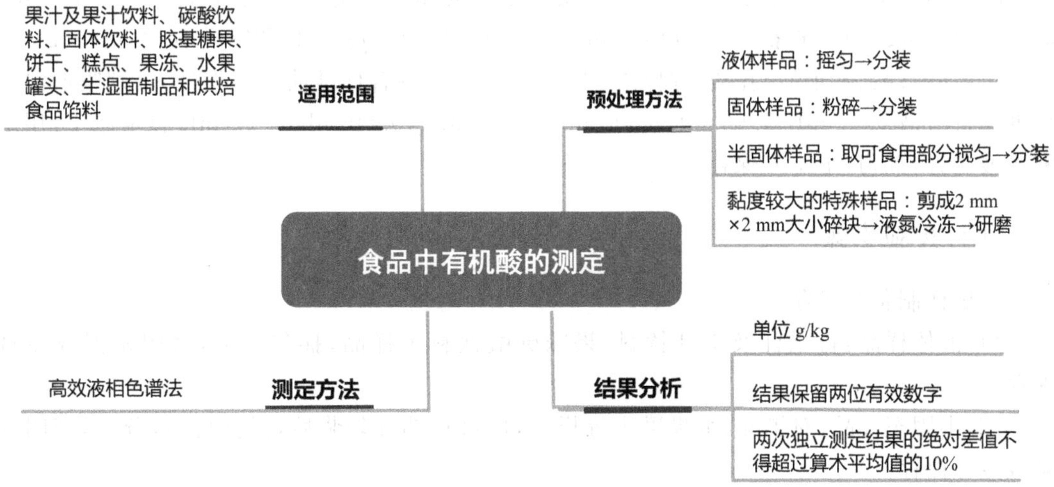

（二）实验原理

试样直接用水稀释或用水提取后，经强阴离子交换固相萃取柱净化，经反相色谱柱分离，以保留时间定性，以外标法定量。

（三）器材与试剂

1. 实验仪器

强阴离子固相萃取柱（SAX）（1000 mg，6 mL）、高效液相色谱仪（带二极管阵列检测器或紫外检测器）、天平（感量为 0.01 mg、0.01 g）、高速均质器、高速粉碎机、固相萃取装置、水相型微孔滤膜（孔径 0.45 μm）。

2. 实验试剂

（1）甲醇（CH_3OH）：色谱纯。

（2）无水乙醇（CH_3CH_2OH）：色谱纯。

（3）磷酸（H_3PO_4）。

（4）磷酸溶液（0.1%）：量取磷酸 0.1 mL，加水至 100 mL，混匀。

（5）磷酸一甲醇溶液（2%）：量取磷酸 2 mL，加甲醇至 100 mL，混匀。

（6）苹果酸标准品（$C_4H_6O_5$），纯度≥99%。

（7）乳酸标准品（$C_3H_6O_3$），纯度≥99%。

（8）酒石酸标准品（$C_4H_6O_6$），纯度≥99%。

（9）柠檬酸标准品（$C_6H_8O_7$），纯度≥98%。

（10）丁二酸标准品（$C_4H_6O_4$），纯度≥99%。

（11）富马酸标准品（$C_4H_4O_4$），纯度≥99%。

（12）己二酸标准品（$C_6H_{10}O_4$），纯度≥99%。

（13）酒石酸、苹果酸、乳酸、柠檬酸、丁二酸和富马酸混合标准储备溶液：分别称取酒石酸 1.25 g，苹果酸 2.5 g，乳酸 2.5 g，柠檬酸 2.5 g、丁二酸 6.25 g（精确至 0.01 g）和富马酸 2.5 mg（精确至 0.01 mg）于 50 mL 小烧杯中，加水溶解，用水转移到 50 mL 容量瓶中，定容，混匀，于 4 ℃保存，其中酒石酸质量浓度为 25000 μg/mL、苹果酸 50000 μg/mL、乳酸 50000 μg/mL、柠檬酸 50000 μg/mL、丁二酸 125000 μg/mL 和富马酸 50 μg/mL。

（14）酒石酸、苹果酸、乳酸、柠檬酸、丁二酸、富马酸混合标准曲线工作液：分别吸取混合标准储备溶液 0.50 mL、1.00 mL、2.00 mL、5.00 mL、10.00 mL 于 25 mL 容量瓶中，用磷酸溶液定容，混匀，于 4 ℃保存。

（四）实验步骤

1. 试样制备及保存

（1）液体样品：将果汁及果汁饮料、果味碳酸饮料等样品，摇匀分装，密闭常温或冷藏保存。

（2）半固态样品：对果冻、水果罐头等样品，取可食部分匀浆后，搅拌均匀，分装，密闭冷藏或冷冻保存。

(3)固体样品:饼干、糕点和生湿面制品等低含水量样品,经高速粉碎机粉碎、分装,于室温下避光密闭保存;对于固体饮料等呈均匀状的粉状样品,可直接分装,于室温下避光密闭保存。

(4)特殊样品:对胶基糖果类黏度较大的特殊样品,将样品用剪刀剪成约 2 mm×2 mm 大小的碎块放入陶瓷研钵中,再缓慢倒入液氮,迅速冷冻后采用研磨的方式获取均匀的样品,分装后密闭冷冻保存。

2. 试样处理

(1)果汁饮料及果汁、果味碳酸饮料:称取 5 g(精确至 0.01 g)均匀试样(若试样中含二氧化碳应先加热除去),放入 25 mL 容量瓶中,加水定容,经 0.45 μm 水相滤膜过滤,高效液相色谱仪分析。

(2)果冻、水果罐头:称取 10 g(精确至 0.01 g)均匀试样,放入 50 mL 塑料离心管中。向其中加入 20 mL 水后在 15000 r/min 的转速下均质提取 2 min,4000 r/min 离心 5 min。取上层提取液至 50 mL 容量瓶中,残留物再用 20 mL 水重复提取一次,合并提取液于同一容量瓶中,并用水定容,经 0.45 μm 水相滤膜过滤,高效液相色谱仪分析。

(3)胶基糖果:称取 1 g(精确至 0.01 g)均匀试样,放入 50 mL 具塞塑料离心管中,加入 20 mL水后在旋混仪上振荡提取 5 min,在 4000 r/min 下离心 3 min 后,将上清液转移至 100 mL容量瓶中。向残渣加入 20 mL 水重复提取 1 次,合并提取液于同一容量瓶中,用无水乙醇定容,摇匀。准确移取上清液 10 mL 于 100 mL 鸡心瓶中,向鸡心瓶中加入 10 mL 无水乙醇,在 80±2 ℃下旋转浓缩至近干时,再加入 5 mL 无水乙醇继续浓缩至彻底干燥后,用 1 mL水洗涤鸡心瓶 2 次。将待净化液全部转移至经过预活化的 SAX 固相取柱中,控制流速在 1～2 mL/min,弃去流出液。用 5 mL 水淋洗净化柱,再用 5 mL 磷酸-甲醇溶液洗脱,控制流速在 1～2 mL/min,收集洗脱液于 50 mL 鸡心瓶中,洗脱液在 45 ℃下旋转蒸发近干后,再加入 5 mL 无水乙醇继续浓缩至彻底干燥,再用 1.0 mL 磷酸溶液(0.1%)振荡溶解残渣后过 0.45 μm 滤膜,然后利用高效液相色谱仪进行分析。

(4)固体饮料:称取 5 g(精确至 0.01 g)均匀试样,放入 50 mL 烧杯,加入 40 mL 水溶解并转移至 100 mL 容量瓶中,用无水乙醇定容,摇匀,静置 10 min。准确移取上清液 20 mL 于 100 mL 鸡心瓶中,向鸡心瓶中加入 10 mL 无水乙醇,在 80±2 ℃下旋转浓缩至近干时,再加入 5 mL 无水乙醇继续浓缩至彻底干燥后,用 1 mL 水洗涤鸡心瓶 2 次。将待净化液全部转移至经过预活化的 SAX 固相取柱中,控制流速在 1～2 mL/min,弃去流出液。用 5 mL 水淋洗净化柱,再用 5 mL 磷酸-甲醇溶液洗脱,控制流速在 1～2 mL/min,收集洗脱液于 50 mL鸡心瓶中,洗脱液在 45 ℃下旋转蒸发近干后,再加入 5 mL 无水乙醇继续浓缩至彻底干燥,再用 1.0 mL 磷酸溶液(1.0%)振荡溶解残渣后过 0.45 μm 滤膜,然后用高效液相色谱仪分析。

(5)面包、饼干、糕点、烘焙食品馅料和生湿面制品:称取 5 g(精确至 0.01 g)均匀试样,放入 50 mL 塑料离心管中。向其中加入 20 mL 水后在 15000 r/min 均质提取 2 min,在 4000 r/min 下离心 3 min,将上清液转移至 100 mL 容量瓶中。向残渣中加入 20 mL 水重复提取 1 次,合并提取液于同一容量瓶中,用无水乙醇定容,摇匀。准确移取上清液 10 mL 于 100 mL 鸡心瓶中,向鸡心瓶中加入 10 mL 无水乙醇,在 80±2 ℃下旋转浓缩至近干时,再加入 5 mL 无水乙醇继续浓缩至彻底干燥后,用 1 mL 水洗涤鸡心瓶 2 次。将待净化液全部转移至经过预活化的 SAX 固相取柱中，控制流速在 1～2 mL/min，弃去流出液。用5 mL 水淋洗净化柱，再用 5 mL 磷酸-甲醇溶液洗脱，控制流速在 1～2 mL/min，收集洗脱液于 50 mL鸡心瓶中，洗脱液在 45 ℃下旋转蒸发近干，用 5.0 mL 磷酸溶液振荡溶解残渣后过 0.45 μm滤膜，再用高效液相色谱仪分析。

3. 仪器参考条件

(1)色谱柱：CAPECELL PAK MG S5 C_{18}柱，4.6 mm×250 mm，5 μm，或同等性能的色谱柱。

(2)流动相：用 0.1%磷酸溶液-甲醇(97.5+2.5)的流动相等度洗脱10 min，再用较短的时间梯度让甲醇相达到 100%并平衡 5 min，然后将流动相调整为 0.1%磷酸溶液-甲醇(97.5+2.5)，平衡 5 min。

(3)柱温：40 ℃。

(4)进样量：20 μL。

(5)检测波长：210 nm。

4. 标准曲线的制作

首先，将不同浓度的标准工作液逐一注入高效液相色谱仪中，并记录下每个浓度对应的色谱峰高或峰面积。然后，以标准工作液的浓度作为横坐标(*X* 轴)，色谱峰高或峰面积作为纵坐标(*Y* 轴)，绘制标准曲线。

5. 试样溶液的测定

将试样溶液注入高效液相色谱仪中，得到峰高或峰面积，根据标准曲线得到待测液中有机酸的浓度。

(五)数据和计算

【实验记录】

实验记录参考表 2-10。

表 2-10　有机酸含量测定实验记录表

时间：	地点：	实验员：	室内温度：
项目	样品 1	样品 2	样品 3
由标准曲线求得试样溶液中某有机酸的浓度/(μg/mL)			
样品溶液定容体积/mL			
最终样液代表的试样质量/g			
结果			

【结果计算】

试样中有机酸的含量按式(2-20)计算：

$$X=\frac{c\times V\times 1000}{m\times 1000\times 1000} \quad (2\text{-}20)$$

式中：X——试样中有机酸的含量，g/kg；

c——由标准曲线求得试样溶液中某有机酸的浓度，μg/mL；

V——样品溶液定容体积，mL；

m——最终样液代表的试样质量，g；

1000——换算系数。

（六）注意事项

（1）本方法适用于果汁及果汁饮料、碳酸饮料、固体饮料、胶基糖果、饼干、糕点、果冻、水果罐头、生湿面制品和烘焙食品馅料中 7 种有机酸的测定。

（2）计算结果以重复性条件下获得的两次独立测定结果的算术平均值表示，结果保留两位有效数字。

（3）在重复性条件下获得的两次独立测定结果的绝对差值不得超过算术平均值的 10%。

（七）思考题

（1）除了本实验中使用的高效液相色谱法外，还有哪些其他方法可以用于测定有机酸的含量？请简述这些方法的原理。

（2）在进行有机酸含量测定的实验中，可能会遇到哪些因素导致误差的产生？请分析这些因素并讨论如何减少这些误差。

实验十一　食品中膳食纤维含量的测定

（一）实验背景

【概述】

食品中的膳食纤维测定主要包括总的、可溶性和不溶性膳食纤维的测定。GB 5009.88 中规定的膳食纤维的测定方法为酶重量法，适用于所有植物性食品及其制品中总膳食纤维、可溶性膳食纤维和不溶性膳食纤维的测定，但不包括低聚果糖、低聚半乳糖、聚葡萄糖、抗性麦芽糊精、抗性淀粉等膳食纤维组分。

【实验目的】

了解食品中膳食纤维含量测定的意义。掌握膳食纤维含量的测定方法。

【课前准备】

根据 GB 5009.88 中规定的膳食纤维的测定方法，绘制酶重量法测定膳食纤维含量实验的操作流程图。在实验步骤旁标明原理公式。

【思维导图】

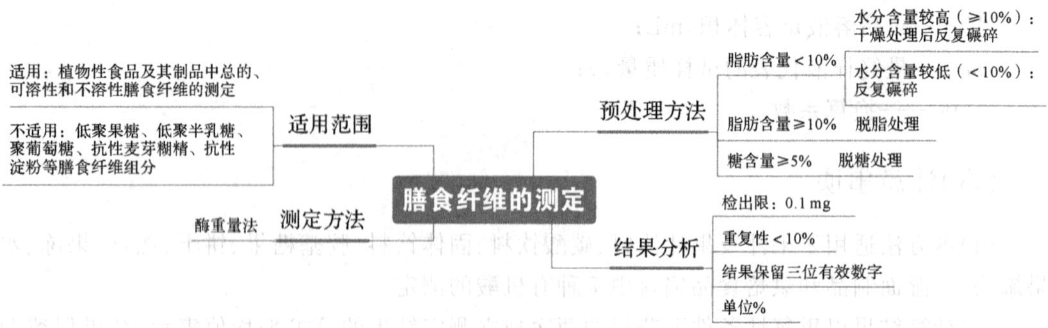

（二）实验原理

取干燥试样，经 α-淀粉酶、蛋白酶和葡萄糖苷酶酶解，去除蛋白质和淀粉。酶解后的样液用乙醇沉淀、过滤，残渣用乙醇和丙酮洗涤，干燥后的物质即为总膳食纤维残渣。另取试样经上述三种酶酶解后直接过滤，残渣用热水洗涤、干燥即得不溶性膳食纤维残渣。滤液用 4 倍体积的 95％乙醇沉淀、过滤、干燥，得可溶性膳食纤维残渣。以上 3 种残渣干燥称量后，分别测定其蛋白质和灰分。总膳食纤维、不溶性膳食纤维和可溶性膳食纤维的残渣量扣除蛋白质和灰分量，即可计算出试样中总得、不溶性和可溶性膳食纤维的含量。

本方法测定的总膳食纤维是指不能被 α-淀粉酶、蛋白酶和葡萄糖苷酶酶解消化的碳水化合物聚合物，包括纤维素、半纤维素、木质素、果胶、部分回生淀粉、果聚糖及美拉德反应产物等。一些小分子（聚合度 3～12）的可溶性膳食纤维，如低聚果糖、低聚半乳糖、多聚葡萄糖、抗性麦芽糊精和抗性淀粉等，由于能部分或全部溶解在乙醇溶液中，本方法不能够准确测定。

（三）器材与试剂

1. 实验仪器

高型无导流口烧杯（400 mL 或 600 mL）、坩埚（粗面烧结玻璃板，孔径 40～60 μm）、真空抽滤装置、1 L 抽滤瓶（侧壁有抽滤口，带有抽滤瓶配套的橡胶塞）、恒温振荡水浴箱、分析天平、马弗炉、烘箱、干燥器、pH 计、真空干燥箱、筛（筛板孔径 0.3～0.5 mm）。

2. 实验试剂

（1）95％乙醇（CH_3CH_2OH）。

（2）乙醇溶液（85％，体积分数）：取 895 mL 95％乙醇，用水稀释并定容至 1 L，混匀。

（3）乙醇溶液（78％，体积分数）：取 821 mL 95％乙醇，用水稀释并定容至 1 L，混匀。

（4）丙酮（CH_3COCH_3）。

（5）石油醚：沸程 30～60 ℃。

（6）氢氧化钠（NaOH）。

(7)氢氧化钠溶液(6 mol/L):称取 24 g 氢氧化钠,用水溶解至 100 mL,混匀。

(8)氢氧化钠溶液(1 mol/L):称取 4 g 氢氧化钠,用水溶解至 100 mL,混匀。

(9)重铬酸钾($K_2Cr_2O_7$)。

(10)重铬酸钾洗液:称取 100 g 重铬酸钾,用 200 mL 水溶解,加入 1800 mL 浓硫酸混合。

(11)三羟甲基氨基甲烷($C_4H_{11}NO_3$,TRIS)。

(12)2-(*N*-吗啉代)乙烷磺酸($C_6H_{13}NO_4S \cdot H_2O$,MES)。

(13)冰乙酸($C_2H_4O_2$)。

(14)乙酸溶液(3 mol/L):取 172 mL 乙酸,加入 700 mL 水,混匀后用水定容至 1 L。

(15)盐酸(HCl)。

(16)盐酸溶液(1 mol/L):取 8.33 mL 盐酸,用水稀释至 100 mL,混匀。

(17)盐酸溶液(2 mol/L):取 167 mL 盐酸,用水稀释至 1 L,混匀。

(18)硫酸(H_2SO_4)。

(19)热稳定 α-淀粉酶液:CAS 9000-85-5,IUB 3.2.1.1,10000±1000 U/mL,不得含丙三醇稳定剂,于 0～5 ℃冰箱储存。

(20)蛋白酶液:CAS 9014-01-1,IUB 3.2.21.14,300～400 U/mL,不得含丙三醇稳定剂,于 0～5 ℃冰箱储存。用 0.05 mol/L MES-TRIS 缓冲液配成浓度为 50 mg/mL 的蛋白酶溶液,使用前现配并于 0～5 ℃暂存。

(21)淀粉葡萄糖苷酶液:CAS 9032-08-0,IUB 3.2.1.3,2000～3300 U/mL,于 0～5 ℃储存。

(22)酸洗硅藻土:取 200 g 硅藻土于 600 mL 的 2 mol/L 盐酸溶液中,浸泡过夜,过滤,用水洗至滤液为中性,置于 525±5 ℃的马弗炉中灼烧成灰分后备用。

(23)MES-TRIS 缓冲液(0.05 mol/L):称取 19.52 g 2-(*N*-吗啉代)乙烷磺酸和 12.2 g 三羟甲基氨基甲烷,用 1.7 L 水溶解,根据室温用 6 mol/L 氢氧化钠溶液调 pH。20 ℃时调 pH 为 8.3,24 ℃时调 pH 为 8.2,28 ℃时调 pH 为 8.1 用插入法校正 pH。加水稀释至 2 L。

(四)实验步骤

1.样品制备

将样品混匀后,于 70 ℃真空干燥过夜,置于干燥器中冷却。干样粉碎后过 0.3～0.5 mm 筛,若样品不能加热,则冷冻干燥后再粉碎过筛。过筛后的干样存放于干燥器中待测。

处理样品时若脂肪含量未知且正常粉碎困难,膳食纤维测定前应先用石油醚脱脂,每次每克试样用 25 L 石油醚,连续 3 次,然后再干燥粉碎。记录由石油醚造成的试样损失,最后在计算膳食纤维含量时进行校正。

若样品糖含量高,测定前要先进行脱糖处理。按每克试样加 10 mL85%乙醇处理样品 3 次,40 ℃下干燥过夜。

2.样品酶解

(1)称量:准确称取双份样品(m_1和 m_2)1.0000±0.0020 g。把称好的试样置于 400 mL 或 600 mL 高脚烧杯中,加入 pH 8.2 的 MES-TRIS 缓冲液 40 mL,用磁力搅拌直至试样完全分散在缓冲液中(避免形成团块,防止试样和酶不能充分接触)。

(2)热稳定 α-淀粉酶酶解：将上述溶液加 50 μL 热稳定 α-淀粉溶液缓慢搅拌，用铝箔将烧杯盖住，置于 95～100 ℃的恒温振荡水浴中持续振摇。当温度升至 95 ℃开始计时，总反应时间达到 35 min 后，将烧杯从水浴中移出，冷却至 60 ℃，打开铝箔盖，用刮勺将烧杯内壁的环状物以及烧杯底部的胶状物刮下，用 10 mL 蒸馏水冲洗烧杯壁和刮勺。

(3)蛋白酶酶解：在每个烧杯中各加入 50 mg/mL 蛋白酶溶液 100 μL，盖上铝箔，继续水浴振摇，水温 60 ℃时开始计时，在 60±1 ℃的条件下反应 30 min。

(4)pH 测定：酶解 30 min 后打开铝箔盖，边搅拌边加入 3 mol/L 乙酸溶液 5 mL，溶液 60 ℃时，调 pH 为 4.5(以 0.4 g/L 溴甲酚绿为外指示剂)。

(5)淀粉葡萄糖苷酶酶解：pH 调至 4.5 后，边搅拌边加入 100 μL 淀粉葡萄糖苷酶溶液，盖上铝箔，持续振摇，水温 60 ℃时开始计时，在 60±1 ℃条件下反应 30 min。

3. 测定

(1)总膳食纤维的测定

①沉淀。在每份试样中，加入预热至 60 ℃的 95%乙醇 225 mL(预热以后的体积)，乙醇与样液的体积比为 4∶1，取出烧杯，盖上铝箔，室温下沉淀 1 h。

②过滤。取已加入硅藻土并干燥称重的坩埚，用 78%乙醇 15 mL 将硅藻土润湿并铺平，接上真空抽滤装置，抽滤去除乙醇溶液，使硅藻土在滤板上形成平面。乙醇沉淀液倒入坩埚中过滤，用刮勺和 78%乙醇将所有残渣转至坩埚中。

③洗涤。分别用 78%乙醇、95%乙醇和丙酮 15 mL 洗涤残渣各 2 次，抽滤去除洗涤液后，将坩埚连同残渣在 105 ℃烘干过夜。将坩埚置于干燥器中冷却 1 h，称量坩埚、膳食纤维残渣和硅藻土的质量，减去坩埚和硅藻土的干重，即为残渣质量。

(2)蛋白质和灰分的测定：称量试样残渣，分别测定其蛋白质和灰分的含量。

(3)不溶性膳食纤维测定：将按照上述方法称样并酶解后的酶解液转移至坩埚中抽滤。过滤前用 3 mL 水润湿硅藻土并铺平，抽去水分，使坩埚中的硅藻土在滤板上形成平面。试样酶解液全部转移至坩埚中过滤，残渣用 70 ℃热蒸馏水 10 mL 洗涤 2 次，合并滤液，转移至另一 600 mL 高脚烧杯中，备测可溶性膳食纤维。残渣分别用 78%乙醇、95%乙醇和丙酮 15 mL各洗涤 2 次，抽滤去除洗涤液，并按上述方法洗涤、干燥、称量，记录残渣质量。

(4)可溶性膳食纤维测定：将不溶性膳食纤维过滤后的滤液收集到 600 mL 高型烧杯中，通过称量烧杯和滤液总质量、扣除烧杯质量的方法估算滤液的体积。滤液加入 4 倍体积预热至 60 ℃的 95%乙醇，室温下沉淀 1 h。以下按总膳食纤维测定步骤进行。

(5)数据和计算：记录实验数据，并计算结果。

【实验记录】

实验记录参考表 2-11，表 2-12。

表 2-11 酶重量法实验记录表(空白质量)

时间：　　地点：　　实验员：　　室内温度：

项目	第一次	第二次	第三次	第四次
残渣质量 m_{BR_1}/mg				

续表

项目	第一次	第二次	第三次	第四次
残渣质量 m_{BR_2}/mg				
残渣中蛋白质质量 m_{P_B}/mg				
残渣中灰分质量 m_{A_B}/mg				
标准差				

表 2-12 酶重量法实验记录表(膳食纤维质量分数)

时间：	地点：		实验员：	室内温度：
项目	第一次	第二次	第三次	第四次
残渣质量 m_{R_1}/mg				
残渣质量 m_{R_2}/mg				
残渣中蛋白质质量 m_P/mg				
残渣中灰分质量 m_A/mg				
空白的质量 m_B/mg				
试样的质量 m_1/mg				
试样的质量 m_2/mg				
标准差				

【结果计算】

空白的质量按式(2-21)计算，结果保留到小数点后两位。

$$m_B=\frac{m_{BR_1}+m_{BR_2}}{2}+m_{P_B}+m_{A_B} \tag{2-21}$$

式中：m_B——空白的质量，mg；

m_{BR_1}，m_{BR_2}——双份空白测定的残渣质量，mg；

m_{P_B}——残渣中蛋白质质量，mg；

m_{A_B}——残渣中灰分质量，mg。

总膳食纤维、不溶性膳食纤维、可溶性膳食纤维均用式(2-22)计算。

$$\omega\%=\frac{[(m_{R_1}+m_{R_2})/2]-m_P-m_A-m_B}{(m_1+m_2)/2}\times 100 \tag{2-22}$$

式中：ω——膳食纤维的含量，%；

m_{R_1}，m_{R_2}——双份试样残渣的质量，mg；

m_P——试样残渣中蛋白的含量，mg；

m_A——试样残渣中灰分的质量，mg；

m_B——空白的质量,mg;

m_1,m_2——试样的质量,mg。

(六)注意事项

(1)必须穿好实验服,注意佩戴隔热手套和口罩。

(2)本方法适用于食品中总的、可溶性和不溶性膳食纤维的测定。

(3)配制 MES-TRIS 缓冲液时,一定要根据温度调 pH。24 ℃时调 pH 至 8.2,20 ℃时调至pH 至 8.3,28 ℃时调至 pH 8.1。20~28 ℃的偏差,用内插法校正。

(4)每次分析试样要同时做两个试剂空白。

(5)在 pH 测定中,一定要在 60 ℃时调 pH,温度低于 60 ℃,pH 升高。每次都要检测空白的 pH,若所测值超出要求范围,同时要检查酶解液的 pH 是否合适。

(6)总的、可溶性和不溶性膳食纤维测定方法的检出限为 0.1 mg。在重复性条件下获得的两次独立测定结果的绝对差值不得超过算术平均值的 10%。

(七)思考题

(1)总的、可溶性和不溶性膳食纤维的区别是什么?

(2)影响实验结果准确性的因素有哪些?

实验十二　食品中多糖含量的测定

(一)实验背景

【概述】

食品中多糖含量的测定方法有多种,目前使用的比较多的方法主要有苯酚-硫酸法、蒽酮-硫酸法、高效液相色谱法。

【实验目的】

用苯酚-硫酸法测定食品中多糖含量,掌握苯酚-硫酸法的原理和实验技巧。通过分析实验误差的主要来源,加深对课堂知识的理解。

【课前准备】

学习苯酚-硫酸法测定食品中多糖的方法,熟悉苯酚-硫酸法实验的操作流程。在实验步骤旁标明原理公式。

【思维导图】

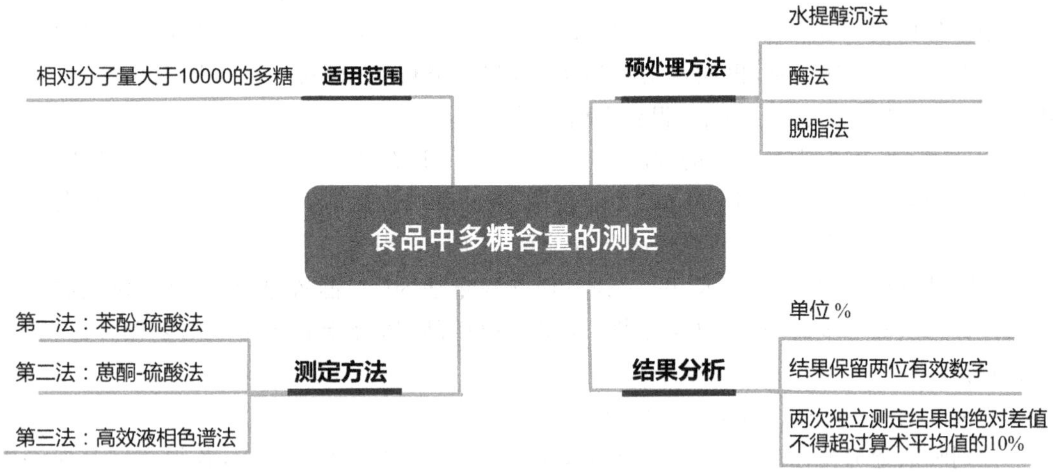

（二）实验原理

苯酚-硫酸试剂可与游离的寡糖、多糖中的己糖及糠醛酸起显色反应，呈橘红色。已糖反应产物在 490 nm 处（戊糖及糖醛酸在 480 nm 处）有最大吸收，吸光度与糖含量呈线性关系。

（三）器材与试剂

1. 实验仪器

水浴锅、离心机、分光光度计。

2. 实验试剂

（1）葡萄糖标准液：精确称取 105 ℃恒重的葡萄糖标准品 100 mg，置于 100 mL 容量瓶中，加蒸馏水溶解并稀释至刻度。

（2）5%苯酚溶液：称取精制苯酚 5.0 g，加水溶解并稀释至 100 mL 棕色容量瓶中，混匀。溶液置于 4 ℃冰箱中，可保存 1 个月。

（3）硫酸、乙醇、三氯乙酸、石油醚、80%乙醚等均为分析纯。

（四）实验步骤

1. 样本的制备

（1）水提醇沉法：将样品烘干、研碎，过 40 目筛。取研成粉末的固体样品 10 g，加100 mL 蒸馏水，在 100 ℃水浴中煮沸 1 h，重复 3 次。提取液过滤，浓缩至 1∶1（g/mL），加 3 倍量的 95%乙醇置于冰箱中冷藏 24 h 使其沉淀。抽滤，将沉淀物按 1∶25 加蒸馏水溶解，过滤，在滤液中加 95%乙醇，冷藏后抽滤。将沉淀物用蒸馏水溶解后，加三氯乙酸，使三氯乙酸含量为 15%，离心 25 min。取上清液加入 95%乙醇，使溶液中乙醇浓度达 75%，抽滤。取残留物水溶后，装入透析袋（相对分子质量 10000～70000）内，透析 3 h，透析液冷冻干燥后得到多糖粗品。

(2)酶法：将干燥样品按1∶80加蒸馏水，在室温下(20～25 ℃)浸泡30 min，置于高速组织捣碎机中充分捣碎，制成浆液。将pH调至6.3，加入1%复合酶制剂(果胶酶、纤维素酶和中性蛋白酶)，在50 ℃下酶促反应40 min后，迅速升温至80 ℃灭酶，并保温浸提约1.5 h，用乙醇沉淀残留物，再加水溶解后浓缩，装入透析袋(相对分子质量10000～70000)内，透析3 h，透析液冷冻干燥后，得到多糖粗品。

(3)脱脂法：称取干燥粉碎的样品100 g，经500 mL石油醚(60～90 ℃)回流脱脂2次，每次2 h，回收石油醚。再用500 mL乙醚浸泡过夜，回收提取2次，每次2 h。将滤渣加蒸馏水3000 mL，90 ℃热提取1 h，滤液减压浓缩至300 mL，用氯仿多次萃取以除去蛋白质，加1%活性炭脱色，抽滤，滤液加入95%乙醇，使含醇量达80%，静置过夜，过滤。沉淀物用无水乙醇、丙酮、乙醚多次洗涤，真空干燥，即得多糖粗品(适合脂肪含量多的多糖样品，如枸杞、山药等)。

2.标准曲线(standard curve)的绘制

分别吸取葡萄糖标准液10，20，40，60，80，100 μL置于带塞试管中，各加蒸馏水使终体积为2.0 mL，再加苯酚试液1.0 mL，摇匀，迅速滴加浓硫酸5.0 mL，摇后放置5 min，置于沸水浴中加热15 min，取出冷却至室温；另以蒸馏水2 mL，加苯酚和硫酸，同上操作做空白对照。于490 nm处测吸光度，绘制标准曲线。

3.样品溶液的制备

精确称取样品粉末0.2 g置于圆底烧瓶中，加80%乙醇100 mL回流提取1 h，趁热过滤，残渣用80%乙醇洗涤3次，每次用量10 mL。残渣连同滤纸置于烧瓶中，加蒸馏水100 mL，加热提取1 h，趁热过滤，残渣用热水洗涤3次，每次用量10 mL，洗液并入滤液，放冷后移入250 mL容量瓶中，定容后备用。

4.样品中多糖含量测定

吸取适量样液，加蒸馏水至2 mL，按步骤2测定样液的吸光度。查标准曲线得样品液中葡萄糖浓度(μg/mL)。

(五)数据和计算

【实验记录】

实验记录参考表2-13。

表2-13 多糖含量测定实验记录表

时间：	地点：	实验员：	室内温度：
项目	样品1	样品2	样品3
样品液体积/mL			
样品质量/μg			
结果			

【结果计算】

测定结果按式(2-23)计算：

$$多糖含量(\%)=\frac{\rho\times V\times D}{m}\times 0.9\times 100 \tag{2-23}$$

式中：ρ——样液葡萄糖浓度，μg/mL；

V——样品液体积，mL；

D——样品溶液稀释倍数；

0.9——葡萄糖换算为粗多糖的系数；

m——样品质量，μg。

(六)注意事项

(1)用苯酚-硫酸法测定样品中的多糖含量时，提取时间以 1 h 为宜，提取时间太长可能会引起糖结构变化甚至使碳键断裂，导致所测多糖含量降低。

(2)配置好的苯酚溶液应冷藏避光保存，否则以苯酚-硫酸做空白时颜色变深，会影响测定结果。

(3)对于添加了淀粉、糊精的保健品，要做相应的处理，否则结果偏高。对于添加淀粉的样品，需要加入 α-淀粉酶及糖化酶(如葡萄糖苷酶)处理。添加糊精的样品则需加糖化酶(如葡萄糖苷酶)处理。

(七)思考题

(1)分析其他测定食品中多糖的方法及原理。

(2)分析实验中可能产生误差的原因。

实验十三　食品中抗坏血酸含量的测定

(一)实验背景

【概述】

食品中的抗坏血酸含量可通过多种检测方法确定，GB 5009.86 中规定的抗坏血酸的测定方法包括高效液相色谱法、荧光法、2,6-二氯靛酚滴定法。其中 2,6-二氯靛酚滴定法简便易行、快速，目前仍被广泛运用。

【实验目的】

了解测定还原型维生素 C(抗坏血酸)的意义；掌握 2,6-二氯靛酚滴定法测定抗坏血酸的方法和原理。

【课前准备】

学习 GB 5009.86 中规定的抗坏血酸的测定方法，熟悉 2,6-二氯靛酚滴定法测定抗坏血酸实验的操作流程。在实验步骤旁标明原理公式。

【思维导图】

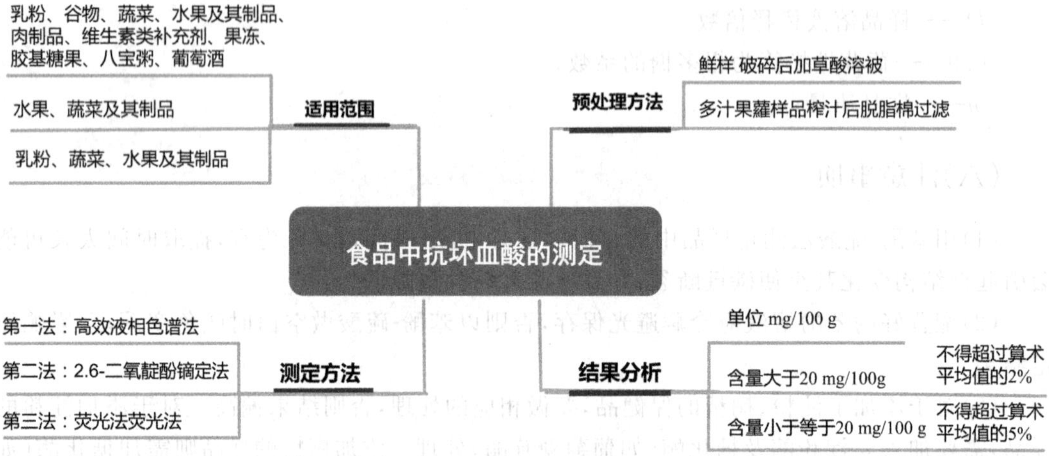

（二）实验原理

2,6-二氯靛酚染料在酸性介质中呈浅红色，被还原后红色消失。还原型维生素 C 还原 2,6-二氯靛酚染料后，本身被氧化成脱氢维生素 C。在无杂质干扰时，一定量的样品提取液还原染料的量与样品中所含还原型维生素 C 的量成正比，根据染料用量就可计算样品中还原型维生素 C 的含量。

（三）器材与试剂

1. 实验仪器

高速组织捣碎机、分析天平。

2. 实验试剂

（1）1%草酸溶液：称取 10 g 草酸（$C_2H_2O_4 \cdot 2H_2O$）溶解于水并稀释至 1 L。

（2）2%草酸溶液：称取 20 g 草酸溶解于水并稀释至 1 L。

（3）1%淀粉溶液：称 1 g 淀粉溶解于 100 mL 水中加热煮沸，边加热边搅拌。

（4）6%碘化钾溶液：称 6 g 碘化钾溶解于 100 mL 水中。

（5）0.001 mol/L 碘酸钾标准溶液：精确称取干燥的碘酸钾 0.0214 g，用水稀释至 100 mL。取出 1 mL，用水稀释至 100 mL。

（6）抗坏血酸标准溶液：准确称取 20 mg 维生素 C，溶于 1%草酸中并定容至 100 mL，置于冰箱中保存。用时取出 5 mL，于 50 mL 容量瓶中用 1%草酸溶液定容，配成 0.02 mg/mL 的标准使用液。

(7)2,6-二氯靛酚钠溶液:称取 52 mg 碳酸氢钠,溶解在 200 mL 沸水中,再称取50 mg 2,6-二氯靛酚钠溶于上述碳酸氢钠溶液中,冷却,定容至 250 mL,过滤,储于棕色容量瓶中,在冰箱中保存。

(四)实验步骤

1. 标定

(1)抗坏血酸标准溶液的标定:吸取标准使用液 5 mL 于三角瓶中,加入 6%碘化钾溶液 0.5 mL,1%淀粉溶液 3 滴,再以 0.001 mol/L 碘酸钾标准溶液滴定,终点为淡蓝色。

按式(2-24)计算抗坏血酸标准溶液的浓度:

$$\rho=\frac{V_1\times 0.088}{V_2} \tag{2-24}$$

式中:ρ——为抗坏血酸标准溶液的质量浓度,mg/mL;

V_1——为滴定时消耗 0.001 mol/L 碘酸钾标准溶液的体积,mL;

V_2——为滴定时所取抗坏血酸标准溶液的体积,mL;

0.088——为 1 mL 0.001 mol/L 碘酸钾标准溶液相当于抗坏血酸的量,mg/mL。

(2)2,6-二氯靛酚钠溶液的标定:吸取 5 mL 抗坏血酸标准溶液,加 1%草酸溶液 5 mL,摇匀,用 2,6-二氯靛酚钠溶液滴定至溶液呈粉红色且 15 s 不褪色为止。

按式(2-25)计算每毫升 2,6-二氯靛酚钠溶液相当于抗坏血酸的毫克数:

$$\rho=\frac{\rho_1\times V_1}{V_2} \tag{2-25}$$

式中:ρ——每毫升 2,6-二氯靛酚钠溶液相当于抗坏血酸的毫克数,mg/mL;

ρ_1——抗坏血酸的质量浓度,mg/mL;

V_1——抗坏血酸标准溶液的体积,mL;

V_2——消耗 2,6-二氯靛酚钠的体积,mL。

2. 样液制备

(1)鲜样制备:称取 100 g 鲜样,放入组织捣碎机中,加 2%草酸溶液 100 mL 迅速捣成匀浆。取 10~40 g 匀浆,用 2%草酸溶液定容至 100 mL 容量瓶中。若有泡沫可加两滴辛醇除去,摇匀,放置 10 min 后过滤。若滤液有色,可按每克样品加 0.4 g 白陶土脱色后再过滤。

(2)多汁果蔬样品制备:榨汁后,用脱脂棉快速过滤,直接量取 10~20 mL 滤液(含抗坏血酸 1~5 mg),立即用 2%草酸溶液定容至 100 mL。

3. 测定

吸取 5 mL 或 10 mL 滤液于 100 mL 三角瓶中,用已标定过的 2,6-二氯靛酚钠溶液滴定,直到溶液呈粉红色 15 s 不褪色为止。同时做空白实验。

(五)数据和计算

记录数据,计算结果。

【实验记录】

实验记录参考表 2-14。

表 2-14　2,6-二氯靛酚滴定法实验记录表

时间：	地点：	实验员：	室内温度：	
项目	第一次	第二次	第三次	第四次
滴定样液时消耗染料溶液的体积 V/mL				
滴定空白时消耗染料溶液的体积 V_0/mL				
1 mL 染料溶液相当于抗坏血酸溶液的量 ρ_1/mg・mL^{-1}				
滴定时所取滤液中含有样品的质量 m/g				
标准差				

【结果计算】

样品中抗坏血酸含量按式(2-26)计算，计算结果保留三位有效数字。

$$\omega=\frac{\rho_1\times(V-V_0)}{m}\times100 \tag{2-26}$$

式中：ω——样品中抗坏血酸的质量分数，mg/100 g；

V——滴定样液时消耗染料溶液的体积，mL；

V_0——滴定空白时消耗染料溶液的体积，mL；

ρ_1——1 mL 染料溶液相当于抗坏血酸溶液的量，mg/mL；

m——滴定时所取滤液中样品的含量，g。

(六)注意事项

(1)本方法适合水果、蔬菜及其加工制品中还原型抗坏血酸的测定(不含二价铁、二价锡、二价铜、亚硫酸盐或硫代硫酸盐)。

(2)整个操作过程要迅速，防止还原型抗坏血酸氧化。滴定初始要快，红色不立即消失后逐滴加入。整个滴定过程不宜超过 2 min。

(3)样品中可能存在其他杂质，也能还原染料，但速度较抗坏血酸慢，所以滴定终点以 15 s不褪色为准。

(4)动物性样品，需用 10％三氯乙酸代替草酸溶液提取。

(5)2,6-二氯靛酚钠溶液应储于棕色瓶中冷藏，每星期应标定一次。

(七)思考题

(1)此法能否测定食品中维生素 C 的总量?
(2)影响测定结果准确性的因素有哪些?

实验十四 食品中总黄酮含量的测定

(一)实验背景

【概述】

食品中的黄酮类化合物的检测方法有多种,包括液相色谱法、分光光度法等。高效液相色谱法可以测定单一的黄酮含量,分光光度比色法可以测定黄酮成分的总量。GB/T 20574 中规定了蜂胶中总黄酮含量的测定方法为分光光度比色法。该方法设备要求简单,操作简便,易于推广普及。

【实验目的】

用分光光度比色法测定食品中总黄酮含量,掌握分光光度比色法的原理和实验技巧。通过分析实验误差的主要来源,加深对课堂知识的理解。

【课前准备】

学习 GB/T 20574 中规定的测定蜂胶中总黄酮含量的方法,熟悉分光光度比色法实验的操作流程。在实验步骤旁标明原理公式。

【思维导图】

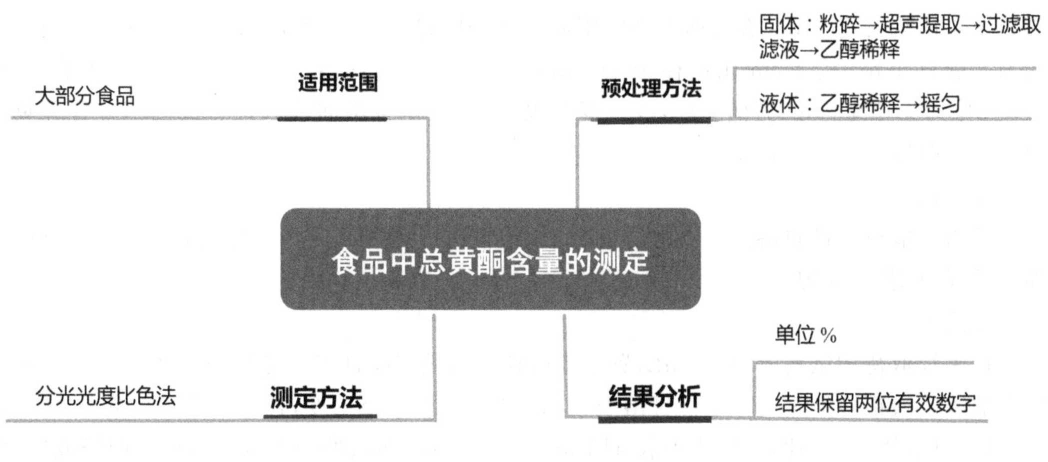

(二)实验原理

在弱碱性条件下,溶于乙醇的黄酮类化合物与显色剂三价铝离子结合生成有色物质,该产物可在 415 nm 波长附近产生最大吸收峰。在一定浓度范围内,其吸光度与黄酮类化合物的含量成正比。与标准曲线比较,可定量测定黄酮类化合物的含量。

(三)器材与试剂

1.实验仪器

可见分光光度计、减压干燥箱、高速组织捣碎机。

2.实验试剂

(1)乙醇(95%)。

(2)无水乙醇。

(3)硝酸铝溶液(100 g/L):称取 $Al(NO_3)_2 \cdot 9H_2O$ 17.60 g,加水溶解,定容于 100 mL 容量瓶中,摇匀。

(4)醋酸钾溶液(9.8 g/L):称取醋酸钾 9.814 g,加水溶解,定容于 1000 mL 容量瓶,摇匀。

(5)芦丁对照品储备液(1.0 g/L):精密称取经 120 ℃减压真空干燥至恒重的芦丁对照品 50 mg,置于 50 mL 容量瓶中,加无水乙醇溶解并稀释至刻度,摇匀。

(6)芦丁对照品使用溶液(0.2 g/L):精密吸取芦丁对照品储备液 10 mL,置于 50 mL 容量瓶中,加无水乙醇至刻度,摇匀。

(四)实验步骤

1.样本制备

吸取蜂胶溶液(蜂胶的乙醇提取物)样品 5~10 mL,置于 50 mL 容量瓶中,加 95%乙醇稀释至刻度,摇匀,待测。或吸取蜂胶样品溶液 5~10 mL,置于50 mL容量瓶中。称重,精确到 1 mg。加 95%乙醇稀释至刻度,摇匀,待测。

2.标曲绘制

精密吸取芦丁对照品使用溶液 1,2,3,4,5,6 mL,分别置于 50 mL 容量瓶中。加 95%乙醇至总体积为 15 mL,依次加入硝酸铝溶液 1 mL,醋酸钾溶液 1 mL,摇匀,加水至刻度,摇匀。静置 1 h。用 1 cm 比色杯于 415 nm 处,以 95%乙醇溶液为空白,测定吸光值。以 50 mL中芦丁质量(mg)为横坐标,吸光度为纵坐标,绘制标准曲线或按直线回归方程计算。线性工作范围 0~1.2 mg(50 mL)。

3.空白实验

精密吸取待测试料溶液 1.0 mL,置于 50 mL 容量瓶中,加 95%乙醇至总体积为 15 mL,加水稀释至刻度,摇匀。

4.测定

精密吸取待测试料溶液 10 mL,置于 50 mL 容量瓶中,加 95%乙醇至总体积为 15 mL,依次加入硝酸铝溶液 1 mL,醋酸钾溶液 1 mL,摇匀,加水至刻度,摇匀。静置 1 h。以空白试液作参比,用 1 cm 比色杯,在波长 415 nm 处测定试料溶液的吸光度。查标准曲线或通过回归方程计算，求出试料溶液中的黄酮类化合物含量(mg)。

(五)数据和计算

记录实验数据，计算结果。

【实验记录】

实验记录参考表 2-15。

表 2-15　总黄酮含量测定实验记录表

时间：	地点：	实验员：	室内温度：
项目	样品 1	样品 2	样品 3
样品质量/g 或体积/mL			
稀释比例			
结果			

【结果计算】

测定结果按式(2-27)计算：

$$X=\frac{m}{W\times d\times 1000}\times 100\% \tag{2-27}$$

式中：X——黄酮类化合物的总含量，%；

m——由标准曲线上查出或由直线回归方程求出的样品中芦丁质量，mg；

W——样品的质量或体积，g 或 mL；

d——稀释比例。

计算结果保留小数点后两位。

(六)注意事项

(1)该方法适用于大多数食品。

(2)该方法可测定黄酮类化合物的总含量在 0.1%以上的食品。

(七)思考题

(1)分析实验过程中可能产生误差的原因。

(2)哪些样品适合用高效液相色谱法测定总黄酮含量？

(3)测定总黄酮含量的其他方法及原理。

实验十五　食品中前花青素含量的测定

(一)实验背景

【概述】

前花青素易溶于水,是黄烷-3-苯儿茶酚和表儿茶精连接而成的。GB 22244 适用于以葡萄籽、葡萄皮、沙棘、玫瑰果、蓝浆果、法国松树皮提取物等为主要原料制造的保健食品中前花青素的测定。方法的检出限(LOD)为 1.5×10^{-4} g/100 g,定量限(LOQ)为 5.0×10^{-4} g/100g。线性范围为 10～150 μg/mL。

【实验目的】

掌握高效液相色谱法测定保健食品中前花青素的原理及测定方法。

【课前准备】

熟悉高效液相色谱法测定保健食品中前花青素的操作流程。在实验步旁标明原理公式。

【思维导图】

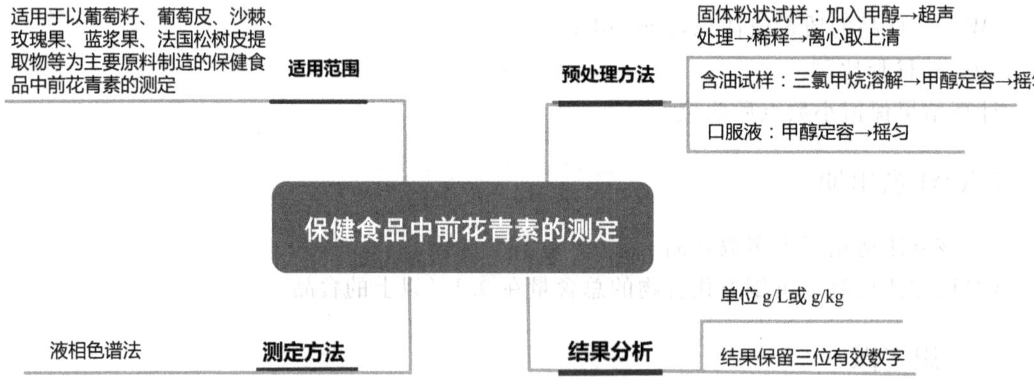

(二)实验原理

依据试样中前花青素单体或聚合物在加热的酸性条件和铁盐催化作用下,C—C 键断裂而生成深红色花青素离子即氰定的原理,使用高效液相色谱,经 C_{18} 反相柱分离,在波长 525 nm处检测,根据保留时间定性,外标法定量,测定试样中前花青素含量。

(三)器材和仪器

1. 实验仪器

高效液相色谱仪:配紫外检测器。

2. 实验试剂和材料

(1)甲醇(CH_3OH):分析纯.

(2)甲醇(CH_3OH):色谱纯。

(3)正丁醇[$CH_3(CH_2)_2CH_2OH$]:分析纯。

(4)盐酸(HCl):分析纯。

(5)二氯甲烷(CH_2Cl_2):分析纯。

(6)异丙醇[$(CH_3)_2CHOH$]:分析纯。

(7)甲酸($HCOOH$):分析纯。

(8)硫酸铁铵[$NH_4Fe(SO_4)_2 \cdot 12\ H_2O$]:分析纯。

(9)2%硫酸铁铵溶液:称取硫酸铁铵 2 g,用浓度为 2 mol/L 盐酸溶解,定容至 100 mL。

(10)前花青素标准溶液(1.00 mg/mL):称取 0.01 g 前花青素标准品(精确至 0.0001 g),用甲醇溶解并定容至 10 mL 棕色容量瓶中,此液现用现配。

(四)实验步骤

1. 试样处理

(1)片剂:取 20 片试样,研磨成粉状。

(2)胶囊:取 20 粒胶囊内容物,混匀。

(3)软胶囊:挤出 20 粒胶内容物,搅拌均匀,如内容物含油,应将内容物尽可能挤完全。

(4)口服液:摇匀后取样。

2. 提取

(1)固体粉状试样:称取 50～500 mg(精确至 0.001 g)试样于 50 mL 棕色容量瓶中,加入 30 mL 甲醇,超声处理 20 min。放冷至室温后,加甲醇至刻度,摇匀,离心(3000 r/min,10 min)或放置至澄清后取上清液备用。

(2)含油试样:根据试样含量称取 50～500 mg(精确至 0.001 g)试样置于小烧杯中,用 5 mL氯甲烷使试样溶解,倒入 50 mL 容量瓶中。再用甲醇多次洗烧杯,并倒入 50 mL 棕色容量瓶中,用甲醇定容至刻度,摇匀

(3)口服液:根据试样含量准确吸取 1～5 mL 样液,置于 50 mL 容量瓶中,加甲醇至刻度,摇匀。

3. 水解反应

将正丁醇与盐酸按 95 : 5 的体积比混合后,取出 15 mL 置于具塞锥形瓶中,再加入 0.5 mL硫酸铁铵溶液和 2 mL 试样溶液,混匀,置沸水浴回流,精确加热 40 min 后,立即置于冰水中冷却,经 0.45 μm 滤膜过滤,待高效液相色谱分析。

4.标准曲线制备

吸取标准溶液 0.10,0.25,0.50,1.0,1.5 mL 置于 10 mL 棕色容量瓶中,加甲醇至刻度,摇匀。各取 2 mL 测定,处理方法同 3,以峰高或峰面积对浓度作标准曲线。

5.液相色谱参考条件

色谱柱:耐低 pH 型的 ODS C_{18}柱,4.5 mm×150 mm,5 μm。

柱温:35 ℃。

检测器:紫外检测器。

检测波长:525 nm。

流动相:水∶甲醇(分析纯)∶异丙醇∶甲酸=73∶13∶6∶8。

进样量:10 μL。

流速:1.0 mL/min。

色谱分析:取标准溶液及试样溶液注入色谱仪中,以保留时间定性,以试样峰高或峰面积与标准比较定量(前花青素标准色谱图见图 2-6)。

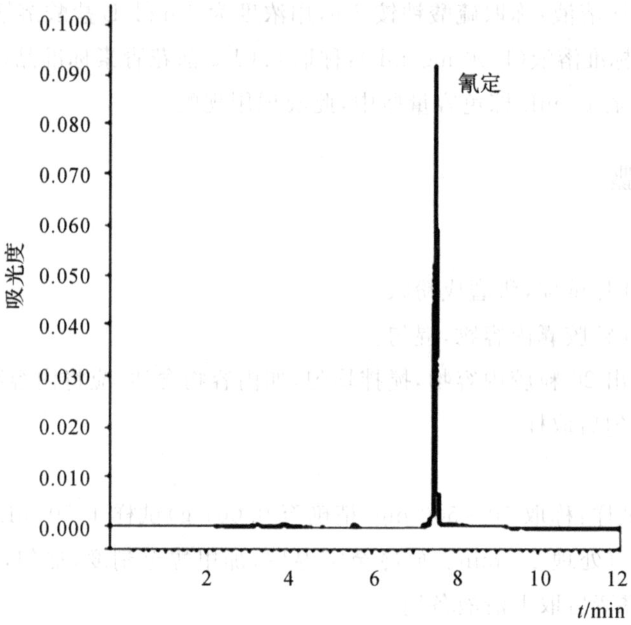

图 2-6　前花青素标准溶液高效液相色谱图

(五)数据和计算

记录实验数据,计算实验结果。

【实验记录】

实验记录参考表 2-16。

表 2-16 前花青素含量测定实验记录表

时间：	地点：	实验员：	室内温度：
项目	样品 1	样品 2	样品 3
试样的质量/g			
试样定容体积/mL			
从标准曲线上得到的含量/(mg/mL)			

【结果计算】

试样中前花青素含量测定按式 2-28 计算：

$$X = \frac{X_1 \times V \times f}{m} \tag{2-28}$$

式中：X——试样中前花青素的含量，单位为 g/kg 或 g/L；

X_1——从标准曲线上得到的含量，单位为 mg/mL；

V——试样定容体积，单位为 mL；

f——稀释倍数；

m——试样的质量(或体积)，单位为 g 或 mL。

(六)注意事项

(1)实验过程中应避免阳光直射。

(2)每次实验都要同时进行空白实验，以检查实验过程中是否存在污染或干扰。

(七)思考题

(1)实验过程中为什么要避免阳光直射？

(2)试分析误差可能来源。

实验十六 食品中亚硝酸盐和硝酸盐的测定

(一)实验背景

【概述】

食品中的亚硝酸盐和硝酸盐含量可通过多种检测方法确定，GB 5009.33 中规定的亚硝酸盐和硝酸盐的测定方法包括离子色谱法、分光光度法。分光光度法中亚硝酸盐用盐酸萘乙二胺法测定，硝酸盐用镉柱还原法测定。

【实验目的】

熟悉食品中亚硝酸盐的卫生标准，掌握食品中亚硝酸盐含量测定的基本方法。

【课前准备】

根据 GB 5009.33 中规定的亚硝酸盐和硝酸盐的测定方法，熟悉盐酸萘乙二胺法测定亚硝酸盐、镉柱还原法测定硝酸盐实验的操作流程。在实验步骤旁标明原理公式。

【思维导图】

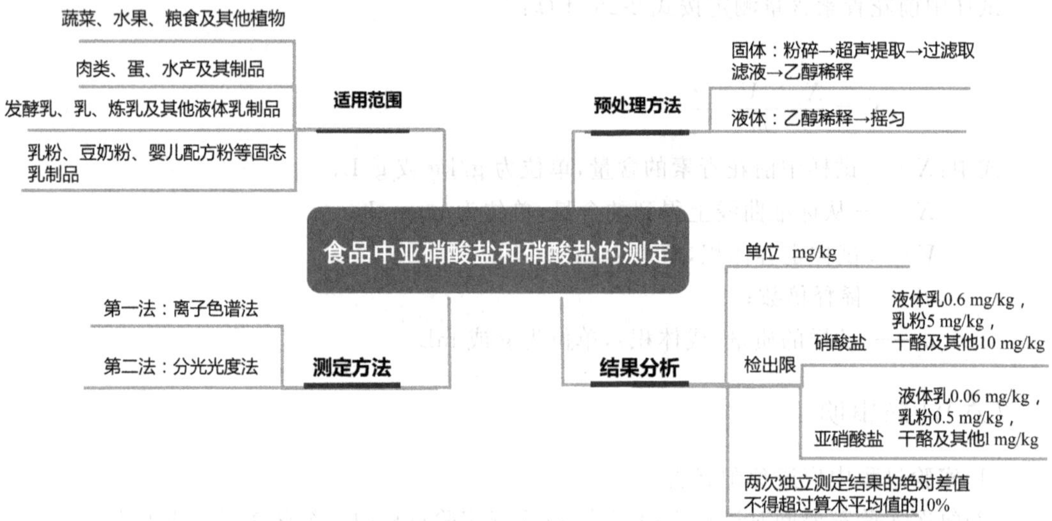

（二）实验原理

亚硝酸盐用盐酸萘乙二胺法测定，硝酸盐用镉柱还原法测定。

试样经沉淀蛋白质、除去脂肪后，在弱酸条件下，亚硝酸盐与对氨基苯磺酸重氮化后，再与盐酸萘乙二胺偶合形成紫红色染料，通过外标法可测得亚硝酸盐含量。用镉柱将硝酸盐还原成亚硝酸盐，测得亚硝酸盐总量，由测得的亚硝酸盐总量减去试样中亚硝酸盐含量，即得试样中硝酸盐含量。

（三）器材与试剂

1. 实验仪器

天平、组织捣碎机、超声波清洗器、恒温干燥箱、分光光度计、镉柱或镀铜镉柱。

2. 实验试剂

（1）亚铁氰化钾[$K_4Fe(CN)_6 \cdot 3H_2O$]。

（2）亚铁氰化钾溶液（106 g/L）：称取 106.0 g 亚铁氰化钾，用水溶解，并稀释至 1000 mL。

（3）乙酸锌[$Zn(CH_3COO)_2 \cdot 2H_2O$]。

(4)乙酸锌溶液(220 g/L):称取 220.0 g 乙酸锌,先加 30 mL 冰乙酸溶解,用水稀释至 1000 mL。

(5)冰乙酸(CH_3COOH)。

(6)硼酸钠($Na_2B_4O_7 \cdot 10H_2O$)。

(7)氨水($NH_3 \cdot H_2O$,25%)。

(8)氨缓冲溶液(pH 9.6～9.7):量取 30 mL 盐酸,加 100 mL 水,混匀后加 65 mL 氨水,再加水稀释至 1000 mL,混匀。调节 pH 至 9.6～9.7。

(9)盐酸萘乙二胺($C_{12}H_{14}N_2 \cdot 2HCl$)。

(10)锌皮或锌棒。

(11)硫酸镉($CdSO_4 \cdot 8H_2O$)。

(12)硫酸铜($CuSO_4 \cdot 5H_2O$)。

(13)饱和硼砂溶液(50 g/L):称取 5.0 g 硼酸钠,溶于 100 mL 热水中,冷却后备用。

(14)盐酸(HCl,ρ=1.19 g/mL)。

(15)盐酸(0.1 mol/L):量取 8.3 mL 盐酸,用水稀释至 1000 mL。

(16)盐酸(2 mol/L):量取 167 mL 盐酸,用水稀释至 1000 mL。

(17)盐酸(20%):量取 20 mL 盐酸,用水稀释至 100 mL。

(18)对氨基苯磺酸($C_6H_7NO_3S$)。

(19)对氨基苯磺酸溶液(4 g/L):称取 0.4 g 对氨基苯磺酸,溶于 100 mL 20%盐酸中,混匀,置于棕色瓶中,避光保存。

(20)盐酸萘乙二胺溶液(2 g/L):称取 0.2 g 盐酸萘乙二胺,溶于 100 mL 水中,混匀,置于棕色瓶中,避光保存。

(21)硫酸铜溶液(20 g/L):称取 20 g 硫酸铜,加水溶解,并稀释至 1000 mL。

(22)硫酸镉溶液(40 g/L):称取 40 g 硫酸镉,加水溶解,并稀释至 1000 mL。

(23)乙酸溶液(3%):量取冰乙酸 3 mL 于 100 mL 容量瓶中,以水稀释至刻度,混匀。

(四)实验步骤

1.试样的预处理

(1)蔬菜、水果:将新鲜蔬菜、水果试样用自来水洗净后晾干后,取可食部切碎混匀。将切碎的样品用四分法取适量,用食物粉碎机制成匀浆,备用。如需加水应记录加水量。

(2)粮食及其他植物样品:除去可见杂质后,取有代表性试样 50～100 g,粉碎后过 0.30 mm孔筛,混匀,备用。

(3)肉类、蛋、水产及其制品:用四分法取适量或取全部,用食物粉碎机制成匀浆,备用。

(4)乳粉、豆奶粉、婴儿配方乳粉等固态乳制品(不包括干酪):将试样装入能够容纳 2 倍试样体积的带盖容器中,通过反复摇晃和颠倒容器使样品充分混匀,直到试样均一化。

(5)发酵乳、乳、炼乳及其他液体乳制品:通过搅拌、反复摇晃和颠倒容器,使试样充分混匀。

(6)干酪:取适量的样品研磨成均匀的泥浆状。为避免水分损失,研磨过程中应避免产生过多的热量。

2.提取

(1)干酪:称取试样 2.5 g(精确至 0.001 g),置于 150 mL 具塞锥形瓶中,加水 80 mL,摇匀,超声 30 min,取出放置至室温,定量转移至 100 mL 容量瓶中,加入 3%乙酸溶液 2 mL,加水稀释至刻度,混匀。于 4 ℃放置 20 min,取出放置至室温,上清液经滤纸过滤,弃去初滤液 30 mL,滤液备用。

(2)液体乳样品:称取试样 90 g(精确至 0.001 g),置于 250 mL 具塞锥形瓶中,加 12.5 mL饱和硼砂溶液,再加入 70 ℃左右的水约 60 mL,混匀,于沸水浴中加热 15 min,取出后置于冷水浴中冷却,然后放置至室温。定量转移上述提取液至 200 mL 容量瓶中,加入 5 mL 106 g/L亚铁氰化钾溶液,摇匀,再加入 5 mL 220 g/L 乙酸锌溶液,以沉淀蛋白质。加水至刻度,摇匀,放置 30 min,除去上层脂肪,上清液用滤纸过滤,弃去初滤液 30 mL,滤液备用。

(3)乳粉:称取试样 10 g(精确至 0.001 g),置于 150 mL 具塞锥形瓶中,加 12.5 mL 50 g/L饱和硼砂溶液、70 ℃左右的水约 150 mL,混匀,于沸水浴中加热 15 min。取出置于冷水浴中冷却,并放置至室温。定量转移上述提取液至 200 mL 容量瓶中,加入 5 mL 106 g/L 亚铁氰化钾溶液,摇匀,再加入 5 mL 220 g/L 乙酸锌溶液,以沉淀蛋白质。加水至刻度,摇匀,放置 30 min,除去上层脂肪,上清液用滤纸过滤,弃去初滤液 30 mL,滤液备用。

(4)其他样品:称取 5 g(精确至 0.001 g)匀浆试样(如制备过程中加水,应按加水量折算),置于 250 mL 具塞锥形瓶中,加 12.5 mL 50 g/L 饱和硼砂溶液,再加入 70 ℃左右的水约 150 mL,混匀,于沸水浴中加热 15 min,取出置冷水浴中冷却,并放置至室温。定量转移上述提取液至 200 mL 容量瓶中,加入 5 mL 106 g/L 亚铁氰化钾溶液,摇匀,再加入 5 mL 220 g/L 乙酸锌溶液,以沉淀蛋白质。加水至刻度,摇匀,放置 30 min,除去上层脂肪,上清液用滤纸过滤,弃去初滤液 30 mL,滤液备用。

3.亚硝酸盐的测定

吸取 40.0 mL 上述滤液于 50 mL 带塞比色管中,另吸取 0,0.20,0.40,0.60,0.80,1.00,1.50,2.00,2.50 mL 亚硝酸钠标准使用液(相当于 0,1.0,2.0,3.0,4.0,5.0,7.50,10.0,12.5 μg 亚硝酸钠),分别置于 50 mL 带塞比色管中。于标准管与试样管中分别加入 2 mL对氨基苯磺酸溶液,混匀,静置 3～5 min 后各加入 1 mL 盐酸萘乙二胺溶液,加水至刻度,混匀,静置 15 min。用 2 cm 比色杯,以零管调节零点,于波长 538 nm 处测吸光度,绘制标准曲线比较。同时做试剂空白。

4.硝酸盐的测定

(1)镉柱还原

①先以 25 mL 氨缓冲液的稀释液冲洗镉柱,流速控制在 3～5 mL/min(以滴定管代替的可控制在 2～3 mL/min)。

②吸取 20 mL 滤液于 50 mL 烧杯中,加 5 mL pH 9.6～9.7 的氨缓冲溶液,混合后注入贮液漏斗,使流经镉柱还原,当贮液杯中的样液流尽后,加 15 mL 水冲洗烧杯,再倒入贮液杯中。冲洗水流完后,再用 15 mL 水重复 1 次。当第 2 次冲洗水快流尽时,将贮液杯装满水,以最大流速过柱。当容量瓶中的洗提液接近 100 mL 时,取出容量瓶,用水定容刻度,混匀。

(2)亚硝酸钠总量的测定:吸取 10～20 mL 还原后的样液于 50 mL 比色管中。后续操作同 3。

(五)数据和计算

记录实验数据,计算结果。

【实验记录】

实验记录参考表 2-17、2-18。

表 2-17　亚硝酸盐含量测定实验记录表

时间：	地点：	实验员：	室内温度：	
项目	第一次	第二次	第三次	第四次
样中亚硝酸钠的含量 X_1/(mg/kg)				
测定用样液中亚硝酸钠的质量 m_2/g				
试样质量 m_3/μg				
测定用样液体积 V_1/mL				
试样处理液总体积 V_2/mL				
标准差				

表 2-18　硝酸盐含量测定实验记录表

时间：	地点：	实验员：	室内温度：	
项目	第一次	第二次	第三次	第四次
试样中硝酸钠的含量 X_2/(mg/kg)				
经镉粉还原后测得总亚硝酸钠的质量 m_4/μg				
试样的质量 m_5/g				
测总亚硝酸钠的测定用样液体积 V_3/mL				
试样处理液总体积 V_2/mL				
经镉柱还原后样液的测定用体积 V_2/mL				
经镉柱还原后样液总体积 V_4/mL				

续表

项目	第一次	第二次	第三次	第四次
由(1)计算出的试样中亚硝酸钠的含量 m_1/(mg/kg)				
标准差				

【结果计算】

(1)亚硝酸盐含量计算：亚硝酸盐(以亚硝酸钠计)的含量按式(2-29)计算：

$$X_1=\frac{m_2\times V_2}{m_3\times V_1}\times\frac{1000}{1000} \tag{2-29}$$

式中：X_1——样中亚硝酸钠的含量，mg/kg；

m_2——测定用样液中亚硝酸钠的质量，g；

m_3——试样质量，μg；

V_1——测定用样液体积，mL；

V_2——试样处理液总体积，mL；

1000——转换系数。

结果保留两位有效数字。

(2)硝酸盐含量的计算

硝酸盐(以硝酸钠计)的含量按式(2-30)计算：

$$X_2=\left(\frac{m_4\times 1000}{m_5\times\frac{V_3}{V_2}\times\frac{V_5}{V_4}\times 1000}-X_1\right)\times 1.232 \tag{2-30}$$

式中：X_2——试样中硝酸钠的含量，mg/kg；

m_4——经镉粉还原后测得总亚硝酸钠的质量，μg；

1000——转换系数；

m_5——试样的质量，g；

V_3——测总亚硝酸钠的测定用样液体积，mL；

V_2——试样处理液总体积，mL；

V_5——经镉柱还原后样液的测定用体积，mL；

V_4——经镉柱还原后样液总体积，mL；

X_1——由(2-25)计算出的试样中亚硝酸钠的含量，mg/kg；

1.232——亚硝酸钠换算成硝酸钠的系数。

结果保留两位有效数字。

(六)注意事项

蔬菜、盐菜类食品中硝酸盐含量较高，可根据样品中硝酸盐的实际含量，将样品溶液稀释至适当浓度。

(七)思考题

(1)硝酸盐和亚硝酸盐的测定方法有哪些差异？彼此又有什么关系？
(2)还有哪些方法可以测定食品中的硝酸盐和亚硝酸盐含量？

实验十七　食品中二氧化硫含量的测定

(一)实验背景

【概述】

食品中的二氧化硫含量测定方法主要是 GB 5009.34 中规定的酸碱滴定法、分光光度法、离子色谱法。其中酸碱滴定法是最传统的测定方法，适用于果脯、干菜、米粉类、粉条、砂糖、食用菌和葡萄酒等食品中总二氧化硫的测定。

【实验目的】

能用酸碱滴定法测定食品中二氧化硫含量，掌握实验操作流程，理解实验原理。

【课前准备】

学习 GB 5009.34 中规定的二氧化硫的测定方法，熟悉酸碱滴定法测定二氧化硫实验的操作流程。在实验步骤旁标明原理公式。

【思维导图】

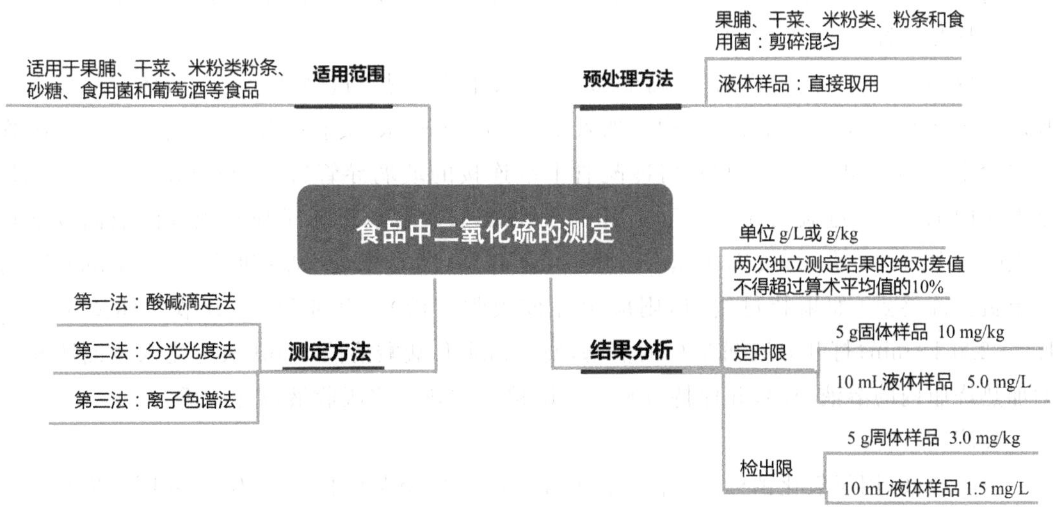

(二)实验原理

用充氮蒸馏法处理试样。试样酸化后在加热条件下加亚硫酸盐等一系列物质释放二氧化硫,用过氧化氢溶液吸收。二氧化硫溶于吸收液后被氧化生成硫酸,再用氢氧化钠标准溶液滴定,根据氢氧化钠标准溶液消耗量计算试样中的二氧化硫的含量。

(三)器材与试剂

1. 实验仪器

全玻璃蒸馏器(500 mL,或等效的蒸馏设备)、酸式滴定管(25 mL 或 50 mL)、剪切式粉碎机、电子天平。

2. 实验试剂

(1)过氧化氢溶液(3%):量取质量分数为 30%的过氧化氢 100 mL,加水稀释至 1000 mL。临用时现配。

(2)盐酸溶液(6 mol/L):量取盐酸(ρ_{20}=1.19 g/mL)50 mL,缓缓倾入 50 mL 水中,边加边搅拌。

(3)甲基红乙醇溶液指示剂(2.5 g/L):称取甲基红指示剂 0.25 g,溶于 100 mL 无水乙醇中。

(4)氢氧化钠标准溶液(0.1 mol/L)。

(5)氢氧化钠标准溶液(0.01 mol/L):移取氢氧化钠标准溶液(0.1 mol/L)10.0 mL 于 100 mL 容量瓶中,加无二氧化碳的水稀释至刻度。

(四)实验步骤

1. 样品制备

将果脯、干菜、米粉类、粉条和食用菌适当剪成小块,再用剪切式粉碎机剪碎,搅均匀,备用。

2. 样品蒸馏

称取 20~100 g 均匀样品(精确至 0.01 g,取样量可视含量高低而定),液体样品可直接吸取 20~200 mL,置于圆底烧瓶中。加入 200~500 mL 水,安装好装置后,打开回流冷凝管开关给水(冷凝水温度<15 ℃),将冷凝管上端连接的玻璃导管置于 100 mL 锥形瓶底部。锥形瓶内加入 3%过氧化氢溶液 50 L 作为吸收液(玻璃导管的末端应在吸收液液面以下)。在吸收液中加入 3 滴 2.5 g/L 甲基红乙醇溶液指示剂,并用氢氧化钠标准溶液(0.01 mol/L)滴定至黄色即终点(如果超过终点,则应舍弃该吸收溶液)。开通氮气,调节气体流量计至 1.0~2.0 L/min;打开分液漏斗 C 的活塞,使 6 mol/L 盐酸溶液10 mL快速流入蒸馏瓶并立刻加热烧瓶内的溶液至沸,并保持微沸 1.5 h,停止加热。将吸收液放冷后摇匀。

3. 滴定

取吸收液,用氢氧化钠标准溶液(0.01 mol/L)滴定至黄色且 20 s 不退,并同时进行空白实验。

(五)数据和计算

记录实验数据，计算实验结果。

【实验记录】

实验记录参考表2-19。

表2-19　二氧化硫含量测定实验记录表

时间：	地点：		实验员：	室内温度：
项目	第一次	第二次	第三次	第四次
试样中的二氧化硫总含量 X/(g/kg)				
滴定样品所用的氢氧化钠标准溶液体积 V/mL				
空白试验所用的氢氧化钠标准溶液体积 V_0/mL				
试样质量或体积 m/g(V/mL)				
标准差				

【结果计算】

试样中二氧化硫的含量按式(2-3)计算：

$$X=\frac{(V-V_0)\times 0.032\times c\times 1000}{m} \tag{2-31}$$

式中：X——试样中的二氧化硫总含量(以 SO_2 计)，g/kg 或 g/L；

V——滴定样品所用的氢氧化钠标准溶液体积，mL；

V_0——空白试验所用的氢氧化钠标准溶液体积，mL；

0.032——1 mL 氢氧化钠标准溶液(1 mol/L)相当于二氧化硫的质量，g/mmol；

c——氢氧化钠滴定液的摩尔浓度，mol/L；

m——试样质量或体积，g 或 mL

1000——换算系数。

计算结果保留三位有效数字。

(六)注意事项

(1)实验使用的溶液需要按照国家标准严格进行配制。

(2)注意蒸馏装置拆卸顺序，避免液体回流。

（七）思考题

分析实验过程中可能产生的误差及其原因。

实验十七 食品中二氧化硫的测定

实验十八　食品中过氧化值的测定

（一）实验背景

【概述】

过氧化值是表示油脂和脂肪酸等被氧化程度的指标，是 1 kg 样品中的活性氧含量，以过氧化物的毫摩尔数表示，用于说明样品是否氧化变质。GB 5009.227 规定了食品中过氧化值的两种测定方法，即指示剂滴定法和电位滴定法。滴定法适用范围广，操作简单，常用滴定法测定食品中过氧化值的含量。

【实验目的】

采用滴定法测定油脂中过氧化值，掌握滴定法的原理和实验技巧，分析实验误差的主要来源，了解测定油脂过氧化值的意义。

【课前准备】

学习 GB 5009.227 中规定的测定食品中过氧化值的方法，熟悉滴定法实验的操作流程。在实验步骤旁标明原理公式。

【思维导图】

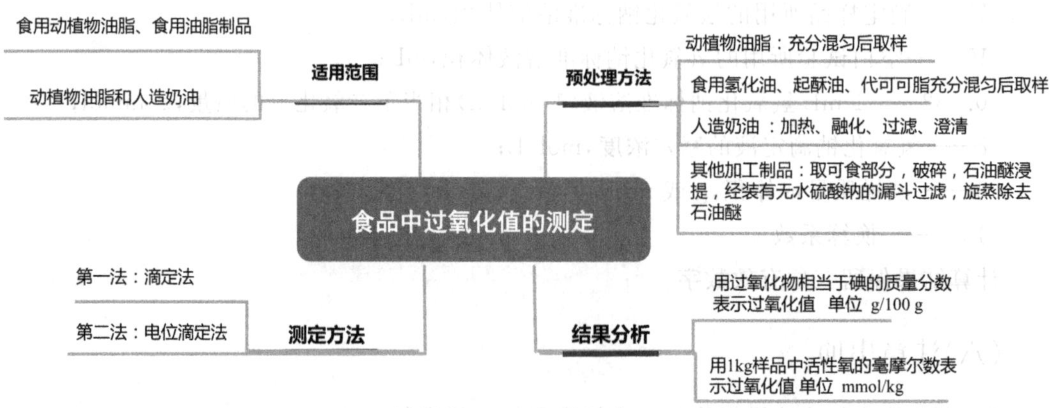

(二)实验原理

将制备的油脂试样在三氯甲烷和冰乙酸中溶解。其中的过氧化物与碘化钾反应生成碘,用硫代硫酸钠标准溶液滴定析出的碘。用过氧化物相当于碘的质量分数或 1 kg 样品中活性氧的毫摩尔数表示过氧化值。

(三)器材与试剂

1. 实验仪器

碘量瓶(250 mL)、滴定管(10 mL、25 mL)、天平、电热恒温干燥箱、旋转蒸发仪。

2. 实验试剂

(1)三氯甲烷-冰乙酸混合液(体积比 40+60):量取 40 mL 三氯甲烷,加 60 mL 冰乙酸,混匀。

(2)碘化钾饱和溶液:称取 20 g 碘化钾,加入 10 mL 新煮沸冷却的水,摇匀后储于棕色瓶中,存放于避光处备用。要确保溶液中有饱和碘化钾结晶存在。使用前检查:在 30 mL 三氯甲烷-冰乙酸混合液中添加 1.00 mL 碘化钾饱和溶液和 2 滴 1%淀粉指示剂,若出现蓝色,并需用 1 滴以上的 0.01 mol/L 硫代硫酸钠溶液才能消除,说明此碘化钾溶液不能使用,应重新配制。

(3)1%淀粉指示剂:称取 0.5 g 可溶性淀粉,加少量水调成糊状。边搅拌边倒入 50 mL 沸水,再煮沸搅匀后,放冷备用。临用前配制。

(3)重铬酸钾($K_2Cr_2O_7$):工作基准试剂。

(4)石油醚的处理:取 100 mL 石油醚于蒸馏瓶中,在低于 40 ℃的水浴中,用旋转蒸发仪减压蒸干。用 30 mL 三氯甲烷-冰乙酸混合液分次洗涤蒸馏瓶,合并洗涤液于 250 mL 碘量瓶中。准确加入 1.00 mL 饱和碘化钾溶液,塞紧瓶盖,并轻轻振摇 0.5 min,在暗处放置 3 min。加 1.0 mL 淀粉指示剂后混匀,若无蓝色出现,此石油醚用于试样制备;如有蓝色出现,则需更换试剂。

(5)0.1 mol/L 硫代硫酸钠标准溶液:称取 26 g 硫代硫酸钠($Na_2S_2O_3 \cdot 5H_2O$),加 0.2 g无水碳酸钠,溶于 1000 mL 水中,缓缓煮沸 10 min,冷却。放置两周后过滤、标定。

(6)0.01 mol/L 硫代硫酸钠标准溶液:由(5)以新煮沸冷却的水稀释而成。临用前配制。

(7)0.002 mol/L 硫代硫酸钠标准溶液:由(5)以新煮沸冷却的水稀释而成。临用前配制。

(四)实验步骤

应避免在阳光直射下进行试样测定。称取动植物油脂试样 2～3 g(精确至 0.001 g),于 250 mL 碘量瓶中,加入 30 mL 三氯甲烷-冰乙酸混合液,轻轻振摇使试样完全溶解。准确加入 1.00 mL 饱和碘化钾溶液,塞紧瓶盖,并轻轻振摇 0.5 min,在暗处放置 3 min。取出加 100 mL 水,摇匀后立即用硫代硫酸钠标准溶液(过氧化值估计值在 0.15 g/100 g 及以下时,用 0.002 mol/L 标准溶液;过氧化值估计值大于 0.15 g/100 g 时,用 0.01 mol/L 标准溶液)

滴定析出的碘。滴定至淡黄色时,加 1 mL 淀粉指示剂,继续滴定并强烈振摇至溶液蓝色消失为终点。同时进行空白试验。空白试验所消耗 0.01 mol/L 硫代硫酸钠溶液体积 V_0 不得超过 0.1 mL。

(五)数据和计算

记录实验数据,计算实验结果。

【实验记录】

实验记录参考表 2-20。

表 2-20 过氧化值测定实验记录表

时间: 地点: 实验员: 室内温度:

项目	样品 1	样品 2	样品 3
试样消耗的硫代硫酸钠标准溶液体积/mL			
空白试验消耗的硫代硫酸钠标准溶液体积/mL			
试剂空白实验加入甲醛后消耗的氢氧化钠标准滴定溶液的体积/mL			
试样质量/g			
结果			

【结果计算】

测定结果按式(2-32)计算:

$$X_1=\frac{(V-V_0)\times c\times 0.1269}{m}\times 100 \tag{2-32}$$

式中:X_1——过氧化值,g/100 g;

V——试样消耗的硫代硫酸钠标准溶液体积,mL;

V_0——空白试验消耗的硫代硫酸钠标准溶液体积,mL;

c——硫代硫酸钠标准溶液的浓度,mol/L;

0.1269——与 1.00 mL 硫代硫酸钠标准滴定溶液[$c(Na_2S_2O_3)=1.000$ mol/L]相当的碘的质量;

m——试样质量,g;

100——换算系数。

(六)注意事项

(1)空白实验的目的是检验所用的碘化钾是否被氧化。将硫代硫酸钠溶液换成蒸馏水，如果未被氧化则其 V_0 值为 0。

(2)碘化钾饱和溶液中不允许存在游离碘和碘酸盐，使用之前可用以下方法进行验证。在 30 mL 三氯甲烷-冰乙酸溶液中加两滴 1%淀粉溶液和 1 mL 碘化钾饱和溶液，如果出现蓝色，且需要 0.01 mol/L 硫代硫酸钠标准溶液一滴以上才能清除，则需重新配制此溶液。

(3)称取油脂样品时切勿使油样黏在碘壁上。操作时应使样品完全溶解。

(4)碘瓶瓶盖必须塞紧，以防止碘升华溢出，造成误差。

(七)思考题

(1)反映油脂酸败的指标有哪些?

(2)如何根据油脂过氧化值的大小判断油脂的酸败程度?

(3)实验过程中加入碘化钾后，静置时间以及加水量对测定结果是否有影响?

实验十九　食品中没食子酸丙酯含量的测定

(一)实验背景

【概述】

食品中的抗氧化剂含量可通过多种检测方法确定。GB 5009.32 中规定的抗氧化剂的测定方法包括高效液相色谱法、液相色谱串联质谱法，气相色谱-质谱法、气相色谱法、比色法。其中比色法是最传统的测定方法，使用的仪器简单，操作简便。

【实验目的】

学习分光光度法测定没食子酸丙酯的实验原理和方法，了解没食子酸丙酯的基本知识。掌握分光光度法测定没食子酸丙酯的影响因素。

【课前准备】

根据 GB 5009.32 中规定的抗氧化剂的测定方法，熟悉比色法实验的操作流程。在实验步骤旁标明原理公式。

【思维导图】

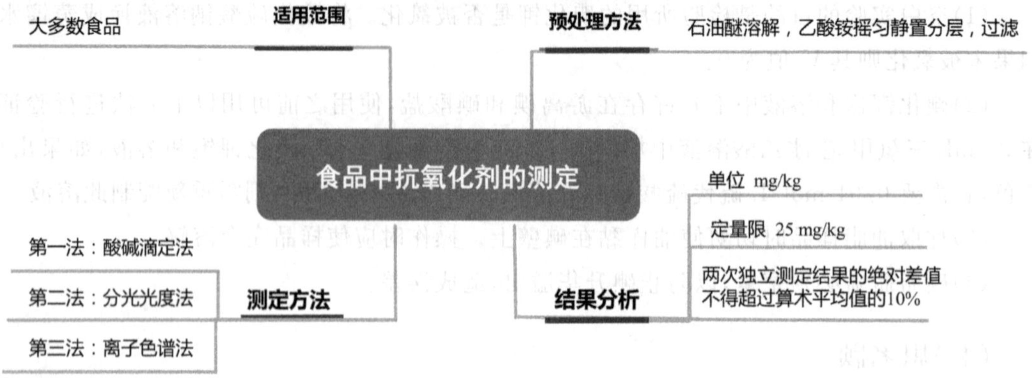

（二）实验原理

试样经石油醚溶解，用乙酸铵水溶液提取后，没食子酸丙酯（PG）可与亚铁酒石酸盐起颜色反应。在波长 540 nm 处测定吸光度，与标准比较可定量。

（三）器材与试剂

1. 实验仪器

分析天平（感量为 0.01 g 和 0.1 mg）、分光光度计。

2. 实验试剂

（1）石油醚：沸程 30～60 ℃。

（2）乙酸铵（CH_3COONH_4）。

（3）硫酸亚铁（$FeSO_4 \cdot 7H_2O$）。

（4）酒石酸钾钠（$NaKC_4H_4O_4 \cdot 4H_2O$）。

（5）乙酸铵溶液（100 g/L）：称取 10 g 乙酸铵加适量水溶解，转移至 100 mL 容量瓶中，加水定容至刻度。

（6）乙酸铵溶液（16.7 g/L）：称取 16.7 g 乙酸铵加适量水溶解，转移至 1000 mL 容量瓶中，加水定容至刻度。

（7）显色剂：称取 0.1 g 硫酸亚铁和 0.5 g 酒石酸钾钠，加水溶解，稀释至 100 mL，临用前配制。

（四）实验步骤

1. 试样制备

称取 10.00 g 试样（固态试样需经烘干粉碎），用 100 mL 石油醚溶解，移入 250 mL 分液漏斗中，加 20 mL 乙酸铵溶液（16.7 g/L），振摇 2 min，静置分层。将水层放入 125 mL 分液漏斗中（如乳化，连同乳化层一起放下），石油醚层再用 20 mL 乙酸铵溶液（16.7 g/L）重复提取两次，合并水层。石油醚层用水振摇洗涤两次，每次 15 mL，洗涤液并入同一分液漏斗中，振摇静置。将水层通过干燥滤纸滤入 100 mL 容量瓶中，用少量水洗涤滤纸，加水至刻度，摇匀。将此溶液用滤纸过滤，弃去初滤液的 20 mL。收集滤液供比色测定用。同时做空白试验。

2. 测定

移取 20.0 mL 上述处理后的试样提取液于 25 mL 具塞比色管中，加入 1 mL 显色剂，加 4 mL 水，摇匀。

另准确吸取 0,1.0,2.0,4.0,6.0,8.0,10.0 mL PG 标准溶液（相当于 0,50,100,200,300,400,500 μg PG），分别置于 25 mL 带塞比色管中，加入 2.5 mL 乙酸铵溶液（100 g/L），加入水至约 23 mL，加入 1 mL 显色剂，再准确加水定容至 25 mL，摇匀。

用 1 cm 比色杯，以零管调节零点，在波长 540 nm 处测定吸光度，绘制标准曲线比较。

（五）数据和计算

【实验记录】

实验记录参考表 2-21。

表 2-21 PG 含量测定实验记录表

时间：	地点：		实验员：	室内温度：
项目	第一次	第二次	第三次	第四次
试样中 PG 含量 X/(mg/kg)				
样液中 PG 的质量 A/μg				
称取的试样质量 m/g				
测定时吸取样液的体积 V_2/mL				
提取后样液总体积 V_1/mL				
标准差				

【结果计算】

试样中抗氧化剂的含量按式(2-33)计算：

$$X=\frac{A}{m\times\frac{V_2}{V_1}} \tag{2-33}$$

式中：X——试样中 PG 含量，μg/kg；

A——样液中 PG 的质量，μg；

m——称取的试样质量，g；

V_2——测定时吸取样液的体积，mL；

V_1——提取后样液总体积，mL；

计算结果保留三位有效数字（或保留到小数点后两位）。

（六）注意事项

（1）本方法检出限为 50 μg。

(2)没食子酸易被氧化,随存放时间延长,其含量会下降,因此采集来的样品应及时检测,不宜久放。

(七)思考题

(1)哪些食品使用了没食子酸丙酯?

(2)影响分光光度法测定食品中 PG 含量的因素有哪些?

实验二十　食品中甜蜜素含量的测定

(一)实验背景

【概述】

环己基氨基磺酸钠,又名甜蜜素。GB1886.37 适用于测定,环己胺与氯磺酸或氨基磺酸化合成环己基氨基酸磺酸后,再与氢氧化钠作用而制得的食品添加剂环己基氨基磺酸钠(又名甜蜜素)。甜蜜素含量常用滴定法进行测定。

【实验目的】

掌握滴定法测定食品中甜蜜素的原理及测定方法。

【课前准备】

熟悉滴定法测定甜蜜素实验的操作流程。在实验步旁标明原理公式。

【思维导图】

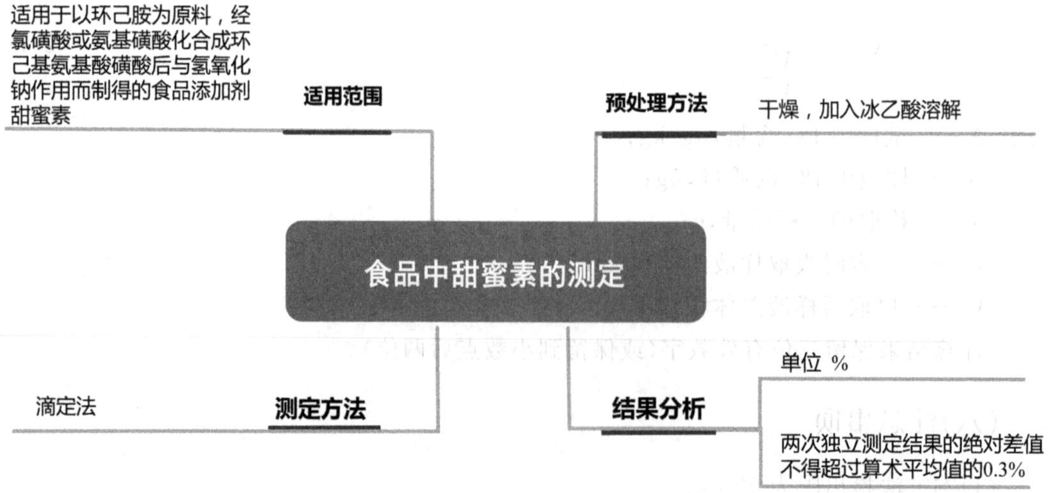

（二）实验原理

干燥后的试样以冰乙酸为溶剂，在 1-萘酚苯指示液存在下，用高氯酸标准滴定溶液滴定，根据消耗高氯酸标准滴定溶液的体积计算环己基氨基磺酸钠的含量。

（三）器材和仪器

（1）冰乙酸。

（2）高氯酸标准滴定溶液：$c(HClO_4)=0.1$ mol/L。

（3）1-萘酚苯指示液：2 g/L。称取 1-萘酚苯 0.2 g，溶于冰乙酸中，用冰乙酸稀释至 100 mL。

（四）实验步骤

称取干燥后的试样 0.3 g，精确至 0.0002 g，加冰乙酸 30 mL，加热使之溶解，冷却至室温，加 1-萘酚苯指示液 5～6 滴，用高氯酸标准滴定溶液滴定至溶液由黄色变为绿色为终点。在测定的同时，按与测定相同的步骤，对不加试样而使用相同数量的试剂溶液做空白试验。

（五）数据和计算

记录实验数据，计算实验结果。

【实验记录】

实验记录参考表 2-22。

表 2-22　甜蜜素含量测定实验记录表

时间：	地点：	实验员：	室内温度：
项目	样品 1	样品 2	样品 3
试样的质量/g			
试样消耗高氯酸标准滴定溶液的体积/mL			
空白消耗高氯酸标准滴定溶液的体积/mL			
高氯酸标准滴定溶液的浓度/(mol/L)			
环己基氨基磺酸钠的摩尔质量/(g/mol)			

【结果计算】

环己基氨基磺酸钠含量(以干基计)的质量分数按式 2-34 计算：

$$X = \frac{(V_1 - V_2 \times c \times \mathrm{Mr})}{m \times 1000} \times 100\% \tag{2-34}$$

式中：V_1——试样消耗高氯酸标准滴定溶液的体积，mL；

V_2——空白消耗高氯酸标准滴定溶液的体积，mL；

c——高氯酸标准滴定溶液的浓度，mol/L；

M_r——环己基氨基磺酸钠的摩尔质量，g/mol；

m——试样的质量，g；

1000——体积换算系数。

（六）注意事项

（1）如果是固体样品，需要充分粉碎以确保甜蜜素能够被充分提取。

（2）每次实验都要进行空白实验，以检查实验过程中是否存在污染或干扰。

（七）思考题

实验过程中可能存在哪些干扰因素？如何识别和排除这些干扰因素，以提高测定结果的准确性？

实验二十一　食品中苯甲酸和山梨酸含量的测定

（一）实验背景

【概述】

苯甲酸、山梨酸作为防腐剂广泛应用于酱油、水果汁、果酱等食品中。有关食品中苯甲酸、山梨酸的测定方法有薄层色谱法、分光光度法，这两种方法所用分析时间长，准确度差；气相色谱法适用于酱油、水果汁，果酱中苯甲酸、山梨酸的测定；液相色谱法适用范围广、方便快捷，被普遍采用。

【实验目的】

掌握液相色谱法测定食品中的苯甲酸和山梨酸的原理及测定方法。学会外标法定量的方法。

【课前准备】

熟悉液相色谱法的操作流程。在实验步骤旁标明原理公式。

【思维导图】

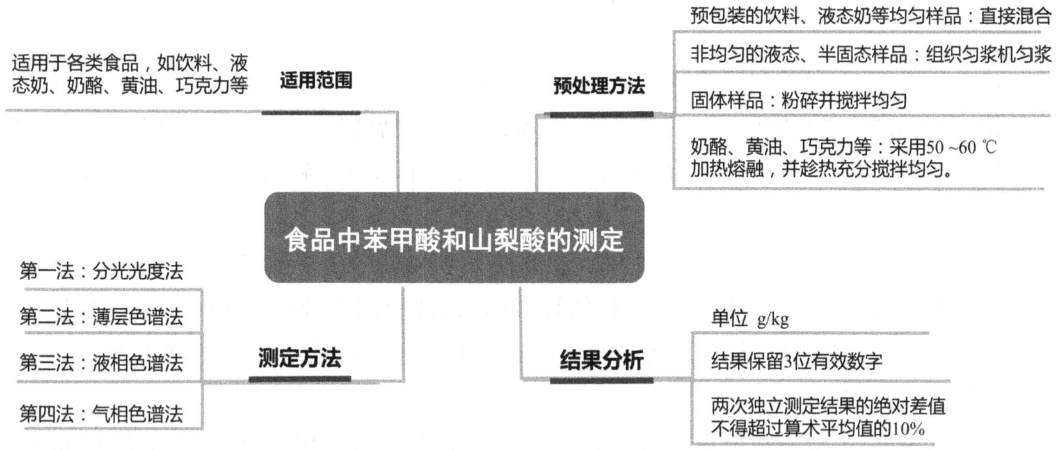

(二)实验原理

样品经水提取，高脂肪样品经正己烷脱脂，高蛋白样品经蛋白沉淀剂沉淀蛋白后，用液相色谱分离、紫外检测器检测，外标法定量。

(三)器材和仪器

1. 实验仪器

高效液相色谱仪：配紫外检测器。

2. 实验试剂和材料

(1)氨水($NH_3 \cdot H_2O$)。

(2)亚铁氰化钾[$K_4Fe(CN)_6 \cdot 3H_2O$]。

(3)乙酸锌[$Zn(CH_3COO)_2 \cdot 2H_2O$]。

(4)无水乙醇(CH_3CH_2OH)。

(5)正己烷(C_6H_{14})。

(6)甲醇(CH_3OH)：色谱纯。

(7)乙酸铵(CH_3COONH_4)：色谱纯。

(8)甲酸(HCOOH)：色谱纯。

(9)氨水溶液(1+99)：取氨水 1 mL，加到 99 mL 水中，混匀。

(10)亚铁氰化钾溶液(92 g/L)：称取 106 g 亚铁氰化钾，加入适量水溶解，用水定容至 1000 mL。

(11)乙酸锌溶液(183 g/L)：称取 220 g 乙酸锌溶于少量水中，加入 30 mL 冰乙酸，用水定容至 1000 mL。

(12)乙酸铵溶液(20 mmol/L)：称取 1.54 g 乙酸铵，加入适量水溶解，用水定容至

1000 mL,经 0.22 μm 水相微孔滤膜过滤后备用。

(13)甲酸-乙酸铵溶液(2 mmol/L 甲酸+20 mmol/L 乙酸铵):称取 1.54 g 乙酸铵,加入适量水溶解,再加入 75.2 μL 甲酸,用水定容至 1000 mL,经 0.22 μm 水相微孔滤膜过滤后备用。

(14)苯甲酸、山梨酸和糖精钠(以糖精计)标准储备溶液(1000 mg/L):分别准确称取苯甲酸钠、山梨酸钾和糖精钠 0.118 g、0.134 g 和 0.117 g(精确到 0.0001 g),用水溶解并分别定容至 100 mL。于 4 ℃贮存,保存期为 6 个月。当使用苯甲酸和山梨酸标准品时,需要用甲醇溶解并定容。

注:糖精钠含结晶水,使用前需在 120 ℃烘 4 h,干燥器中冷却至室温后备用。

(15)苯甲酸、山梨酸和糖精钠(以糖精计)混合标准中间溶液(200 mg/L):分别准确吸取苯甲酸、山梨酸和糖精钠标准储备溶液各 10.0 mL 于 50 mL 容量瓶中,用水定容。于4 ℃贮存,保存期为 3 个月。

(16)苯甲酸、山梨酸和糖精钠(以糖精计)混合标准系列工作溶液:分别准确吸取苯甲酸、山梨酸和糖精钠混合标准中间溶液 0,0.05,0.25,0.50,1.00,2.50,5.00 和 10.0 mL,用水定容至 10 mL,配制成质量浓度分别为 0,1.00,5.00,10.0,20.0,50.0,100 和 200 mg/L 的混合标准系列工作溶液。临用现配。

(四)实验步骤

1.试样制备

取多个预包装的饮料、液态奶等均匀样品直接混合;非均匀的液态、半固态样品用组织匀浆机匀浆;固体样品用研磨机充分粉碎并搅拌均匀;奶酪、黄油、巧克力等采用 50～60 ℃加热熔融,并趁热充分搅拌均匀。取其中的 200 g 装入玻璃容器中,密封,液体试样于 4 ℃保存,其他试样于-18 ℃保存。

2.试样提取

准确称取约 2 g(精确到 0.001 g)试样于 50 mL 具塞离心管中,加水约 25 mL,涡旋混匀,于 50 ℃水浴超声 20 min,冷却至室温后加亚铁氰化钾溶液 2 mL 和乙酸锌溶液 2 mL,混匀,于 8000 r/min 离心 5 min,将水相转移至 50 mL 容量瓶中,于残渣中加水 20 mL,涡旋混匀后超声 5 min,于 8000 r/min 离心 5 min,将水相转移到同一 50 mL 容量瓶中,并用水定容至刻度,混匀。取适量上清液过 0.22 μm 滤膜,待液相色谱测定。

注:碳酸饮料、果酒、果汁、蒸馏酒等测定时可以不加蛋白沉淀剂。

3.仪器参考条件:

色谱柱:C_{18}柱,柱长 250 mm,内径 4.6 mm,粒径 5 μm,或等效色谱柱。

流动相:甲醇+乙酸铵溶液=5+95。

流速:1 mL/min。

检测波长:230 nm。

进样量:10 μL。

注：当存在干扰峰或需要辅助定性时，可以采用加入甲酸的流动相来测定，如流动相：甲醇＋甲酸-乙酸铵溶液＝8＋92。

4. 标准曲线的制作

将混合标准系列工作溶液分别注入液相色谱仪中，测定相应的峰面积，以混合标准系列工作溶液的质量浓度为横坐标，以峰面积为纵坐标，绘制标准曲线。标准物质溶液的高效液相色谱图见图 2-6。

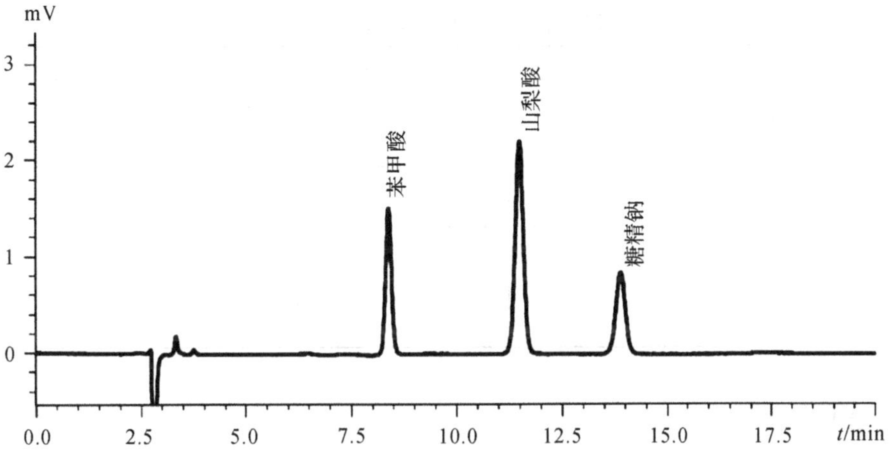

图A.1 1 mg/L苯甲酸、山梨酸和糖精钠标准溶液液相色谱图
（流动相：甲醇+乙醇铵溶液＝5+95）

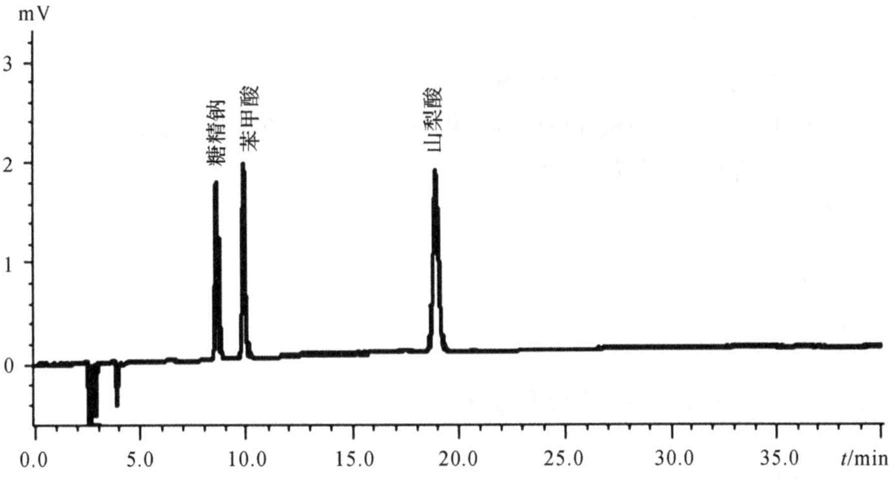

图A.2 1 mg/L苯甲酸、山梨酸和糖精钠标准溶液液相色谱图
（流动相：甲醇+甲酸–乙酸铵溶液＝8+92）

图 2-7 1mg/L 苯甲酸、山梨酸和糖精钠标准溶液液相色谱图

5. 试样溶液的测定

将试样溶液注入液相色谱仪中，得到峰面积，根据标准曲线得到待测液中苯甲酸、山梨酸和糖精钠(以糖精计)的质量浓度。

(五)数据和计算

记录实验数据,计算实验结果。

【实验记录】

实验记录参考表 2-23。

表 2-23 苯甲酸和山梨酸测定实验记录表

时间:	地点:	实验员:	室内温度:
项目	样品 1	样品 2	样品 3
试样的质量/g			
测定时进样的体积/μL			
结果			

【结果计算】

试样中苯甲酸和山梨酸的含量按式 2-35 计算:

$$X = \frac{\rho \times V}{m \times 1000} \tag{2-35}$$

式中:X——试样中待测组分含量,单位为 mg/g;

ρ——由标准曲线得出的试样液中待测物的质量浓度,单位为 mg/L;

V——试样定容体积,单位为 mL;

m——试样质量,单位为 g;

1000——换算系数。

(六)注意事项

气相色谱仪的操作按仪器操作说明进行。

(七)思考题

(1)气相色谱仪测定苯甲酸和山梨酸的原理。

(2)用外标法定量气相色谱法有何优缺点?

实验二十二　食品中合成着色剂含量的测定

(一)实验背景

【概述】

食品合成着色剂，也称为食品合成染料，是用人工合成方法所制得的有机着色剂，具有着色力强、色泽鲜艳、不易褪色、稳定性好等优点。GB 5009.35 规定了食品中 11 种合成着色剂的液相色谱测定方法。

【实验目的】

学习并掌握液相色谱法测定食品中合成着色剂含量的原理及方法。

【课前准备】

熟悉液相色谱法测定饰品合成着色剂含量的操作流程。在实验步骤旁标明原理公式。

【思维导图】

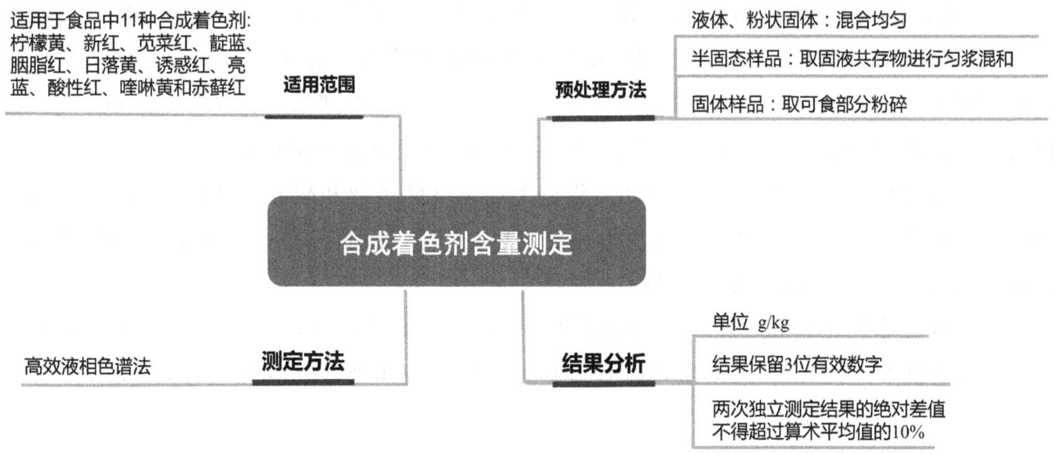

(二)实验原理

试样中的合成着色剂用乙醇氨水溶液提取，经固相萃取净化后，用配有二极管阵列检测器的高效液相色谱仪测定，外标法定量。

(三)器材与试剂

1. 实验仪器

高效液相色谱仪、天平、pH 计、电动搅拌器、涡旋混合器、超声波发生器或恒温摇床、高速离心机、固相萃取装置、氮气浓缩装置、WAX 混合型弱阴离子交换反相吸附或等效固相萃取柱(150 mg/6 mL)、针筒过滤器、PVDF(聚偏氟乙烯)或 PTFE(聚四氟乙烯)滤膜(0.45 μm)。

2. 实验试剂

(1)甲醇(色谱纯)。

(2)甲醇。

(3)石油醚。

(4)无水乙醇。

(5)氨水。

(6)乙酸铵(色谱纯)。

(7)甲酸。

(8)乙醇氨水溶液:量取无水乙醇 700 mL,加入 4 mL 氨水,用水稀释至 1 L,混匀。

(9)5 %甲醇水溶液:移取甲醇 5 mL,用水稀释并定容至 100 mL,混匀。

(10)2 %氨水甲醇溶液:移取 2 mL 氨水,用甲醇稀释至 100 mL。

(11)乙酸铵溶液(20 mmol/L):称取 1.54 g 乙酸铵,加水溶解并稀释至 1000 mL。

(12)乙酸铵缓冲溶液,pH=9.0:乙酸铵溶液加氨水调 pH 至 9.0。

(13)2%甲酸水溶液:移取甲酸 2 mL,用水稀释至 100 mL。

(14)标准储备液(1.0 mg/mL):准确称取按其纯度折算为 100 %质量的柠檬黄、新红、苋菜红、胭脂红、日落黄、诱惑红、亮蓝、酸性红、喹啉黄和赤藓红各 100 mg(精确至 0.1 mg),加水溶解并分别置于 100 mL 容量瓶中,定容至刻度,摇匀,得到浓度为 1.0 mg/mL 的标准储备液。标准储备液可于 4 ℃下避光保存 6 个月,靛蓝标准溶液临用现配。

(15)混合标准中间液(50.0 μg/mL):吸取上述标准储备液和靛蓝标准溶液(1.0 mg/mL)各 5.00 mL 于 100 mL 容量瓶中,用水稀释至刻度,摇匀,得到混合标准中间液(各合成着色剂浓度均为 50.0 μg/mL),临用现配。

(16)标准系列工作液:吸取混合标准中间液 0.2,0.5,1.0,2.0,5.0 和 10.0 mL 于 50 mL容量瓶中,用水稀释至刻度,摇匀,得到标准系列工作液。浓度分别为 0.2,0.5,1.0 ,2.0,5.0 和 10.0 μg/mL。

(四)实验步骤

1. 试样制备

液体试样和粉状固体试样应分别混合均匀,半固体试样取固液共存物进行匀浆混和,固体试样(带核蜜饯凉果需先去核,取可食部分)经电动搅拌器粉碎等方式混合均匀,密封。制备好的试样在-18 ℃避光储存。

2.试样提取

(1)液体类试样(饮料、配制酒、调制乳、调味糖浆、风味发酵乳等)、冷冻饮品(风味冰、冰棍类):准确称取试样 2 g(精确至 0.001 g),冷冻饮品可先温水浴加热融化再称样,置于 50 mL具塞离心管中,加入适量乙醇氨水溶液,涡旋 1 min,5000 r/min 离心 5 min,并用乙醇氨水溶液定容至 50 mL,即得提取液;准确吸取上清液 10 mL,50 ℃下氮气浓缩至 3 mL 左右,分 2~3 次共加入 10 mL 5 %甲醇水溶液溶解,作为待净化液。

(2)固体类试样(加工水果、腌渍的蔬菜、糖果、酱及酱制品、香辛料、果冻、杂粮粉及其制品、面糊、淀粉及淀粉类制品、胶原蛋白肠衣、即食谷物、谷类和淀粉类甜品、糕点上彩装、蛋卷、焙烤食品馅料及表面用挂浆等):准确称取试样 2 g(精确至 0.001g),置于 50 mL 具塞离心管中,先加入适量水(2~5 mL),50 ℃水浴加热混匀样品,加入 25 mL 乙醇氨水溶液,涡旋 1 min,50 ℃超声或振摇(速率≥250 r/min)提取 20 min,8000 r/min 离心 5min,取上清液置于 50 mL 容量瓶中,每次加入约 5~10 mL 乙醇氨水溶液重复提取操作至上清液无明显颜色,离心后合并上清液,用乙醇氨水溶液定容至 50 mL,即得提取液。准确吸取提取液 10 mL,50 ℃氮气浓缩至 3 mL 左右,分 2~3 次共加入 10 mL 5%甲醇水溶液溶解,作为待净化液。

(3)含油量较大的试样(可可制品、巧克力和巧克力制品、调制乳粉、调制奶油粉、调制炼乳、膨化食品、加工坚果与籽类、熟制豆类、糕点、熟肉制品、复合调味料和冰淇淋、雪糕等):准确称取试样 2 g(精确至 0.001 g),置于 50 mL 具塞离心管中,加入 20 mL 石油醚,涡旋 1 min,超声或振摇(速率≥250 r/min)提取 10 min,8000 r/min 离心 5 min,弃去上清液,油脂含量较高的可重复提取一次,弃去上清液,加入 25 mL 乙醇氨水溶液,涡旋 1 min,50 ℃超声或振摇(速率≥250 r/min)提取 20 min,8000 r/min 离心 5 min(若离心后提取液仍然浑浊,可转入高速离心机专用管,15000 r/min 离心 5 min),取上清液置于 50 mL 容量瓶中,按照②中"每次加入约 5 mL~10 mL 乙醇氨水溶液……作为待净化液"操作。

3.试样净化

(1)活化:依次用 6 mL 甲醇和 6 mL 水活化固相萃取柱,保持柱体湿润。

(2)上样:活化后立即将待净化液以 2~3 s 1 滴的流速加载到固相萃取柱上。

(3)淋洗:依次用 6 mL 2%甲酸水溶液和 6 mL 甲醇淋洗固相萃取柱,弃去淋洗液,真空抽 2 min 至柱体近干。

(4)洗脱:用 6 mL 2%氨化甲醇溶液洗脱,分两次加入,每次 3 mL,流速低于 2~3 s 1 滴,收集洗脱液,于 50 ℃氮气浓缩至近干,准确加入 2 mL pH 为 9.0 的乙酸铵缓冲溶液溶解,溶液用针筒过滤器,孔径 0.45 μm 的滤膜过滤,弃去 2~5 滴初滤液,取续滤液作为待测液。

(5)仪器参考条件

色谱柱:C_{18}柱,4.6 mm×250 mm,5 μm,或同等性能色谱柱。

进样量:10 μL。

柱温:30 ℃。

二极管阵列检测器波长范围:400 ~ 800 nm,检测波长:415 nm(柠檬黄、喹啉黄),520 nm(新红、苋菜红、胭脂红、日落黄、诱惑红、酸性红和赤藓红),610 nm(靛蓝、亮蓝)。

流动相 A 为 20 mmol/L 乙酸铵溶液,流动相 B 为甲醇,参考洗脱梯度为:0~12 min,90 %→60 %A;12~19 min,60 %→50 %A;19~22.5 min,50 %→45 %A;22.5~24 min,

45 %→5 %A；24～33 min，5 %A；33～34 min，5 %→90 %A；34～42 min，90 %A；流速为1 mL/min。

(6)标准曲线的制作：将标准系列工作液分别注入液相色谱仪中，测定相应物质的峰面积。以标准系列工作液中该物质的浓度为横坐标，以该物质峰面积的响应值为纵坐标，绘制标准曲线。15 种标准物质溶液的高效液相色谱图见图 2-8。

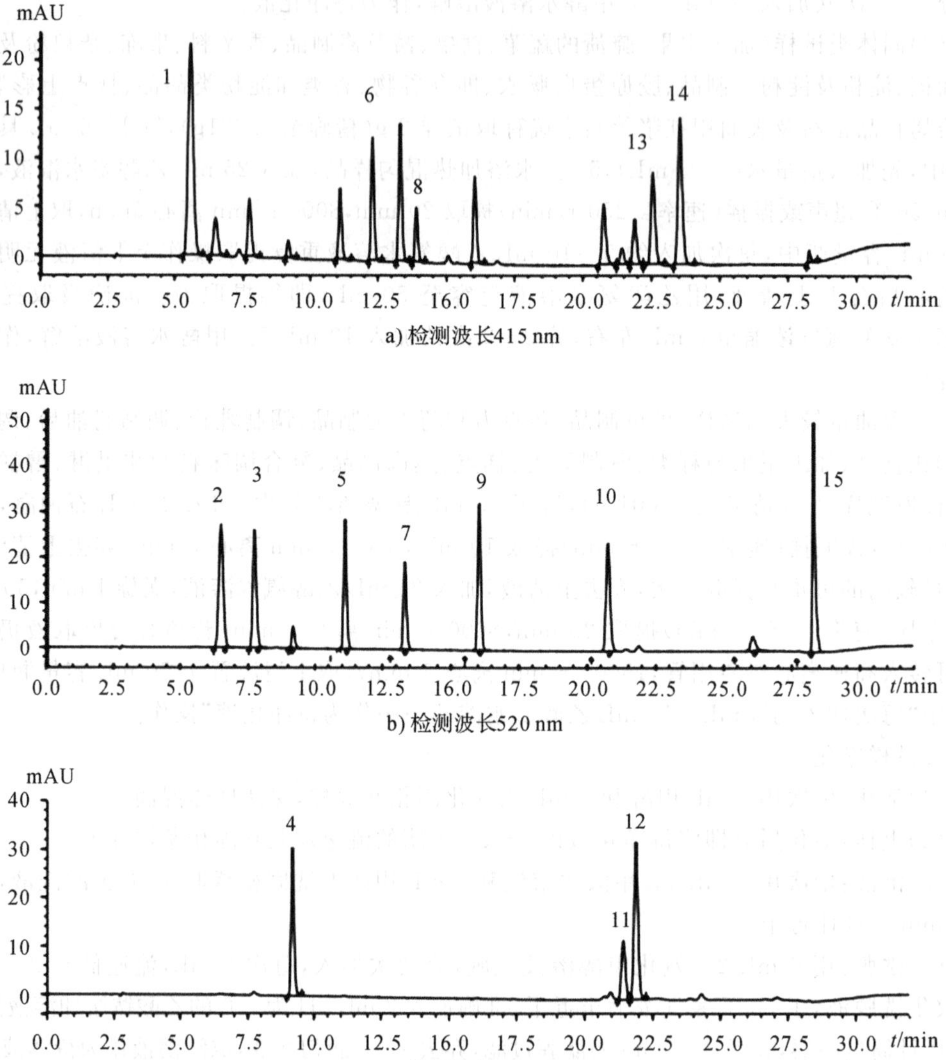

a) 检测波长415 nm

b) 检测波长520 nm

c) 检测波长610 nm

说明：

1—柠檬黄；　2—新红；　3—苋菜红；　4—靛蓝；
5—胭脂红；　6—喹啉黄1；　7—日落黄；　8—喹啉黄2；
9—诱惑红；　10—酸性红；　11—亮蓝1；　12—亮蓝2；
13—喹啉黄3；　14—喹啉黄4；　15—佛藓红。

图 2-8　11 种合成着色剂标准溶液(10.0 μg/mL)高效液相色谱图

注：亮蓝通常呈现为两个峰，喹啉黄通常呈现为四个峰，应根据标准溶液出峰情况，以各色谱峰的峰面积之和计算含量。

(3)试样溶液的测定：将试样溶液注入液相色谱仪中，得到对应的峰面积，根据标准曲线计算得到待测液中的各物质浓度。

(五)数据和计算

记录实验数据，计算实验结果。

【实验记录】

实验记录参考表 2-24。

表 2-24 苯甲酸和山梨酸测定实验记录表

时间：	地点：	实验员：	室内温度：
项目	样品 1	样品 2	样品 3
试样的质量/g			
样品溶液进样体积/mL			
试样分取体积/mL			
结果			

【结果计算】

试样中合成着色剂的含量按式 2-36 计算：

$$X = \frac{c \times V_1 \times V_2}{V_3 \times m \times 1000} \tag{2-36}$$

式中：X——试样中合成着色剂的含量，mg/g；

c——由标准曲线计算得到的待测液中合成着色剂浓度，μg/mL；

V_1——样品经净化洗脱后的最终定容体积，mL；

V_2——样品提取液体积，mL；

V_3——用于净化分取的样品提取液体积，mL；

m——试样的取样量，g；

1000——换算系数。

计算结果保留 3 位有效数字。

(六)注意事项

针对不同类型的样品采取合适的前处理手段。

(七)思考题

(1)液相色谱仪测定合成着色剂的原理

(2)本实验的实验误差来源有哪些？

实验二十三　食品中钙含量的测定

(一)实验背景

【概述】

钙是生物体必需的元素。人体肌肉、神经、体液和骨骼中都有钙的结合，准确控制和掌握食品中钙含量对于保障人民群众的身体健康至关重要。根据 GB 5009.92，食品中钙的测定有火焰原子吸收法、EDTA 滴定法、电感耦合等离子体发射光谱法和电感耦合等离子体质谱法四种。本实验选用 EDTA 滴定法测定食品中钙含量。

【实验目的】

了解钙测定的意义和原理；掌握 EDTA 滴定法测定钙的方法。

【课前准备】

学习 GB 5009.92 中不同食品样品的制备方法和消解方法。回顾滴定实验的基本操作和判断本实验滴定终点的方法。

【思维导图】

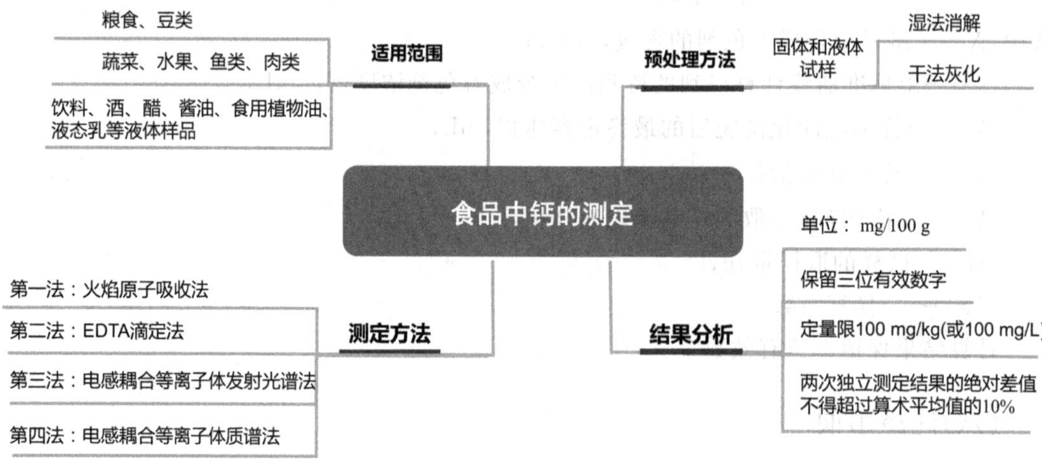

(二)实验原理

EDTA 是一种氨羧配位剂，在不同的 pH 条件下可与多种金属离子形成稳定的配合物。Ca^{2+} 与 EDTA 定量地形成金属配合物，其稳定性大于钙与指示剂所形成的配合物。在

pH 12～14 时，可用 EDTA 的盐溶液直接滴定溶液中的 Ca^{2+}，终点指示剂为钙指示剂(NN)。钙指示剂在 pH>11 时为纯蓝色，可与钙结合形成酒红色的 NN—Ca^{2+}。在滴定过程中，EDTA 首先与游离态的 Ca^{2+} 结合，接近终点时夺取 NN—Ca^{2+} 中的 Ca^{2+}，使溶液由酒红色变为纯蓝色即为滴定终点。根据 EDTA 的用量计算钙的含量。

(三)器材与试剂

1. 实验仪器

三角瓶、滴定装置、分析天平。

注：所有玻璃器皿均需硝酸溶液(1+5)浸泡过夜，用自来水反复冲洗，最后用水冲洗干净。

2. 实验试剂

(1)钙指示剂(NN)：0.1%的乙醇溶液。

(2)1%的 KCN 溶液。

(3)2 mol/L 的 NaOH 溶液。

(4)6 mol/L HCl 溶液。

(5)0.05 mol/L 柠檬酸钠溶液：称取 14.7 g 二水合柠檬酸钠，用去离子水稀释至 1 L。

(6)钙标准溶液：基准碳酸钙在 110 ℃下干燥 2 h，准确称取 0.4994 g 于 250 mL 烧杯中，加少量水润湿，盖上表面皿，缓慢加入 6 mol/L HCl 溶液 10 mL 使之溶解，转入 1000 mL 容量瓶中，用水定容，此溶液含钙 0.2 mg/mL。

(7)0.01 mol/L EDTA 标准溶液：精确称取 3.360 g EDTA-2Na 溶解并定容至 1 L，储于聚乙烯瓶中。

(8)EDTA 标准溶液的标定：准确吸取钙标准溶液 10 mL 于 100 mL 三角瓶中，加水 10 mL，用 2 mol/L NaOH 溶液调至中性，加入 1%KCN 溶液 1 滴，0.05 mol/L 柠檬酸钠溶液 2 mL，2 mol/L NaOH 溶液 2 mL，钙指示剂 5 滴，用 EDTA 溶液滴定至溶液由酒红色变为纯蓝色为终点。记录 EDTA 标准溶液的用量 V。按式(2-37)计算每毫升 EDTA 标准溶液相当于钙的毫克数 ρ。

$$\rho=\frac{0.2\times 10}{V} \tag{2-37}$$

式中：ρ——EDTA 标准液相当于钙的质量，mg/mL；

V——消耗 EDTA 标准溶液的体积，mL。

(四)实验步骤

1. 样品处理

精确称量 3～5 g 固体样品或 5～10 g 液体样品，用干法灰化后，加 5 mL 盐酸(1+4)，置于水浴上蒸干，再加入 5 mL 盐酸(1+4)溶解并移入 25 mL 容量瓶中，用少量热的去离子水多次洗涤容器，洗液并入容量瓶中，冷却后用去离子水定容。

样品处理也可采用湿法消化：准确称取样品 2～5 g，加入浓硫酸 5～8 mL，浓硝酸 5～8 mL，加热消化至试液澄清透明，冷却后定容至 100 mL。

2. 测定

准确移取样液 5.00 mL(视钙含量而定),注入 100 mL 锥形瓶中,加水 15 mL,用 2 mol/L NaOH 溶液调至中性,加入 1%的 KCN 溶液 1 滴,0.05 mol/L 的柠檬酸钠溶液 2 mL,2 mol/L的 NaOH 溶液 2 mL,钙指示剂 5 滴,用 EDTA 溶液滴定至溶液由酒红色变为纯蓝色即为终点。记录 EDTA 溶液用量 V。以蒸馏水代替样液做空白实验。

(五)数据和计算

记录实验数据,计算实验结果。

【实验记录】

实验记录参考表 2-25。

表 2-25　EDTA 滴定法测定食品中钙含量实验记录表

时间：　　　　地点：　　　　实验员：　　　　室内温度：

ρ—EDTA 标准液相当于钙的质量,mg/mL

项目	第一次	第二次	第三次
样液体积/mL			
样品质量/g			
样液定容总体积/mL			
滴定样液 EDTA 标液初始读数/mL			
滴定样液 EDTA 标液最终读数/mL			
滴定样液消耗 EDTA 标液的体积/mL			
滴定空白 EDTA 标液初始读数/mL			
滴定空白 EDTA 标液最终读数/mL			
滴定空白消耗 EDTA 标液的体积/mL			
样品中钙的质量分数/(mg/100 g)			
平均值/(mg/100 g)			
相对标准偏差			

【结果计算】

食品中钙的含量按式(2-38)计算:

$$w=\frac{(V-V_0)\times\rho\times V_2}{m\times V_1}\times 100 \tag{2-38}$$

式中：w——样品中钙的质量分数，mg/100 g；

ρ——EDTA标准溶液相当于钙的质量，mg/mL；

V——滴定空白吸收液时消耗盐酸标准溶液的体积，mL；

V_0——滴定样液消耗EDTA标准溶液的体积，mL；

V_1——滴定空白消耗EDTA标准溶液的体积，mL；

V_2——样液定容总体积，mL；

m——样品质量，g。

计算结果保留三位有效数字。

（六）注意事项

（1）用盐酸浴溶解碳酸钙时，要用表面皿盖好烧杯后再加盐酸，以防喷溅。

（2）氰化钾是剧毒物质，必须在碱性条件下使用，以防止在酸性条件下生成HCN逸出。测定完的废液要加氢氧化钠和硫化亚铁处理，使生成亚铁氰化钠后才能倒掉。

（3）加入指示剂后应立即滴定，放置过久会导致终点不明显。

（七）思考题

（1）本方法与高锰酸钾滴定法相比，有何优势？

（2）EDTA与钙形成配合物是何原理？有何特点？

实验二十四　食品中铁含量的测定

（一）实验背景

【概述】

铁是人体含量的必需微量元素，人体内铁的总量为4～5 g，是血红蛋白的重要组成部分。GB 5009.90中规定，食品中铁的测定方法有火焰原子吸收光谱法、电感耦合等离子体发射光谱法和电感耦合等离子体质谱法三种方法。本实验采用的邻二氮菲吸光光度法具有高灵敏度、高选择性、稳定性好和干扰易消除等优点。

【实验目的】

了解邻二氮菲吸光光度法测定铁的原理；掌握邻二氮菲吸光光度法测定铁的方法。

【课前准备】

学习GB 5009.90，了解其他测定铁含量的方法，并与本法相比较；了解学习分光光度计的原理和使用方法。

【思维导图】

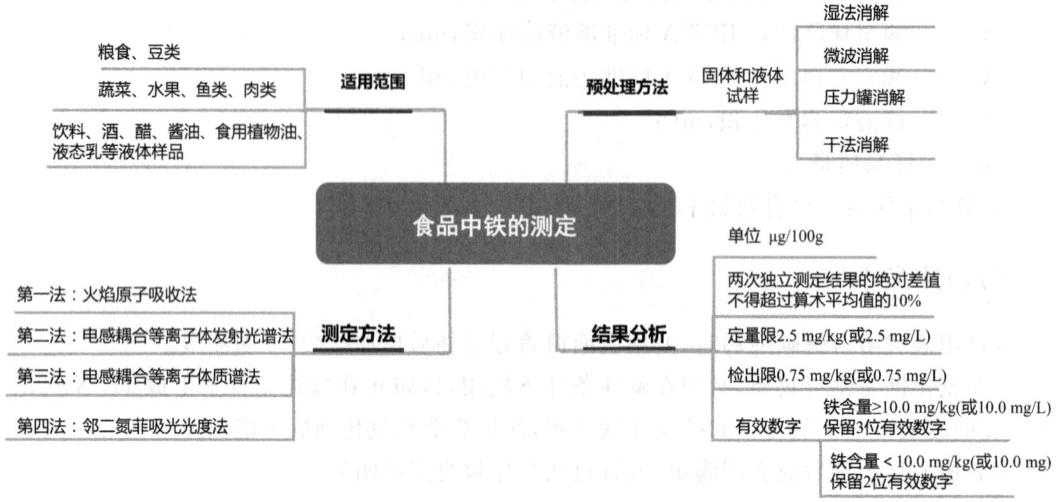

(二)实验原理

在 pH 2～9 的溶液中，邻二氮菲能与二价亚铁离子生成稳定的橙红色配合物，在波长 510 nm 处有最大吸收，其吸光度与铁含量成正比。在显色前，可用盐酸羟胺把 Fe^{3+} 还原为 Fe^{2+} 后再显色。

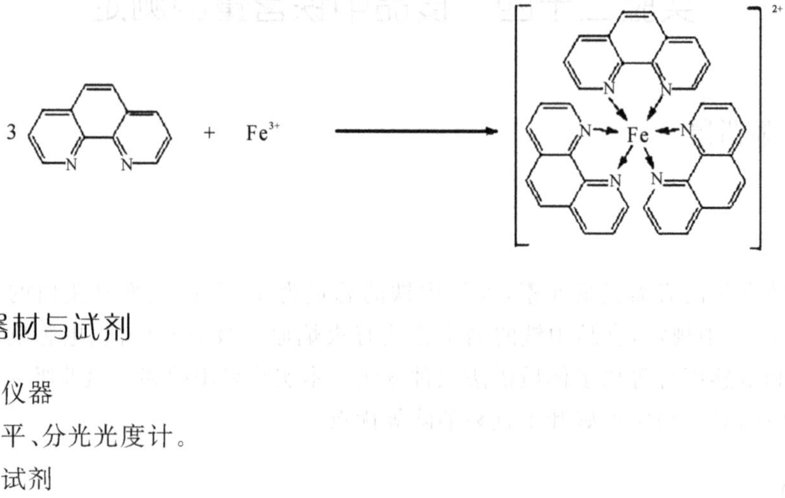

(三)器材与试剂

1. 实验仪器

分析天平、分光光度计。

2. 实验试剂

(1)10％盐酸羟胺溶液：用前配制。

(2)浓硫酸。

(3)1 mol/L 盐酸溶液。

(4)10％乙酸钠溶液。

(5)2％高锰酸钾溶液。

(6)0.12％邻二氮菲水溶液：称取 0.12 g 邻二氮菲于烧杯中，加 60 mL 水加热至 80 ℃

溶解，冷却后移入 100 mL 容量瓶定容，用前配制。

(7)铁标准储备液：准确称取 0.4979 g 硫酸亚铁，溶于 100 mL 水中，加入 5 mL 浓硫酸微热，溶解后随即逐滴加入 2%高锰酸钾溶液，至最后一滴红色不褪色为止，用水定容至 1000 mL，此溶液每毫升含 Fe^{3+} 100 μg。

(8)铁标准使用液：使用前将标准工作液准确稀释 10 倍，此溶液每毫升含 Fe^{3+} 10 μg。

(四)实验步骤

1. 样品处理

称取均匀样品 10.0 g，干法灰化后加 2 mL 盐酸(1+1)，于水浴上蒸干，再加入 5 mL 蒸馏水，加热煮沸，冷却，移入 100 mL 容量瓶，用水定容。

2. 标准曲线绘制

准确吸取铁标准使用液 0.00，1.00，2.00，3.00，4.00，5.00 mL，分别置于 50 mL 容量瓶中，加入 1 mol/L 盐酸 1 mL，10%盐酸羟胺 1 mL，0.12%邻二氮菲1 mL，10%乙酸钠 5 mL，然后用水稀释至刻度。放置 10 min 后，用 1 cm 比色皿以试剂空白作参比，在 510 nm 波长处测定各溶液的吸光度，以含铁量为横坐标，吸光度值为纵坐标，绘制标准曲线。

3. 样品测定

准确吸取 5.00～10.00 mL 样液(视铁含量的高低)于 50 mL 容量瓶中，按标准曲线的操作步骤，加入各种试剂，测定吸光度，在标准曲线上查出相对应的铁含量(μg)。

(五)数据和计算

记录实验数据，计算结果。

【实验记录】

实验记录参考表 2-26、表 2-27。

表 2-26　标准曲线绘制记录表

时间：	地点：		实验员：		室内温度：	
铁标准使用液体积/mL	0.00	1.00	2.00	3.00	4.00	5.00
含铁量/μg						
吸光度/Abs						
标准曲线方程						

表 2-27　样品中铁含量测定记录表

时间：	地点：	实验员：	室内温度：
项目	第一次	第二次	第三次
测定用样液体积/mL			
样液总体积/mL			
由标曲查得的测定样液中相应铁的质量/μg			

续表

项目	第一次	第二次	第三次
样品质量/g			
样品中铁的质量分数/μg/100 g			

【结果计算】

食品中铁的含量按式(2-39)计算：

$$w=\frac{m_1\times V_2}{m\times V_1}\times 100 \qquad (2\text{-}39)$$

式中：w——样品中铁的质量分数，μg/100 g；

m_1——从标准曲线上查得测定样液中相应铁的量，μg；

V_1——为测定用样液体积，mL；

V_2——为样液总体积，mL；

m——样品质量，g。

(六)注意事项

(1)Cu^{2+}、Ni^{2+}、Co^{2+}、Zn^{2+}、Hg^{2+}、Cd^{2+}、Mn^{2+} 等离子也能与邻二氮菲生成稳定的配合物，少量时不影响测定，量大时可用 EDTA 掩蔽或预先分离。

(2)加入试剂的顺序不能任意改变，否则会因为 Fe^{3+} 水解等原因造成较大误差。

(3)微量元素分析的样品制备过程中要注意防止各种污染，所用各种设备必须是不锈钢制品；所用容器必须使用玻璃或聚乙烯制品。

(4)加入 10%乙酸钠的目的是调节溶液 pH 为 3～5，使二价铁能与邻二氮菲定量配位，显色较为完全。

(七)思考题

(1)邻二氮菲分光光度法测定微量铁时为何要加入盐酸羟胺溶液？

(2)参比溶液的作用是什么？能否用蒸馏水作参比溶液？

(3)邻二氮菲和铁的显色反应条件主要有哪些？

实验二十五　食品中锌含量的测定

(一)实验背景

【概述】

锌是人类发育必需的微量元素之一，广泛分布在人体所有组织和器官中。成人体内锌含量为2.0～2.5 g，锌对生长发育、免疫功能、物质代谢和生殖功能等均有重要作用。动物性和植物性食物都含有锌，但不同食物中锌含量差别很大，吸收利用率也不相同。GB 5009.14中规定锌的测定方法有火焰原子吸收光谱法、电感耦合等离子体发射光谱法、电感耦合等离子体质谱法和二硫腙比色法。

【实验目的】

学习并掌握二硫腙吸光光度法测定锌含量的原理与方法。

【课前准备】

学习并比较GB 5009.14中的四种方法及其优劣；了解分光光度计的使用方法。

【思维导图】

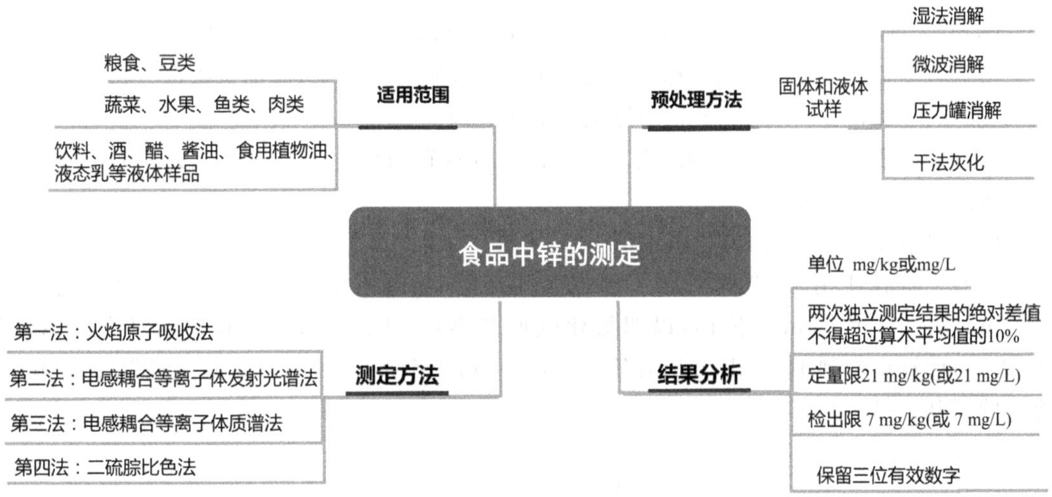

（二）实验原理

试样化后，在pH为4.0～5.5时，锌离子与二硫腙形成紫红色配合物，溶于四氯化碳，加入硫代硫酸钠，防止铜、汞、铅、铋、银和镉等离子干扰，与标准系列比较定量。

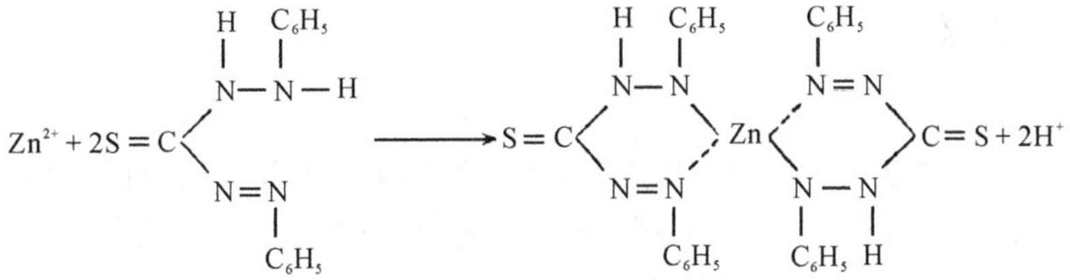

(三)器材与试剂

1.实验仪器

分析天平、分光光度计。

2.实验试剂

(1)2 mol/L 乙酸钠溶液:称取 68 g 乙酸钠($CH_3COONa \cdot 3H_2O$),加水溶解后稀释至 250 mL。

(2)2 mol/L 乙酸:量取 10.0 mL 冰醋酸,加水稀释至 85 mL。

(3)乙酸-乙酸盐缓冲液:将 2 mol/L 乙酸钠溶液与 2 mol/L 乙酸等量混合,此时溶液 pH 4.7左右。用 0.1 g/L 二硫腙-四氯化碳溶液提取数次,每次 10 mL,以除去其中的锌,至四氯化碳层绿色不变为止,弃去四氯化碳层,再用四氯化碳提取乙酸-乙酸盐缓冲液中过剩的二硫腙,至四氯化碳无色,弃去四氯化碳层。

(4)氨水(1+1)。

(5)2 mol/L 盐酸:量取 10 mL 盐酸, 加水稀释至 60 mL。

(6)0.02 mol/L 盐酸:吸取 1 mL 盐酸(2 mol/L),加水稀释至 100 mL。

(7)200 g/L 盐酸羟胺溶液:称取 20 g 盐酸羟胺,加 60 mL 水,滴加氨水(1+1),调节 pH 至 4.0～5.5,以下按(3)用二硫腙-四氯化碳溶液处理。

(8)250 g/L 硫代硫酸钠溶液:用 2 mol/L 乙酸调节 pH 至 4.0～5.5。以下按(3)中用二硫腙-四氯化碳溶液处理。

(9)0.1 g/L 二硫腙-四氯化碳溶液。

(10)二硫腙使用液:吸取 1.0 mL 二硫腙-四氯化碳溶液(0.1 g/L),加四氯化碳至 10.0 mL,混匀,用 1 cm 比色杯,以四氯化碳调节零点,于波长 530 nm 处测吸光度 A,用式(2-40)计算出配制 100 mL 二硫腙使用液(57%透光率)所需的 0.1 g/L 二硫腙-四氯化碳溶液的毫升数(V)。

$$V=\frac{10\times(2-\lg 57)}{A}=\frac{2.44}{A} \tag{2-40}$$

(11)锌标准溶液:准确称取 0.1000 g 锌,加 2 mol/L 盐酸溶液 10 mL,溶解后移入 1000 mL容量瓶中,加水稀释至刻度,此溶液每毫升相当于 100.0 μg 锌。

(12)锌标准使用液:吸取 1.0 mL 锌标准溶液,置于 100 mL 容量瓶中,加 2 mol/L 盐酸溶液 1 mL,以水稀释至刻度,此溶液每毫升相当于 1.0 μg 锌。

(13)1 g/L 酚红指示液:称取 0.1 g 酚红,用乙醇溶解至 100 mL。

(四)实验步骤

1.样品消化

(1)粮食、粉丝、粉条、豆干制品、糕点、茶叶等及其他含水分少的固体食品:称取 5.00 g 或 10.00 g 的粉碎试样,置于 250 mL 或 500 mL 定氮瓶中,先加水少许使湿润,再加数粒玻璃珠、10～15 mL 硝酸-高氯酸混合液,放置片刻,小火缓缓加热,待作用缓和,放冷。沿瓶壁加入 5 mL 或 10 mL 硫酸,再加热,至瓶中液体开始变成棕色时,不断沿瓶壁滴加硝酸-高氯酸混合液至有机质分解完全。加大火力,至产生白烟,待瓶口白烟冒净后,瓶内液体再产生白烟即消化完全，该溶液应澄明无色或微带黄色，放冷。在操作过程中应防止暴沸或爆炸，加 20 mL 水煮沸，除去残余的硝酸至产生白烟为止，如此处理两次，放冷。将冷后的溶液移入 50 mL 或 100 mL 容量瓶中，用水洗涤定氮瓶，洗液并入容量瓶中，放冷，加水至刻度，混匀。定容后的溶液每 10 mL 相当于 1 g 试样，相当于加入 1 mL 硫酸。取与消化试样相同量的硝酸-高氯酸混合液和硫酸，按同一方法做试剂空白实验。

(2)蔬菜、水果：称取 25.00 g 或 50.00 g 洗净打成匀浆的试样，置于 250 mL 或 500 mL 定氮瓶中，加数粒玻璃珠、10～15 mL 硝酸-高氯酸混合液，以下按(1)中方法操作。但定容后的溶液每10 mL相当于 5 g 试样，相当于加入 1 mL 硫酸。

(3)酱、酱油、醋、冷饮、豆腐、腐乳、酱腌菜等：称取 10.00 g 或 20.00 g 试样(或吸取 10.0 mL或 20.0 mL 液体试样)，置于 250 mL 或 500 mL 定氮瓶中，加数粒玻璃珠、5～15 mL硝酸-高氯酸混合液，以下按(1)中方法操作。但定容后的溶液每 10 mL 相当于 2 g 或 2 mL 试样。

(4)含酒精性饮料或含二氧化碳饮料：吸取 10.00 mL 或 20.00 mL 试样，置于 250 mL 或 500 mL 定氮瓶中，加数粒玻璃珠，先用小火加热除去乙醇或二氧化碳，再加 5～10 mL 硝酸-高氯酸混合液，混匀后，以下按(1)中方法操作。但定容后的溶液每 10 mL 相当于 2 mL 试样。

(5)含糖量高的食品：称取 5.00 g 或 10.00 g 试样，置于 250 mL 或 500 mL 定氮瓶中，先加少许水湿润，再加数粒玻璃珠、5～10 mL 硝酸-高氯酸混合后，摇匀。缓缓加入 5 mL 或 10 mL 硫酸，待作用缓和停止起泡沫后，先用小火缓缓加热(糖分易炭化)，并不断沿瓶壁补加硝酸-高氯酸混合液，待泡沫全部消失后，再加大火力，至有机质分解完全，冒白烟，溶液应澄明无色或微带黄色，放冷。以下按(1)中方法操作。

(6)水产品：取试样可食部分捣成匀浆，称取 5.00 g 或 10.00 g(海产藻类、贝类可适当减少取样量)，置于 250 mL 或 500 mL 定氮瓶中，加数粒玻璃珠，5～10 mL 硝酸-高氯酸混合液，混匀后，按(1)中方法操作。

2. 测定

准确吸取 5～10 mL 定容的消化液和相同量的试剂空白液，分别置于 125 mL 分液漏斗中，加 5 mL 水、0.5 mL 盐酸羟胺溶液，摇匀，再加两滴酚红指示液，用氨水调节至红色，再多加两滴。加入 0.1 g/L 二硫腙-四氯化碳溶液 5 mL，剧烈振摇 2 min，静置分层。

将四氯化碳层移入另一分液漏斗中，水层再用少量二硫腙-四氯化碳溶液振摇提取，每次 2～3 mL，直至二硫腙-四氯化碳溶液绿色不变为止。合并提取液，用 5 mL 水洗涤，四氯化碳层用 0.02 mol/L 盐酸溶液提取两次，每次 10 mL，提取时剧烈振摇 2 min，合并 0.02 mol/L盐酸提取液，并用少量四氯化碳洗去残留的二硫腙。

吸取 0,1.0,2.0,3.0,4.0,5.0 mL 锌标准使用液(相当 0,1.0,2.0,3.0,4.0,5.0 μg 锌)，分别置于 125 mL 分液漏斗中，各加 0.02 mol/L 盐酸溶液至 20 mL。

于试样提取液、试剂空白提取液及锌标准溶液各分液漏斗中加乙酸-乙酸盐缓冲液 10 mL、250 g/L 硫代硫酸钠溶液 1 mL，摇匀，再各加入 10.0 mL 二硫腙使用液，剧烈振摇 2 min。

静置分层后，用脱脂棉将四氯化碳层滤入 1 cm 比色杯中，以四氯化碳调节零点，于波长 530 nm 处测吸光度，标准溶液各点吸收值减去零管吸收值后绘制标准曲线，或计算直线回归方程。样液吸收值与曲线比较或代入方程求得含量。

(五)数据和计算

记录实验数据,计算结果。

【实验记录】

实验记录参考表 2-28 及表 2-29。

表 2-28 标准曲线绘制记录表

时间:	地点:		实验员:		室内温度:	
锌标准使用液体积/mL	0.0	1.0	2.0	3.0	4.0	5.0
含锌量/μg						
吸光度/Abs						
标准曲线方程						

表 2-29 样品中锌含量测定记录表

时间: 地点:	实验员:	室内温度:	
项目	第一次	第二次	第三次
测定用消化液体积/mL			
试样消化液总体积/mL			
测定用消化液中锌的质量/μg			
样品质量/g,或体积/mL			
试剂空白液中锌的质量/μg			
样品中锌的质量分数/(μg/100 g)			
平均值			
相对标准偏差			

【结果计算】

食品中锌的含量按式(2-41)计算:

$$w(\rho)=\frac{(m_1-m_2)\times V_1}{m\times V_2} \tag{2-41}$$

式中:$w(\rho)$——试样中锌的质量分数(质量浓度),μg/g 或 μg/mL;

m_1—测定用试样消化液中锌的质量，μg；

m_2——试剂空白液中锌的质量，μg；

m——试样质量或体积，g 或 mL；

V_1——试样消化液的总体积，mL；

V_2——测定用消化液的体积，mL。

(六)注意事项

(1)本法检出限为 2.5 mg/kg。

(2)在重复性条件下获得的两次独立测定结果的绝对差值不得超过算术平均值的 10%。

(3)本法的关键在于所用的器皿、试剂和去离子水均应不含痕量锌。因此，在进行实验测定之前应先用硝酸浸泡所用器皿，用水冲洗净表面所吸附的锌，然后用无锌水冲洗几次。

(4)所用试剂应用无锌水配制。

(5)实验中如出现高而无规律的空白值，往往是因为玻璃含氧化锌，或玻璃器皿表面被锌污染。因此，须用酸彻底浸泡清洗，并保留一套测定锌专用的玻璃器皿，单独存放。

(6)橡胶制品、活塞润滑剂、试剂级化学药品或蒸馏水，亦常常含有相当量的锌，因此要特别注意。

(七)思考题

试比较二硫腙分光光度法测定水样中铅、镉、锌的原理和显色条件等有何异同。

实验二十六　食品中铅含量的测定

(一)实验背景

【概述】

铅属于三大重金属污染物之一，是一种严重危害人体健康的重金属元素，人体中理想的含铅量为零。GB 5009.12 中，食品铅含量测定方法包括石墨炉原子吸收光谱法、电感耦合等离子体质谱法、火焰原子吸收光谱法。

【实验目的】

掌握石墨炉原子吸收光谱法的原理；用稀酸提取-石墨炉原子吸收光谱法快速检测木薯粉中的铅元素含量；了解石墨炉原子吸收光谱法的操作技术及应用。

【课前准备】

阅读并比较 GB 5009.12 中规定的食品中铅的其他测定方法，了解石墨炉原子吸收光谱法的注意事项和操作流程。

【思维导图】

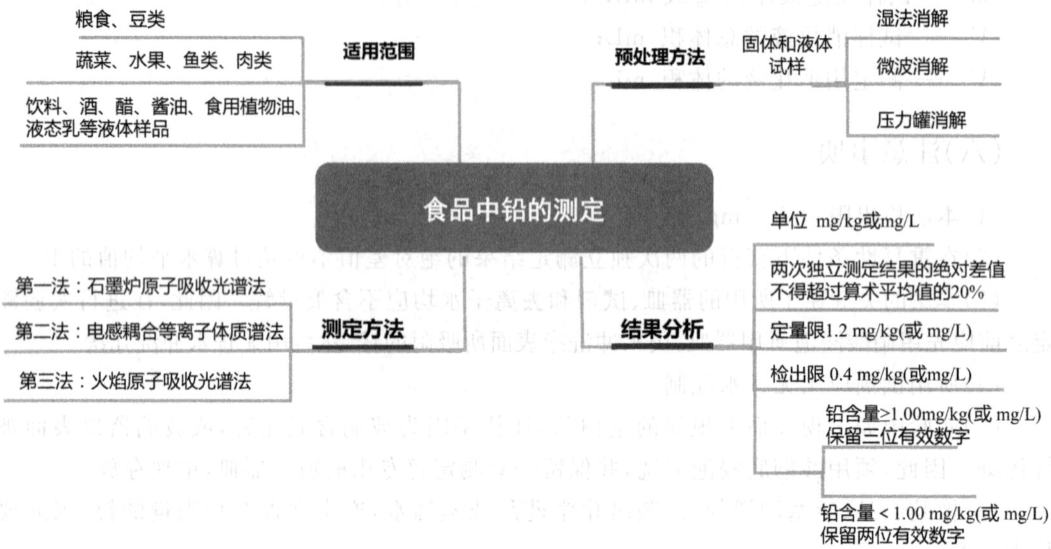

(二)实验原理

试样消解处理后，经石墨炉原子化，在 283.3 nm 处测定吸光度。在一定浓度范围内铅的吸光度值与铅含量成正比，与标准系列比较定量。

(三)器材与试剂

1.实验仪器

粉碎机、原子吸收光谱仪(配石墨炉原子化器，附铅空心阴极灯)、离心机、分析天平。

2.实验试剂

(1)0.5%硝酸溶液(HNO_3)。

(2)100 mg/L 硝酸钯([$Pd(NO_3)_2$])。

(3)铅元素标准溶液。

(4)木薯粉。

(5)磷酸二氢铵($NH_4H_2PO_4$)。

(四)实验步骤

1.样品制备

(1)粮食、豆类样品：去除杂物后，粉碎，过 60 目筛，储于塑料瓶中。

(2)蔬菜、水果、鱼类、肉类等样品：用水洗净，晾干，取可食部分，制成匀浆，储于塑料瓶中。

(3)将饮料、酒、醋、酱油、食用植物油、液态乳等液体样品摇匀。

2.试样前处理

湿法消解：称取固体试样 0.2～3 g(精确至 0.001 g)或准确移取液体试样 0.500～5.00 mL于带刻度消化管中，加入 10 mL 硝酸和 0.5 mL 高氯酸，在可调式电热炉上消解(参考条件：120 ℃/0.5～1 h；升至 180 ℃/2～4 h、升至 200～220 ℃)。若消化液呈棕褐色，再加少量硝酸，消解至冒白烟，消化液呈无色透明或略带黄色。取出消化管，冷却后用水定容至 10 mL，混匀备用。同时做试剂空白试验。亦可采用锥形瓶，于可调式电热板上，按上述操作方法进行湿法消解(表 2-30)。

表 2-30　湿法消解条件

步骤		温度/℃	速率/(℃/s)	保持时间/s
1	干燥	90	5	20
2	干燥	105	3	20
3	干燥	110	2	10
4	灰化	850	250	20
5	调零	850	0	4
6	原子化	1500	1400	4
7	除残	2300	500	4

3.仪器参考条件

(1)谱线：283.3 nm。

(2)狭缝：0.8 nm。

(3)灯电流：4.0 mA。

(4)灯类型：HCl。

(5)PMT：365.0 V。

(6)磁场模式：2-磁场。

(7)AZ 时间：3.0 s。

(7)积分时间：3.0 s。

(8)背景矫正为塞曼模式。

(9)升温程序。

4.标准曲线制作

按质量浓度由低到高的顺序分别将 30 μL 铅标准系列溶液(0，8.0，16.0，24.0，32.0，40.0 μg/L)注入石墨炉，原子化后测其吸光度值。以质量浓度为横坐标，吸光度值为纵坐标，制作标准曲线。要求线性相关系数(R^2)>0.995。

5.试样溶液的测定

在与测定标准溶液相同的实验条件下，将 30 μL 空白溶液，或试样溶液与 5 μL 磷酸二氢铵-硝酸钯溶液(可根据所使用的仪器确定最佳进样量)同时注入石墨炉。原子化后测其吸光度值，与标准系列比较定量。

(五)数据和计算

记录实验数据,计算实验结果。

【实验记录】

实验记录表参考表 2-31 和表 2-32。

表 2-31 标准曲线绘制记录表

时间:	地点:		实验员:		室内温度:	
铅标准使用液体积/μL	0.0	8.0	16.0	24.0	32.0	40.0
含铅量/μg						
吸光度/Abs						
标准曲线方程						

表 2-32 样品中铅含量测定记录表

时间: 地点:	实验员:		室内温度:
项目	第一次	第二次	第三次
试样消化液的定容体积/mL			
试样称样量或移取体积/g 或 mL			
测定样液中铅的质量浓度/μg/L			
空白溶液中铅的质量浓度/μg/L			
试样中铅的含量/(mg/L)或/(mg/kg)			
平均值/(mg/L)或/(mg/kg)			
相对标准偏差			

【结果计算】

试样中铅的含量按式(2-42)计算:

$$X=\frac{(\rho-\rho_0)\times V}{m\times 1000} \tag{2-42}$$

式中:X——试样中铅的含量,μg/g 或 μg/mL;

ρ——试样溶液中铅的质量浓度,μg/L;

ρ_0——空白溶液中铅的质量浓度,μg/L;

V——试样消化液的定容体积,mL;

m——试样称样量或移取体积，g 或 mL；

1000——换算系数。

当铅含量≥1.00 mg/kg(或 mg/L)时，计算结果保留三位有效数字；当铅含量≤1.00 mg/kg(或 mg/L)时，计算结果保留两位有效数字。在重复性条件下获得的两次独立测定结果的绝对差值不得超过算术平均值的 20%。

(六)注意事项

(1)使用的试剂如硝酸、高氯酸都具有腐蚀性，具有危险性，且在实验过程中会产生大量酸雾和烟，因此消解要在通风橱内进行。

(2)消解过程中，应低温缓慢加热，以防温度过高，瞬间产生大量泡沫导致样液逸出，影响结果的准确性。

(3)实验所用的玻璃仪器要用酸浸泡，其他设备也要尽可能的洁净。玻璃仪器如急用，可用 10%～20%硝酸煮沸 1 h，然后用自来水冲净，再用去离子水冲净。这里需要注意的是，浸泡器材的硝酸溶液不能长期反复使用。因长期使用使溶液中铅等杂质增多，反而会造成污染。

(七)思考题

(1)分析实验过程中可能产生误差的原因。

(2)与火焰原子化法相比，石墨炉原子化法具有哪些特点？

实验二十七　食品中砷含量的测定

(一)实验背景

【概述】

砷是一种毒性很强的物质，单质砷无毒性，砷化合物均有毒性。按化合物性质分为无机砷和有机砷。无机砷毒性强于有机砷，三价砷比五价砷毒性大。食品中总砷和无机砷的测定依照 GB 5009.11 中规定的方法。总砷的测定方法有电感耦合等离子体质谱法、氢化物发生原子荧光光谱法和石墨炉原子吸收光谱法。对无机砷的测定有液相色谱-原子荧光光谱法(LC-AFS)、液相色谱-电感耦合等离子体质谱法(LC-ICP/MS)。

【实验目的】

掌握氢化物原子荧光光度法对总砷的测定操作方法；熟悉食品中砷的测定原理；了解砷在食品中的分布情况及食物中砷对人体健康的影响。

【课前准备】

学习 GB 5009.11 的第一篇，了解其他测定食品中总砷的方法，并与氢化物发生原子荧光光谱法比较。了解并掌握原子荧光光度计的使用方法。

【思维导图】

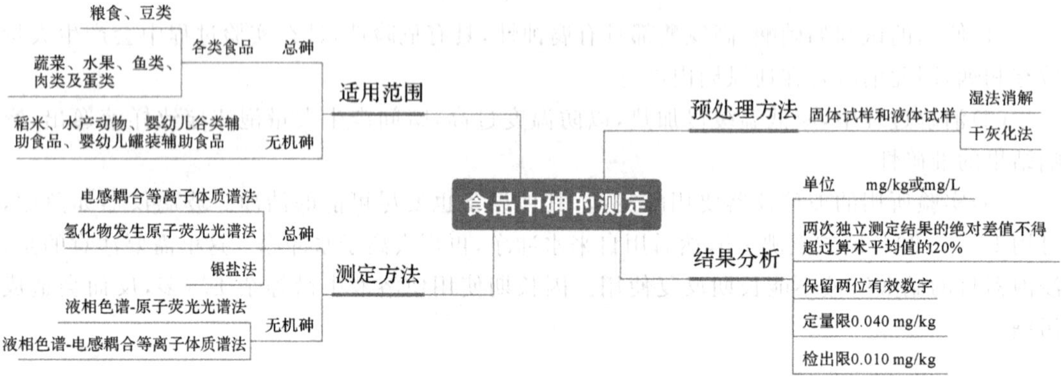

(二)实验原理

食品试样经湿消解或干灰化后，加入硫脲使五价砷还原为三价砷，再加入硼氢化钠或硼氢化钾使其还原生成砷化氢。砷化氢由氩气载入石英原子化器中，分解为原子态砷。原子态砷在特制砷空心阴极灯的发射光激发下产生原子荧光。其荧光强度在固定条件下与被测液中的砷浓度成正比，与标准系列比较定量。

(三)器材与试剂

1.实验仪器

原子荧光光度计。

2.实验试剂

(1)氢氧化钠溶液(2 g/L)。

(2)硼氢化钠溶液(10 g/L)：称取硼氢化钠 10.0 g，溶于 2 g/L 氢氧化钠溶液 1000 mL 中混匀。此液于冰箱可保存 10 d，取出后应当日使用(也可称取 14 g 硼氢化钾代替 10 g 硼氢化钠)。

(3)硫脲溶液(50 g/L)。

(4)硫酸溶液(10%)：量取硫酸 100 mL，小心倒入 900 mL 水中，混匀。

(5)氢氧化钠溶液(100 g/L)：供配制砷标准溶液用，少量即够。

(6)砷标准储备液：含砷 0.1 mg/mL。精确称取于 100 ℃干燥 2 h 以上的三氧化二砷 0.1320 g，加 100 g/L 氢氧化钠溶液 10 mL 溶解，用适量水转入 1000 mL 容量瓶中，加 10% 硫酸 25 mL，用水定容至刻度。

(7)砷标准使用液：含砷 1 μg/mL。吸取 1.00 mL 砷标准储备液于 100 mL 容量瓶中，用水稀释至刻度。此液应当日配制使用。

(8)湿消解试剂：硝酸、硫酸、高氯酸。

(9)干灰化试剂：六水合硝酸镁(150 g/L)、氯化镁、盐酸(50%)。

(四)实验步骤

1. 试样消解

(1)湿式消解：称固体试样 1～2.5 g，液体试样 5～10 g(或 mL)(精确至小数点后第二位)，置于 50～100 mL 锥形瓶中，同时做两个空白对照。加硝酸 20～40 mL，硫酸1.25 mL，摇匀后放置过夜，置于电热板上加热消解。若消解液处理至 10 mL 左右仍有未分解物质或色泽变深，取下放冷，补加硝酸 5～10 mL，再消解至 10 mL 左右观察，如此反复两三次，注意避免炭化。如仍不能消解完全，则加入高氯酸 1～2 mL，继续加热至消解完全后，再持续蒸发至高氯酸的白烟散尽，硫酸的白烟开始冒出。冷却，加水 25 mL，再蒸发至冒硫酸白烟。冷却，用水将内容物转入 25 mL 容量瓶或比色管中，加入 50 g/L 硫脲 2.5 mL，补水至刻度并混匀，备测。

(2)干法灰化：一般应用于固体试样，称取 1～2.5 g(精确至小数点后第二位)于 50～100 mL坩埚中，同时做两份空白对照实验。加 150 g/L 硝酸镁 10 mL 混匀，低热蒸干，将氧化镁 1 g 仔细覆盖在干渣上，于电炉上炭化至无黑烟，移入 550 ℃高温炉灰化 4 h。取出放冷，小心加入盐酸(50%)10 mL 以中和氧化镁并溶解灰分，转入 25 mL 容量瓶或比色管中，向容量瓶或比色管中加入 50 g/L 硫脲 2.5 mL，另用硫酸(10%)分次刷洗坩埚转出合并，直至25 mL刻度，混匀备测。

2. 标准系列制备

取 25 mL 容量瓶或比色管 6 支，依次准确加入 1 μg/mL 砷标准使用液 0，0.05，0.2，0.5，2.0，5.0 mL(各相当于砷浓度 0，2.0，8.0，20.0，80.0，200.0 ng/mL)。各加硫酸(10%)12.5 mL、50 g/L 硫脲 2.5 mL，补加水至刻度，混匀备测。

3. 测定(仪器参考条件)

光电倍增管电压：400V；砷空心阴极灯电流：35 mA；原子化器：温度 820～850 ℃，高度 7 mm，氩气流速载气 600 mL/min；测量方式：荧光强度或浓度直读；读数方式：峰面积；读数延迟时间：1 s；读数时间：15 s；硼氢化钠溶液加入时间：5 s；标液或样液加入体积：2 mL。

(1)荧光强度测量：若直接测荧光强度，则要在开机并设定好仪器条件后，预热稳定 20 min左右。之后按“B”键进入空白值测量状态，连续用标准系列的“0”管进样，待读数稳定后，按空档键记录下空白值(即让仪器自动扣底)即可开始测量。先依次测标准系列(可不再测“0”管)。标准系列测完后应仔细清洗进样器(或更换一支)，再用“0”管测试使读数基本回零后，才能测试剂空白和试样。每测不同的试样前都应清洗进样器，记录(或打印)测量数据。

(2)仪器自动测量：若仪器提供的软件功能可进行浓度直读测定，在开机、设定条件和预热后，还需输入必要的参数，即试样量(g 或 mL)，稀释体积(mL)，进样体积(mL)，结果的浓度单位，标准系列各点的重复测量次数，标准系列的点数(不计零点)，以及各点的浓度值。首先进入空白值测量状态，连续用标准系列的“0”管进样以获得稳定的空白值并执行自动扣底后，再依次测标准系列(此时“0”管需再测一次)。在测样液前，需再进入空白值测量状态，先用标准系列“0”管测试，使读数复原并稳定后，再用两个试剂空白各进一次样，让仪器取其均值作为扣底的空白值，随后即可依次测样。测定完毕后退回主菜单，选择“打印报告”即可将测定结果打出。

(五)数据和计算

记录实验数据,计算实验结果。

【实验记录】

实验记录参考表 2-33 和表 2-34。

表 2-33　回归方程记录表

时间:	地点:			实验员:	室内温度:	
砷标准使用液体积/mL	0.0	0.05	0.2	0.5	2.0	5.0
砷浓度/(ng/mL)						
荧光强度						
回归方程						

表 2-34　样品中砷含量测定记录表

时间:	地点:	实验员:	室内温度:
项目	第一次	第二次	第三次
试样被测液体积/mL			
试样质量/g,或体积或/mL			
试样被测液的砷浓度/(ng/mL)			
试剂空白液的砷浓度/(ng/mL)			
样品中砷含量/(mg/L)或/(mg/kg)			
平均值			
相对标准偏差			

【结果计算】

若采用荧光强度测量方式,则需先对标准系列的结果进行回归运算(由于测量时“0”管强制为0,故零点值应该输入以占据一个点位),再根据回归方程求出试剂空白液和试样被测液的砷浓度,按式(2-43)计算试样的砷含量。

$$X=\frac{(\rho_1-\rho_0)\times V}{m\times 1000} \tag{2-43}$$

式中:X——试样的砷含量,μg/g 或 μg/mL;

ρ_1——试样被测液的浓度,ng/mL;

ρ_0——试剂空白液的浓度，ng/mL；

V——试样被测液的体积，mL；

m——试样质量或试样体积，g 或 mL；

1000——换算系数。

实验结果保留两位有效数字。

（六）注意事项

（1）湿消解法在重复条件下获得的两次独立测定结果的绝对差值不得超过算术平均值的 10%。

（2）本方法中所产生的盐酸、硝酸及硫酸废液，依无机酸类废液处理原则处理；氢氧化钠与硼氢化钠废液，依碱类废液处理原则处理；砷标准溶液与样品废液，依重金属类废液处理原则处理。

（七）思考题

（1）除湿消解法外，试样消解的前处理过程中还有哪些方法？试阐述不同方法的优缺点。

（2）原子荧光光谱法的基本原理是什么？

实验二十八　食品中总汞含量的测定

（一）实验背景

【概述】

汞是一种剧毒的非必需元素，广泛存在于各类环境介质和食物链（尤其是鱼类）中。汞蒸气和汞的化合物有剧毒，可在生物体内积累，易被皮肤、呼吸道和消化道吸收。GB 5009.17 中对食品中总汞的测定方法包括原子荧光光谱法、直接进样测汞法、电感耦合等离子体质谱法和冷原子吸收光谱法。

【实验目的】

掌握原子荧光光谱分析法测定食品中汞的操作；熟悉食品中汞的测定原理；了解汞及其化合物对人体的危害。

【课前准备】

比较 GB 5009.17 第一篇中规定的其他三种方法与原子荧光光谱法的优劣。熟悉并掌握原子荧光光谱仪的操作。

【思维导图】

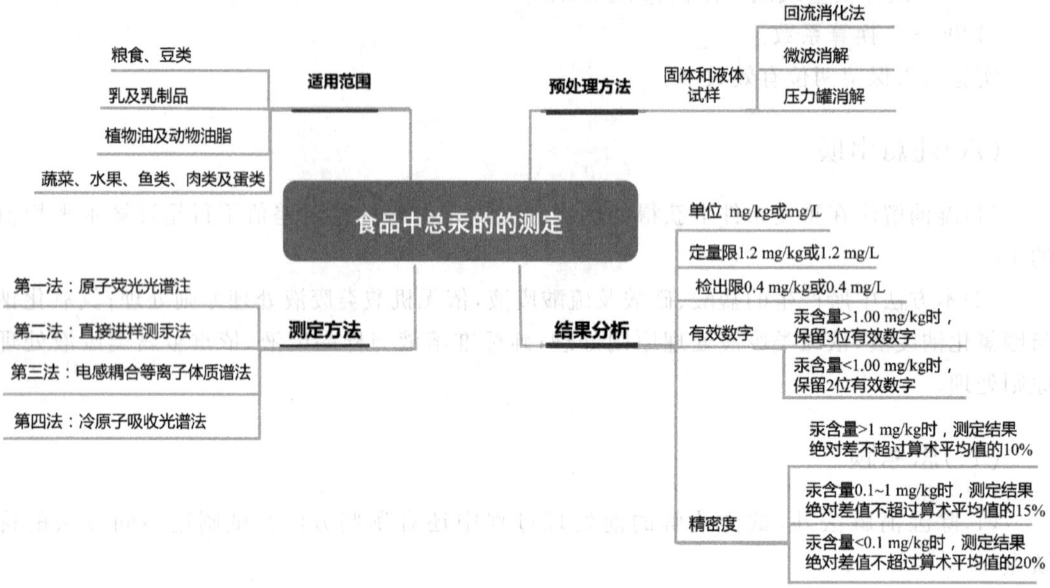

（二）实验原理

经酸加热消解后，在酸性介质中，试样中的汞被硼氢化钾或硼氢化钠还原成原子态汞，由载气（氩气）带入原子化器中，在特制汞空心阴极灯的照射下，基态汞原子被激发至高能态。在去活化回到基态时，其发射出特征波长的荧光，荧光强度与汞含量成正比，再与标准系列比较可定量。

（三）器材与试剂

玻璃器皿和聚四氟乙烯消解罐均需先以硝酸溶液（20%）浸泡 24 h，再用水反复冲洗，最后用去离子水冲洗干净。

1. 实验仪器

原子荧光光谱仪、天平、微波消解系统、压力消解器、恒温干燥箱（50～300 ℃）、控温电热板（50～200 ℃）、超声水浴箱。

2. 实验试剂

（1）硝酸溶液（10%）：量取 50 mL 硝酸，缓缓加入 450 mL 水中。

（2）硝酸溶液（5%）：量取 5 mL 硝酸，缓缓加入 95 mL 水中。

（3）氢氧化钾溶液（5 g/L）：称取 5.0 g 氢氧化钾，纯水溶解并定容至 1000 mL，混匀。

（4）硼氢化钾溶液（5 g/L）：称取 5.0 g 硼氢化钾，用 5 g/L 的氢氧化钾溶液溶解并定容至 1000 mL，混匀。现用现配。

（5）重铬酸钾的硝酸溶液（0.5 g/L）：称取 0.05 g 重铬酸钾溶于 100 mL 硝酸溶液（5+95）中。

(6)硝酸-高氯酸混合溶液(5+1):量取 500 mL 硝酸,100 mL 高氯酸,混匀。

(7)氯化汞($HgCl$):纯度 ≥ 99%。

(8)汞标准储备液(1.00 mg/mL):准确称取 0.1354 g 干燥过的氯化汞,用重铬酸钾的硝酸溶液(0.3 g/L)溶解开后转移至 100 mL 容量瓶中,稀释至刻度,混匀。此溶液浓度为 1.00 mg/mL。于 4 ℃冰箱中避光保存,可保存两年。或购买经国家认证并授予标准物质证书的标准溶液物质。

(9)汞标准中间液(10 μg/mL):吸取 1.00 mL 汞标准储备液(1.00 mg/mL)于 100 mL 容量瓶中,用重铬酸钾的硝酸溶液(0.5 g/L)稀释至刻度混匀,此溶液浓度为 10 μg/mL。于 4 ℃冰箱中避光保存,可保存两年。

(10)汞标准使用液(50 ng/mL):吸取 0.50 mL 标准中间液(10 μg/mL)于 100 mL 容量瓶中,用 0.5 g/L 重铬酸钾的硝酸溶液稀释至刻度,混匀,此溶液浓度为 50 ng/mL,现用现配。

(四)实验步骤

1.试样预处理

在采样和制备过程中,应注意不使试样污染。

(1)粮食、豆类等样品去杂物后粉碎均匀,装入洁净聚乙烯瓶中,密封保存备用。

(2)蔬菜、水果、鱼类、肉类及蛋类等新鲜样品洗净晾干,取可食部分匀浆,装入洁净聚乙烯瓶中,密封,于 4 ℃冰箱冷藏备用。

2.试样消解

(1)压力罐消解法:称取固体试样 0.2~1.0 g(精确到 0.1 g),新鲜样品 0.5~2.0 g 或吸取液体试样 1~5 mL 称量(精确到 0.001 mL)置于消解内罐中,加入 5 mL 硝酸浸泡过夜。盖好内盖,旋紧不锈钢外套,放入恒温干燥箱,140~160 ℃保持 4~5 h,在干燥箱内自然冷却至室温。然后缓慢旋松不锈钢外套,将消解内罐取出,用少量水冲洗内盖,放在控温电热板上或超声水浴箱中,于 80 ℃或超声脱气 2~5 min 赶去棕色气体。取出消解内罐,将消化液转移至 25 mL 容量瓶中,用少量水分 3 次洗涤内罐,洗涤液合并于容量瓶中并定容至刻度,混匀备用。同时做空白试验。

(2)微波消解法:称取固体试样 0.2~0.5 g(精确到 0.001 g)、新鲜样品 0.2~0.8 g 或吸取液体试样 1~3 mL 于消解罐中,加入 5~8 mL 硝酸,加盖放置过夜,旋紧罐盖,按照微波消解仪的标准操作步骤进行消解。冷却后取出,缓慢打开罐盖排气,用少量水冲洗内盖,将消解罐放在控温电热板上或超声水浴箱中,于 80 ℃加热或超声脱气 2~5 min,赶去棕色气体。取出消解内罐将消化液转移至 25 mL 塑料容量瓶中,用少量水分 3 次洗涤内罐,洗涤液合并于容量瓶中并定容至刻度,混匀备用。同时做空白试验。

(3)回流消解法

①粮食。称取 1.0~4.0 g(精确到 0.001 g)试样,置于消化装置锥形瓶中,加玻璃珠数粒,加 45 mL 硝酸、10 mL 硫酸,转动锥形瓶防止局部炭化。装上冷凝管后,小火加热,待开发泡即停止加热。发泡停止后,加热回流 2 h。如加热过程中溶液变棕色,再加 5 mL 硝酸,继续回流 2 h,消解到样品棕色全溶解,一般呈淡黄色或无色。放冷后从冷凝管上端小心加 20 mL水,继续加热回流 10 min,放冷,用适量水冲洗冷凝管,冲洗液并入消化液中。将消化

液经玻璃棉过滤于 100 mL 容量瓶内，用少量水洗涤锥形瓶、滤器，洗涤液并入容量瓶内，加水至刻度，混匀。同时做空白试验。

②植物油及动物油脂。称取 1.0～3.0 g(精确到 0.001 g)试样，置于消化装置锥形瓶中。加玻璃珠数粒，加 7 mL 硫酸，小心混匀至溶液颜色变为棕色，然后加 40 mL 硝酸。以下按上文①中“装上冷凝管后，小火加热……同时做空白试验”步骤操作。

③薯类、豆制品。称取 1.0～4.0 g(精确到 0.001 g)，置于消化装置锥形瓶中，加玻璃珠数粒及 30 mL 硝酸、5 mL 硫酸，转动锥形瓶防止局部炭化。以下按上文粮食操作中“装上冷凝管后，小火加热……同时做空白试验”步骤操作。

④肉、蛋类。称取 0.5～2.0 g(精确到 0.001 g)，置于消化装置锥形瓶中，加玻璃珠数粒及 30 mL 硝酸、5 mL 硫酸，转动锥形瓶防止局部炭化。以下按上文粮食操作中“装上冷凝管后，小火加热……同时做空白试验”步骤操作。

⑤乳及乳制品。称取 1.0～4.0 g(精确到 0.001 g)乳或乳制品，置于消化装置锥形瓶中，加玻璃珠数粒及 30 mL 硝酸，乳加 10 mL 硫酸，乳制品加 5 mL 硫酸，转动锥形瓶防止局部炭化。以下按上文粮食操作中“装上冷凝管后，小火加热……同时做空白试验”步骤操作。

3.测定

(1)标准曲线制作：分别吸取 50 ng/mL 汞标准使用液 0，0.20，0.50，1.00，1.50，2.00，2.50 mL于 50 mL 容量瓶中，用硝酸溶液(10%)稀释至刻度，混匀。

(2)试样溶液的测定：设定好仪器最佳条件，连续用硝酸溶液(10%)进样，待读数稳定之后，转入标准系列测量，绘制标准曲线。转入试样测量，先用硝酸溶液(10%)进样，使读数基本回零，再分别测定试样空白和试样消化液，每次测定不同的试样前都应清洗进样器。试样测定结果按式(2-1)计算。

4.仪器参考条件

光电倍增管负高压：240 V；汞空心阴极灯电流：30 mA；原子化器温度：300 ℃；载气流速：500 mL/min；屏蔽气流速：1000 mL/min。

(五)数据和计算

【实验记录】

实验记录参考表 2-35 和表 2-36。

表 2-35　标准曲线绘制记录表

时间：	地点：		实验员：		室内温度：		
汞标准使用液体积/mL	0.0	0.20	0.50	1.00	1.50	2.00	2.50
汞浓度/(ng/mL)							
荧光强度							
标准曲线方程							

表 2-36　样品中汞含量测定记录表

时间：	地点：	实验员：	室内温度：
项目	第一次	第二次	第三次
试样消化液总体积/mL			
试样质量/g，或体积/mL			
测定样液中的汞浓度/(ng/mL)			
试剂空白液的汞浓度/(ng/mL)			
样品中汞含量/(mg/L)或(mg/kg)			
平均值			
相对标准偏差			

【结果计算】

试样中汞的含量按式(2-44)计算：

$$X=\frac{(\rho-\rho_0)\times V\times 1000}{m\times 1000\times 1000} \tag{2-44}$$

式中：X——试样中汞的含量，mg/kg 或 mg/L；

ρ——测定样液中汞的含量，ng/mL；

ρ_0——试剂空白液中汞的含量，ng/mL；

V——试样消化液总体积，mL；

m——试样质量或体积，g 或 mL；

1000——转换系数。

结果保留两位有效数字。

(六)注意事项

(1)在重复性条件下获得的两次独立测定结果的绝对差值不得超过算术平均值的20%。

(2)样品前处理时，根据样品特点，可适当减少或增加酸的种类和用量，并选择适合样品的前处理方法。

(3)检测过程中要注意检查全程序的试剂空白，发现试剂或器皿污染应重新检测。

(4)盐酸、硝酸往往含有微量汞，必须使用较高纯度的酸。

(5)由于汞易吸附和挥发，因此在使用原子荧光法检测汞的时候需要格外细心。特别是使用到的各种试剂的选择和配制时。

(七)思考题

(1)汞的化合物有哪些？

(2)简述食品中汞测定的意义(可举例说明)。

实验二十九　食品中有机磷农药残留量的测定

(一)实验背景

【概述】

有机磷农药具有病虫害防治效果好、易降解和农药残留时间短等优势,广泛应用于我国水果和蔬菜的生长过程中。但由于部分有机磷农药自身的毒性大、在食品中有残留,易造成急性中毒,必须对有机磷农药残留进行检测,从而确保食品安全。GB 23200.93 规定食品中有机磷农药残留量的测定为气相色谱-质谱法,适用于清蒸猪肉罐头、猪肉、鸡肉、牛肉、鱼肉中有机磷农药残留量的测定和确证。其他食品可参照执行。

【实验目的】

了解气相色谱仪的结构、原理和操作方法;掌握利用气相色谱测定蔬菜中有机磷农药的方法。

【课前准备】

了解有机磷农药的危害及残留特点。学习 GB 23200.93,了解气相色谱仪的操作方法,分析影响检测结果的因素。

【思维导图】

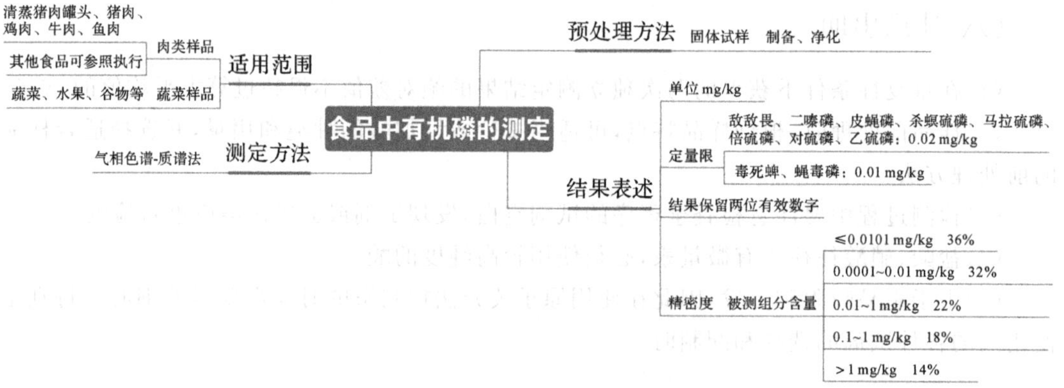

(二)实验原理

用有机溶剂提取、纯化、浓缩蔬菜中残留的有机磷农药,注入气相色谱仪,气化后,在载气的携带下,于色谱柱中分离。有机磷农药残留在火焰光度检测器的富氢火焰上燃烧,会以

1-羟基乙叉-1,1-二磷酸(HPO)碎片的形式放射出波长为526 nm的特征光。通过检测器的单色器将非特征光谱滤除后,由光电倍增管接收,转换成电信号,信号强度(峰高或峰面积)与农药残留的含量成正比。通过与标准品的峰面积或峰高比较,可以对样品中各有机磷农药残留实现定量分析。

(三)器材与试剂

1.实验仪器

气相色谱(附有火焰光度检测器)、电动振荡器、组织捣碎机、旋转蒸发仪。

2.实验试剂

(1)二氯甲烷(色谱纯)。

(2)丙酮(色谱纯)。

(3)硫酸钠。

(4)无水硫酸钠(700 ℃灼烧4 h后备用)。

(5)正己烷。

(6)中性氧化铝(550 ℃灼烧4 h备用)。

(7)助滤剂Celite545。

(四)实验步骤

1.农药标准溶液的配制

分别准确称取有机磷农药标准品敌敌畏、乐果、马拉硫磷、对硫磷、甲拌磷、稻瘟净、倍硫磷、杀螟硫磷及虫螨磷,以二氯甲烷为溶剂,配制成1.0 mg/mL的标准储备液,于冰箱(4 ℃)。使用时根据各农药品种的仪器响应值和最小检测限,吸取不同量的标准储备液,用二氯甲烷稀释成混合标准溶液。

2.试样的制备

取适量蔬菜擦净,去掉不可食部分后称取蔬菜试样,将蔬菜切成1 cm^3大小的小块。称取50.00 g混匀的试样,置于300 mL烧杯中,加入50 mL水和100 mL丙酮,用组织捣碎机提取1~2 min。匀浆液经铺有两层滤纸和10 g Celite545的布氏漏斗减压抽滤。从滤液中分取100 mL移至500 mL分液漏斗中。

3.净化

将10~15 g氯化钠加入上述滤液中,使其处于饱和状态。猛烈振摇2~3 min,静置10 min,使丙酮从水相中盐析出来,水相用50 mL正己烷振摇2 min,再静置分层。将丙酮与正己烷提取液合并,经装有20~30 g无水硫酸钠的玻璃漏斗脱水滤入250 mL圆底烧瓶中,再以40 mL正己烷分数次洗涤容器和无水硫酸钠。洗涤液也并入烧瓶中,用旋转蒸发器浓缩至2 mL。浓缩液定量转移到5~25 mL容量瓶中,加正己烷定容至刻度。

4.色谱参考条件

(1)色谱柱

①玻璃柱2.6 m×3 mm(i.d),填装涂有4.5% DC-200+2.5% OV-17的Chromosorb WAW DMCS(80~100目)的单体。

②玻璃柱 26 m×3 mm(i. d)，填装涂有质量分数为 1.5% QF-1 的 Chromosorb WAW DMCS(60～80 目)。

(2)气体流量：氮气 50 mL/min、氢气 100 mL/min、空气 50 mL/min。

(3)温度：柱箱 240 ℃，汽化室：260 ℃；检测器：270 ℃。

5. 测定

吸取 2～5 μL 混合标准溶液及试样净化液注入色谱仪中，以保留时间定性。以试样净化液的峰高或峰面积与混合标准溶液比较定量。

(五)数据和计算

记录实验数据，计算实验结果。

【实验记录】

实验记录参考表 2-37。

表 2-37　样品中砷含量测定记录表

时间：　　地点：　　实验员：　　室内温度：

项目	第一次	第二次	第三次
进样体积/μL			
试样质量/g			
注入色谱仪中的 i 标准组分的质量/μg			
浓缩后的定容体积/mL			
净化用提取液的总体积/mL			
试样提取液的总体积/mL			
试样中 i 组分的峰面积/积分单位			
混合标准液中 i 组分的峰面积/积分单位			
i 组分有机磷农药的含量/(mg/kg)			
平均值			
相对标准偏差			

【结果计算】

食品中有机磷的含量按式(2-45)计算：

$$X_i=\frac{A_i\times V_1\times V_3\times E_{s_i}\times 1000}{A_{s_i}\times V_2\times V_4\times m\times 1000} \tag{2-45}$$

式中：X_i——i 组分有机磷农药的含量，mg/kg；

A_i——试样中 i 组分的峰面积，积分单位；

A_{s_i}——混合标准液中 i 组分的峰面积，积分单位；

V_1——试样提取液的总体积，mL；

V_2——净化用提取液的总体积，mL；

V_3——浓缩后的定容体积，mL；

V_4——进样体积，μL；

E_{s_i}——注入色谱仪中的 i 标准组分的质量，μg；

m——试样的质量，g；

1000——换算系数。

(六)注意事项

(1)本法采用毒性较小且价格较为便宜的二氯甲烷作为提取试剂。国际上多用乙腈作为有机磷农药的提取试剂及分配净化试剂，但其毒性较大。

(2)有些稳定性差的有机磷农药(如敌敌畏)易被色谱柱中的担体吸附，故本法采用降低操作温度来克服上述困难。另外，也可采取缩短色谱柱至 1～1.3 m 或减少固定液涂渍的厚度等措施来克服。

(七)思考题

(1)本实验的气路系统包括哪些？各有何作用？

(2)简述电子捕获检测器及火焰光度检测器的原理及适用范围。

(3)如何检验实验方法的准确度？如何提高检测结果的准确度？

实验三十　食品中挥发性盐基氮含量的测定

(一)实验背景

【概述】

挥发性盐基氮是指动物性食品中，由于酶和细菌的作用，导致蛋白质分解而产生的氨和胺类等碱性含氮物质。此类物质具有挥发性，其含量越高，表明氨基酸被破坏的越多。挥发性盐基氮是反映原料鱼和肉鲜度的主要指标。GB 5009.228 中规定的食品中挥发性盐基氮包括半微量定氮法、自动凯氏定氮仪法和微量扩散法。

【实验目的】

熟练使用凯氏定氮仪；掌握利用凯氏定氮仪检测食品中挥发性盐基氮含量的方法；了解测定肉制品挥发性盐基氮含量的意义。

【课前准备】

学习 GB 5009.228 内容并比较各种测定挥发性盐基氮的方法。了解凯氏定氮仪的构造及使用方法。

【思维导图】

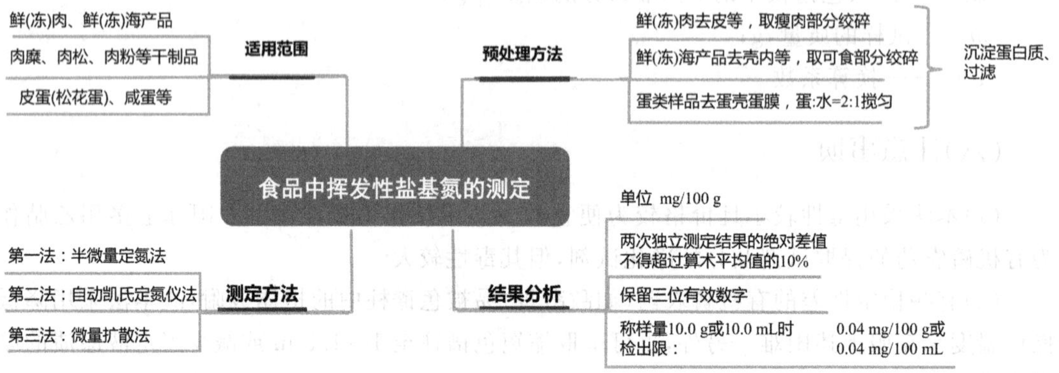

(二)实验原理

挥发性盐基氮是动物性食品在酶和细菌的作用下发生腐败，使蛋白质分解而产生氨以及胺类等碱性含氮物质。此类物质具有挥发性，其含量越高，表明氨基酸被破坏的越多，特别是甲硫氨酸和酪氨酸。挥发性盐基氮能在碱性溶液中蒸出，用硼酸溶液吸收后，可用标准酸溶液滴定，计算出挥发性盐基氮含量。

(三)器材与试剂

1.实验仪器

天平、搅拌机、自动凯氏定氮仪、蒸馏管、吸量管。

2.实验试剂

(1)氧化镁(MgO)。

(2)硼酸(H_3BO_3)。

(3)盐酸(HCl)或硫酸(H_2SO_4)。

(4)甲基红指示剂($C_{15}H_{15}N_3O_2$)。

(5)溴甲酚绿指示剂($C_{21}H_{14}Br_4O_5S$)。

(6)甲基红-乙醇溶液(1 g/L)：称取 0.1 g 甲基红，溶于 95%乙醇，用 95%乙醇稀释至 100 mL。

(7)溴甲酚绿-乙醇溶液(1 g/L)：称取 0.1 g 溴甲酚绿，溶于 95%乙醇，用 95%乙醇稀释至 100 mL。

(8)混合指示剂：1 份甲基红-乙醇溶液与 5 份溴甲酚绿-乙醇溶液临用时混合。

(四)实验步骤

1. 仪器设定

标准溶液选用盐酸标准滴定溶液(0.1000 mol/L)或硫酸标准滴定溶液(0.1000 mol/L)。对于带自动添加试剂、自动排废功能的自动定氮仪,关闭其自动排废、自动加碱和自动加水功能,设定加碱、加水体积为 0 mL,硼酸接收液体积设定为 30 mL。蒸馏设定时间 180 s,或设定蒸馏体积 200 mL,以先到者为准。滴定终点设定:采用自动电位滴定方式判断终点的定氮仪,设定滴定终点 pH 为 4.65。硼酸接收液滴加 10 滴混合指示液,根据颜色判断终点。

2. 试样处理

鲜(冻)肉去除皮、脂肪、骨、筋腱,取瘦肉部分,鲜(冻)海产品和水产品去除外壳、皮、头部、内脏、骨刺,取可食部分,绞碎搅匀。肉糜、肉松、液体等均匀样品可直接使用。皮蛋(松花蛋)、咸蛋等腌制蛋去蛋壳、去蛋膜,按蛋∶水=2∶1 的比例加入水,用搅拌机绞碎搅匀成匀浆。皮蛋、咸蛋样品称取蛋匀浆 15 g(计算含量时,蛋匀浆的质量乘以 2/3 即为试样质量),其他固体样品称取试样 10 g,精确至 0.001 g,液体样品吸取10.0 mL,置于蒸馏管内,加入 75 mL 水,振摇,使试样在样液中分散均匀,浸渍 30 min。

3. 测定

按照仪器操作说明书运行仪器,通过清洗、试运行,使仪器进入正常测试运行状态。首先进行试剂空白测定,测得空白值。在装有已处理试样的蒸馏管中加入 1 g 氧化镁后,立刻连接到蒸馏器上,按照仪器设定的条件和仪器操作说明书的要求开始测定。测定完毕后及时清洗和疏通加液管路和蒸馏系统。

(五)数据和计算

记录实验数据,计算结果。

【实验记录】

实验记录参考表 2-38。

表 2-38　样品中挥发性盐基氮实验记录表

时间:	地点:	实验员:	室内温度:
项目	第一次	第二次	第三次
盐酸或硫酸标准滴定溶液的浓度/(mol/)L			
试样质量/g,或体积/mL			
试样消耗盐酸或硫酸标准滴定溶液的体积/mL			

续表

项目	第一次	第二次	第三次
试剂空白消耗盐酸或硫酸标准滴定溶液的体积/mL			
样品中挥发性盐基氮的量/(mg/100 g)			
平均值			
相对标准偏差			

【结果计算】

食品中挥发性盐基氮的含量按式(2-46)计算：

$$X=\frac{(V_1-V_2)\times c\times 14}{m}\times 100 \tag{2-46}$$

式中：X——试样中挥发性盐基氮的含量，mg/100 g；

V_1——试液消耗盐酸或硫酸标准滴定溶液的体积，mL；

V_2——试剂空白消耗盐酸或硫酸标准滴定溶液的体积，mL；

c——盐酸或硫酸标准滴定溶液的浓度，mol/L；

14——1.0 mL 盐酸或硫酸标准滴定溶液相当的氮的质量，mg/mol；

m——试样质量，g 或试样体积/mL；

100——换算系数。

实验结果以重复条件下获得的两次独立测定结果的算术平均值表示，结果保留三位有效数字。

(六)注意事项

(1)甲基红、溴甲酚绿等指示剂应现配现用，防止失效。

(2)若试剂空白中氨氮含量过高，空白值会偏高，应使用无氨蒸馏水。

(七)思考题

(1)氧化镁在实验中起什么作用？为什么用氧化镁而不用氢氧化钠？

(2)实验过程中有哪些注意事项？

第三章　食品分析创新实验

创新实验是为了让学生能够较熟练地使用食品分析的各种先进仪器设备和快速检测方法，综合掌握多种食品分析的表征手段，以达到引导学生综合运用各种技术手段开展创新实验解决实际食品分析问题的目的。

本章设置了20个实验，方法涉及高效液相色谱法、气相色谱法、胶体金免疫层析法、酶联免疫法、电分析化学法等十余种。

实验一　芝麻油中芝麻素、芝麻林素的测定

(一)实验背景

【概述】

芝麻素和芝麻林素是芝麻种子和芝麻油种最主要的两种木脂素类化合物。芝麻素具有较强的抗氧化活性，在生物体内具有降低血清胆固醇、调节脂质代谢、稳定血压和抗癌等多种生理学活性。当前，对芝麻素的检测方法主要有薄层色谱法(TLC)、气相色谱法(GC)、高效液相色谱法(HPLC)、核磁共振(NMR)和固相萃取法。综合有关芝麻素分析的文献，芝麻油中芝麻素、芝麻林素的定量方法主要为HPLC法，而HPLC法的关键在于对芝麻油的预处理。

【实验目的】

会用高效液相色谱法检测芝麻油中芝麻素和芝麻林素的含量。掌握高效液相色谱法的原理和方法，了解其适用范围，加深对理论知识的理解。

【课前准备】

学习高效液相色谱法测定芝麻素、芝麻林素实验的操作流程，并在实验步骤旁标明原理公式。

【思维导图】

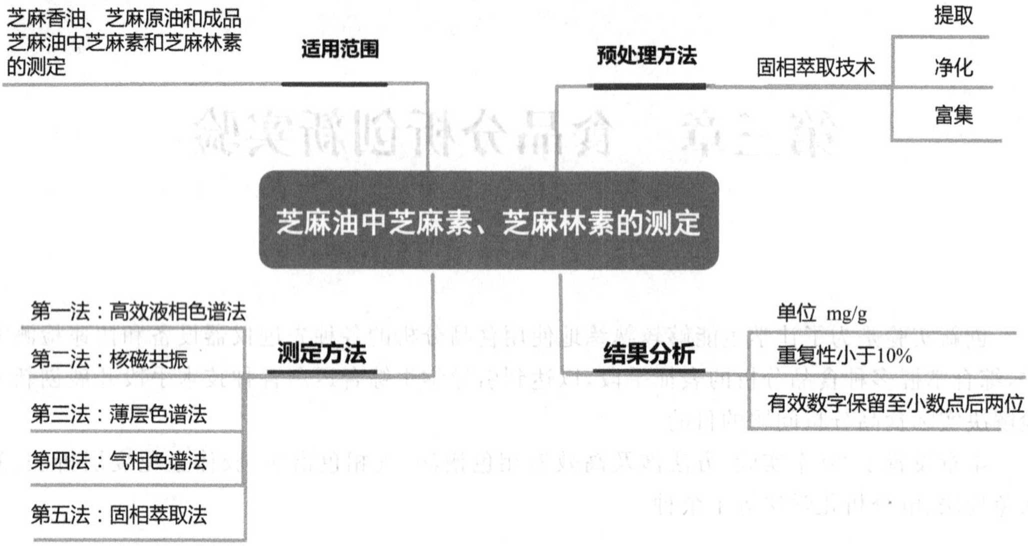

(二)实验原理

样品中的芝麻素和芝麻林素采用固相萃取技术提取、净化和富集后，用高效液相色谱仪进行测定，紫外检测器外标定量。

(三)器材与试剂

1. 实验仪器

分析天平、高效液相色谱仪、碟形过滤器、滤膜、微量进样器、氮气吹干仪、硅胶固相萃取柱(规格:1 g/6 mL，非键合硅胶固定相，粒径 40～60 μm 及其配套转接头)、氨基固相萃取柱(规格:500 mg/3 mL，氨丙基键合硅胶固定相，粒径 40～60 μm 及其配套转接头)。

2. 实验材料

(1)甲醇(色谱纯)。

(2)三氯甲烷。

(3)丙酮。

(4)环已烷。

(5)正已烷。

(6)异丙醇。

(7)芝麻素标准品，纯度 98%。

(8)芝麻林素标准品，纯度 98%。

(四)实验步骤

1. 样品制备

(1)固相萃取柱的活化:用 10 mL 塑料注射器分别吸取 10 mL 和 5 mL 的 SPE 上样液

(即三氯甲烷与正己烷按 3∶7 (V/V)混匀,现用现配)冲洗硅胶固相萃取柱和氨基固相萃取柱,使固相吸附剂完全被溶剂浸润,防止干涸,但溶剂的液面也不能高于固相吸附剂。然后将氨基固相萃取柱连接在硅胶固相萃取柱的上端,形成串联双柱。

(2)样品的固相萃取:称取 0.5 g 芝麻油样品,加入 2 mL SPE 上样液使其充分溶解,用 5 mL塑料注射器吸取样液后,以(1～2)滴/s 的速度通过串联双柱,上样过程中应保持串联双柱处于溶剂浸润状态,防止干涸,弃去流出的液体。再用同一支 5 mL 的塑料注射器吸取 5 mL的 SPE 上样液,以 2 滴/s 的速度洗涤串联双柱,并用空气吹干上端的氨基固相萃取柱,同时保持下端的硅胶固相萃取柱处于溶剂浸润状态,弃去洗涤液,取下氨基固相萃取柱。仍用同一支 5 mL 塑料注射器吸取 3 mL SPE 上样液,以(1～2)滴/s 的速度洗涤硅胶固相萃取柱,并保持硅胶固相萃取柱处于溶剂浸润状态,弃去洗涤液。仍用同一支 5 mL 塑料注射器吸取 2 mL SPE 淋洗液(丙酮与环己烷按 1∶9 (V/V)混匀,现用现配),以(1～2)滴/s 的速度单独洗涤硅胶固相萃取柱,并用空气吹干硅胶固相萃取柱,弃去洗涤液。最后,用一支干净的 10 mL 塑料注射器吸取 10 mL SPE 洗脱液(丙酮与环已烷按 2∶8 (V/V)混匀,现用现配),以(2～3)滴/s 的速度洗脱硅胶固相萃取柱,并用空气吹干硅胶固相萃取柱,收集全部洗脱液于 15 mL 试管中,50 ℃水浴中氮气吹干溶剂,用异丙醇溶解残留物,转移至 25 mL 棕色容量瓶,用异丙醇定容,得到样品提取液。样品提取液通过 0.45 μm 滤膜过滤后进行测定。

2. 标准工作液制备

分别称取 20 mg 芝麻素标准品和芝麻林素标准品,加入适量的甲醇,搅拌至完全溶解后转移至 100 mL 棕色容量瓶中,再用甲醇定容,配制成浓度为 200 mg/L 的芝麻素标准储备液和芝麻林素标准储备液,冷藏保存。分别吸取芝麻素标准储备液和芝麻林素标准储备液 0.2,0.4,1,2,5 mL 于 10 mL 棕色容量瓶中,用甲醇定容,得到一系列浓度不同的芝麻素和芝麻林素的混合标准工作溶液(芝麻素和芝麻林素浓度均分别为 4,8,20,40,100 mg/L)。

3. 高效液相色谱参考条件

色谱柱:Venusil XBP C_{18}柱(长 250 mm,内径 4.6 mm,填料粒径 5 μm)及其配套保护柱,也可使用其他品牌等效的 C_{18}液相色谱柱;进样量:20 μL;流动相(超纯水与甲醇按 1∶3 (V/V)混匀,通过 0.45 μm 的滤膜过滤并脱气):1 L;流速:1 mL/min;柱温:30 ℃;紫外检测器波长:287 nm。

4. 样品测定

用微量进样器分别吸取等体积的各个标准工作溶液以及样品提取液进行分析,测定峰面积。以各个标准工作液的芝麻素或芝麻林素的浓度为横坐标,对应的芝麻素或芝麻林素的峰面积为纵坐标,分别绘制芝麻素和芝麻林素的标准工作曲线,求得样品提取液相应的芝麻素或芝麻林素的浓度。

(五)数据和计算

记录实验数据,计算实验结果。

【实验记录】

实验记录参考表 3-1 和表 3-2。

表 3-1　芝麻素的测定实验记录表

时间：	地点：		实验员：		室内温度：
f—换算因子：芝麻素：$f=1$					
项目	样品 1	样品 2	样品 3	样品 4	样品 5
标准测定液峰面积					
标准测定液浓度(μg/mL)					
标准曲线					
样品质量/g					
定容体积/mL					
结果	第一次	第二次	第三次	第四次	第五次
芝麻素的浓度/(μg/mL)					
芝麻素的平均浓度/(μg/mL)					

表 3-2　芝麻林素的测定实验记录表

时间：	地点：		实验员：		室内温度：
f—换算因子：芝麻林素：$f=1$					
项目	样品 1	样品 2	样品 3	样品 4	样品 5
标准测定液峰面积					
标准测定液浓度/(mg/L)					
标准曲线					
样品质量/g					
定容体积/mL					
结果	第一次	第二次	第三次	第四次	第五次
芝麻林素的浓度/(mg/L)					
芝麻林素的平均浓度/(mg/L)					

【结果计算】

芝麻油中芝麻素或芝麻林素的含量按式(3-1)计算：

$$X=\frac{C\times V}{m\times 1000} \tag{3-1}$$

式中：X——样品中芝麻素或芝麻林素的含量，mg/g；

C——通过标准工作曲线获得的样品提取液中的芝麻素或芝麻林素的浓度，mg/L；

V——样品提取液的定容体积，mL；

m——样品的称样量，g。

计算结果保留至小数点后两位。

(六)注意事项

(1)本实验的检出限为:芝麻素 0.01 mg/g;芝麻林素 0.02 mg/g。

(七)思考题

(1)分析实验过程中可能产生误差的原因。
(2)芝麻素的有效剂量是多少?长期膳食补充芝麻素对人体是否有副作用?

实验二 茶叶中氨基酸的测定

(一)实验背景

【概述】

茶叶中的氨基酸含量可以由多种检测方法确定。GB/T 30987 中规定植物中的游离氨基酸的测定方法包括全自动氨基酸分析仪法、高效液相色谱法和液相色谱-质谱法。其中高效液相色谱法应用广泛、操作简单、延用时间久,十分适合茶叶中氨基酸的测定。

【实验目的】

学习用高效液相色谱法检测茶叶中氨基酸的含量,掌握高效液相色谱法的原理和方法,了解该方法的适用范围,加深对理论的理解。

【课前准备】

学习高效液相色谱法测定氨基酸实验的操作流程,并在实验步骤旁标明原理公式。

【思维导图】

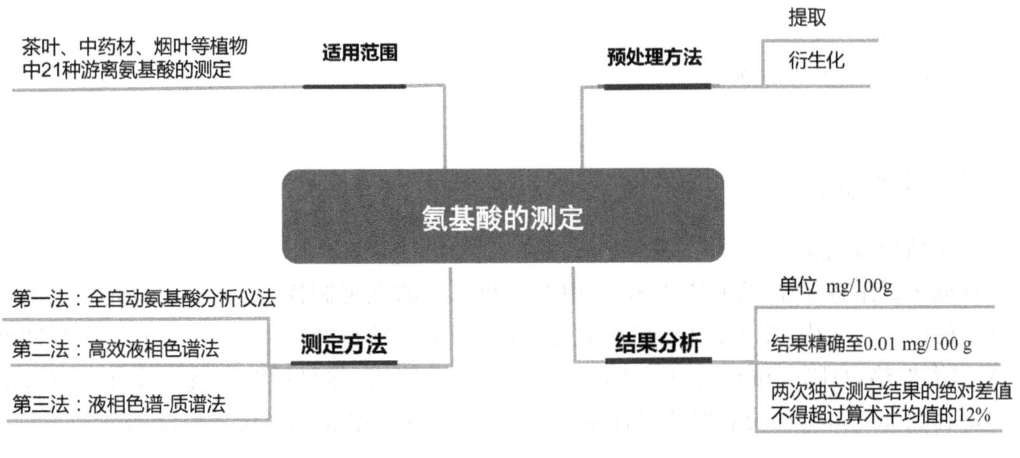

（二）实验原理

样品中游离氨基酸经6-氨基喹啉-*N*-羟基琥珀酰亚胺基氨基甲酸酯衍生，生成具有荧光的衍生物。再经高效液相色谱分离，用荧光检测器测定保留时间定性，用外标工作曲线法定量。

衍生利用化学方法把化合物转化成与其类似化学结构的物质的过程。高效液相色谱法一般采用的化学衍生法是在一定条件下利用某种试剂（通称化学衍生试剂或标记试剂）与样品组分进行化学反应，反应的产物有利于色谱检测或分离。

一般化学衍生法主要有以下几个目的：提高样品检测的灵敏度；改善样品混合物的分离度；方便进一步做结构鉴定，如质谱、红外或核磁共振等。进行化学衍生反应应该满足如下要求：对反应条件要求不苛刻，且能迅速、定量地进行；使样品中的某个组分只生成一种衍生物，反应副产物及过量的衍生试剂不干扰被测样品的分离和检测；化学衍生试剂方便易得，通用性好。

（三）器材与试剂

1. 实验仪器

高效液相色谱仪（配备荧光检测器）、分析天平、涡旋混匀器、移液器。

2. 实验试剂

（1）氨基酸标准品：丙氨酸（Ala）、精胺氨酸（Arg）、天冬酰胺（Asn）、天冬氨酸（Asp）、胱氨酸（Cys）、γ-氨基丁酸（GABA）、谷氨酰胺（GLn）、谷氨酸（Glu）、甘氨酸（Gly）、组氨酸（His）、异亮氨酸（Ile）、亮氨酸（Leu）、赖氨酸（Lys）、蛋氨酸（Met）、苯丙氨酸（Phe）、脯氨酸（Pro）、丝氨酸（Ser）、茶氨酸（The）、苏氨酸（Thr）、酪氨酸（Tyr）、缬氨酸（Val），纯度均$>$98%。

（2）6-氨基喹啉-*N*-羟基琥珀酰亚胺基氨基甲酸酯：纯度$>$98%。

（3）无水硼砂。

（4）无水磷酸氢二钠。

（5）无水磷酸二氢钾。

（6）盐酸三乙胺。

（7）快速定量滤纸。

（8）0.45 μm水相滤膜。

（9）0.45 μm有机相滤膜。

（四）实验步骤

1. 样品溶液制备

称取2 g样品（样品按GB/T 8303中6.1和6.2的规定制样，过40目筛，充分混匀，装入洁净的盛样容器内，作为试样，标明名称）于250 mL锥形瓶中，加入200 mL沸水冲泡，95 ℃水浴加热，每隔5 min混匀一次，提取10 min后取出，趁热抽滤。滤液冷却至室温后，用水定容至250 mL，混匀后取适量样品溶液，经0.45 μm水相滤膜过滤后待测。

2. 混合氨基酸标准工作溶液制备

量取 2 mL 混合氨基酸标准储备液至 5 mL 容量瓶中，用水稀释定容至刻度，混匀，即得到第一份标准溶液。将第一份标准溶液用水逐级稀释，制成总共 7 个不同浓度的系列混合标准工作溶液。7 个浓度的混合标准工作溶液中茶氨酸及其他 20 种氨基酸的浓度分别为：200 nmol/mL 和 500 nmol/mL，1000 nmol/mL 和 250 nmol/mL，500 nmol/mL 和 125 nmol/mL，250 nmol/mL 和 62.5 nmol/mL，125 nmol/mL 和 31.25 nmol/mL，62.5 nmol/mL和 15.63 nmol/mL，31.25 nmol/mL 和 7.81 nmol/mL，现配现用。

3. 衍生化操作

量取 10 μL 制备好的样品溶液或标准工作溶液于洁净的玻璃内插管中，加入 70 μL 衍生用缓冲溶液（称取 10.06 g 无水硼砂，加水溶解并定容至 250 mL，用磷酸（H_3PO_4，400 g/L）调节 pH 至 8.8，0.45 μm 水相滤膜过滤后，即得 0.20 mol/L 的硼砂盐缓冲液，备用）。然后加入 20 μL 衍生试剂（称取 6-氨基喹啉-*N*-羟基琥珀酰亚胺基氨基甲酸酯 3.0 mg，用 1.0 mL 乙腈溶解，加盖密封，涡旋混合 10 s，置于 55 ℃烘箱中加热，直到衍生试剂充分溶解，取出备用），涡旋混合 10 s，加盖密封于进样瓶中，在室温下静置 1 min，转移至 55 ℃烘箱中加热 10 min，取出待测。

4. 流动相制备

（1）800 mmol/L 磷酸氢二钠储备液：称取 113.568 g 无水磷酸氢二钠（Na_2HPO_4），溶解于 800 mL 水中，加热溶解，冷却至室温后用水定容至 1000 mL，0.45 μm 水相滤膜过滤后备用，溶液 pH 约为 8.90。

（2）800 mmol/L 磷酸二氢钾储备液：称取 108.869 g 无水磷酸二氢钾（KH_2PO_4，密度为 1.84 g/mL），溶解于 800 mL 水中，加热溶解，冷却至室温后用水定容至 1000 mL，0.45 μm 水相滤膜过滤后备用，溶液 pH 约为 4.28。

（3）1 mol/L 的盐酸三乙胺水溶液：称取 137.650 g 盐酸三乙胺（$C_6H_{15}NHCl$，20 g/L），用水溶解并定容至 1000 mL，0.45 μm 水相滤膜过滤后备用。

（4）流动相 A：量取 800 mmol/L 磷酸二氢钾储备液 95 mL，800 mmol/L 磷酸氢二钠储备液 5 mL，1 mol/L 的盐酸三乙胺水溶液 10 mL，54 mL 乙腈，于 1000 mL 容量瓶中，用水定容至 1000 mL，混匀，超声脱气 10 min 后备用。

（5）流动相 B：量取 800 mmol/L 磷酸二氢钾储备液 100 mL 到 1000 mL 容量瓶中，加入水 250 mL，加入乙腈（C_2H_3N，色谱纯，0.01 mol/L）500 mL，用水定容至 1000 mL，混匀，超声脱气 10 min 后备用。

5. 高效液相色谱参考条件（表 3-3）

色谱柱：C_{18}（5 μm，4.6 mm×250 mm，或其他同等性能的色谱柱）；柱温：35 ℃；进样体积：5 μL。

表 3-3　洗脱梯度参考条件

时间/min	流动相 A/%	流动相 B/%	流速/（mL/min）
0	100	0	1
5.0	97.3	2.7	1

续表

时间/min	流动相 A/%	流动相 B/%	流速/(mL/min)
25	81.2	18.8	1
40	74.4	25.6	1
55	50.2	49.8	1
67	0	100.0	1
75	100.0	0	1
77	0	0	0

6.标准曲线绘制

启动高效液相色谱仪,设定工作参数,待基线稳定后,分别吸取不同浓度的系列混合氨基酸标准工作溶液,进行衍生化操作。衍生化完毕后,注入高效液相色谱仪进行测定,分别得到 21 种氨基酸的峰面积。再以各氨基酸峰面积为纵坐标,浓度为横坐标,建立标准工作曲线。通过保留时间识别各氨基酸出峰顺序。

7.样品测定

样品溶液与标准工作溶液在相同条件下进行衍生化和测定操作(衍生完毕的样品建议在 48h 内完成测定),分别得到样品中各氨基酸色谱峰面积,代入标准工作曲线计算含量。以水作为空白样品,在相同测定条件下进行衍生化和测定,计算空白样品中各氨基酸本底值。样品测定值扣除空白样品中各氨基酸本底值,即得各样品中氨基酸净含量。

(五)数据和计算

记录实验数据,计算结果。

【实验记录】

实验记录参考表 3-4 和表 3-5。

表 3-4　标准曲线绘制实验记录表

时间:	地点:			实验员:		室内温度:	
项目	第一次		第二次		第三次		平均值	
	峰面积	保留时间	峰面积	保留时间	峰面积	保留时间	峰面积	保留时间
氨基酸 1								
氨基酸 2								
氨基酸 3								
……								
标准曲线方程								

表 3-5　氨基酸测定实验记录表

时间：		地点：				实验员：		室内温度：	
项目		第一次		第二次		第三次		平均值	
		峰面积	浓度	峰面积	浓度	峰面积	浓度	峰面积	浓度
试样	氨基酸 1								
	氨基酸 2								
	氨基酸 3								
	……								
空白试样	氨基酸 1								
	氨基酸 2								
	氨基酸 3								
	……								
试样总体积/mL									
试样质量/g									
试样干物率/g									

【结果计算】

茶叶样品中游离氨基酸的含量按式(3-2)计算：

$$W=\frac{(c-c_k)\times V\times M\times 10^{-6}}{m\times m_1}\times 100 \qquad (3\text{-}2)$$

式中：W——试样中各氨基酸组分的含量，mg/100 g；

c——试样溶液中由标准工作曲线计算出的氨基酸浓度，nmol/mL；

c_k——空白试样溶液中由标准工作曲线计算出的氨基酸浓度，nmol/mL；

V——试样总体积，mL；

M——氨基酸的摩尔质量，g/mol；

m——试样质量，g。

m_1——试样干物率，测定方法见 GB/T 8303。

以两次测定的算术平均值作为测定结果，结果精确至 0.01 mg/100 g。

(六)注意事项

(1)除另有规定外，本实验所用试剂均为优级纯。水为符合 GB/T 6682 规定的一级水。

(2)操作高效液相仪器时，务必提前清洗仪器及色谱柱，防止因残留而堵塞。

(3)时刻关注仪器柱压，防止因柱压过高而损坏仪器。

(4)进行衍生化处理时，务必戴好口罩及手套，操作结束及时处理实验废弃物。

(七)思考题

(1)分析实验过程中可能产生误差的原因。

(2)结合实验分析,哪些样品需要衍生化处理?哪些样品不需要衍生化处理?衍生化处理的目的是什么?

(3)查阅资料,请列举高效液相色谱法可能出现的问题及解决方法。例如,柱压过高时存在什么问题?应该如何解决?

实验三　鱼虾中生物胺的测定

(一)实验背景

【概述】

生物胺(biogenic amine,BA)是一类具有生物活性的含氮的低分子量有机化合物的总称。生物胺可看作是氨分子中 1～3 个氢原子被烷基或芳基取代后而生成的物质,是脂肪族、酯环族或杂环族的低分子量有机碱,常存在于动植物体内及食品中。生物胺是一类具有生物活性、含氨基的低分子质量化合物。大多数食品中都含有生物胺。这些生物胺主要由微生物氨基酸脱羧酶作用于氨基酸脱羧而生成。适量生物胺可促进人体的正常生理活动,而过量摄入会使人体产生不良反应。

【实验目的】

学习用高效液相色谱法检测鱼虾中生物胺的含量的方法。掌握高效液相色谱法的原理和方法,了解该方法的适用范围,加深对理论的理解。

【课前准备】

学习高效液相色谱法测定生物胺实验的操作流程,并在实验步骤旁标明原理公式。

【思维导图】

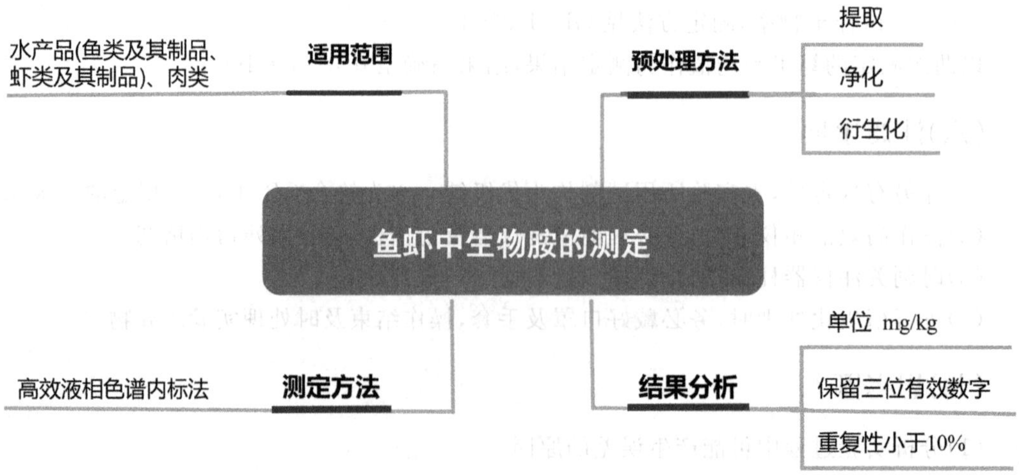

(二)实验原理

水产品(鱼类及其制品、虾类及其制品)、肉类:试样用5%三氯乙酸提取,正己烷去除脂肪,三氯甲烷-正丁醇(1-1,V/V)萃取后,丹磺酰氯衍生,最后用C_{18}色谱柱分离,高效液相色谱(紫外检测器)检测。

(三)器材与试剂

1. 实验仪器

高效液相色谱仪(配有紫外检测器或二极管阵列检测器)、组织均质仪、离心机、涡旋振荡器、水浴装置、氮气浓缩装置、电子天平、酸度计、超纯水器。

2. 实验材料

(1)乙腈:色谱纯。

(2)丙酮:色谱纯。

(3)正己烷:色谱纯。

(4)乙酸:色谱纯。

(5)乙酸铵:色谱纯。

(6)正丁醇。

(7)三氯甲烷。

(8)谷氨酸钠。

(9)碳酸氢钠。

(10)氯化钠。

(11)氢氧化钠。

(12)三氯乙酸。

(13)乙醚(重蒸)。

(14)盐酸。

(15)丹磺酰氯。

(16)生物胺标准品。

(四)实验步骤

1. 样品制备

称取500 g水产品或肉类样品的可食部分,充分均质,均分成两份装入洁净容器中,密封,于−20 ℃保存。称取10 g已经绞碎或匀浆后的水产品、肉类,置于100 mL具塞锥形瓶中,加入20 mL 5%三氯乙酸溶液,振荡提取30 min,转移至50 mL具塞离心管中,5000 r/min离心10 min,转移上清液至50 mL容量瓶中,残渣用20 mL 5%三氯乙酸稀释至刻度,待净化。量取10 mL上述试样提取液于25 mL具塞试管中,加入0.5 g氯化钠涡旋振荡至氯化钠完全溶解后加入10 mL正己烷,涡旋振荡5 min,静置分层后弃去上层有机相,下层试样溶液中加入10 mL正己烷再除脂一次。量取5 mL上述除脂肪后的试样溶液于10 mL具塞离心管中，用 5 mol/L 氢氧化钠溶液（几滴）调节 pH 至 12 左右。加入 5 mL 的正丁醇/三氯甲烷（1∶1，V/V）混合溶液，涡旋振荡 5 min，5000 r/min 离心 5 min，转移上层有机相于另一个 10 mL 具塞离心管中，下层样液再萃取一次，合并萃取液，用正丁醇/三氯甲烷（1∶1，V/V）稀释至刻度。量取 5 mL 萃取液加入 200 μL 1 mol/L 盐酸，混匀后 40 ℃水浴下氮气吹干，加入 1 mL 0.1 mol/L 盐酸涡旋振荡，使残留物完全溶解，待衍生。在上述待衍生的试样溶液中依次加入 1 mL 饱和碳酸氢钠溶液、100 μL 1 mol/L 氢氧化钠溶液、1 mL 衍生试剂（准确称取丹磺酰氯适量，以丙酮为溶剂配制浓度为 10 mg/mL 的衍生剂使用液，置于 4 ℃冰箱避光贮存），涡旋混匀 1 min 后置于 60 ℃恒温水浴中衍生 15 min，取出，分别加入 100 μL 谷氨酸钠溶液，振荡混匀，60 ℃恒温反应 15 min。取出，冷却至室温，于每个离心管中加入 1 mL水，涡旋混合 1 min，40 ℃水浴下氮吹除去丙酮（约 1 mL），加入 0.5 g 氯化钠涡旋振荡至氯化钠完全溶解后加入 5 mL 乙醚，涡旋振荡 2 min，静置分层后，吸出上层有机相（乙醚层），再萃取一次，合并乙醚萃取液，40 ℃水浴下氮气吹干。加入 1 mL 乙腈，涡旋振荡，使残留物完全溶解，0.22 μm 针头滤膜过滤器过滤于进样小瓶，待测定。

2. 标准溶液制备

（1）生物胺标准储备溶液配制：取 100 mg 生物胺标准品用 0.1 mol/L 盐酸溶液溶解后转移至 10 mL 容量瓶中，定容至刻度，混匀，配制成浓度为 1000 mg/L 的标准储备溶液，置于－20 ℃冰箱贮存。保存期为 6 个月。

（2）生物胺标准混合使用液配制：分别吸取 1 mL 各生物胺单组分标准储备溶液，置于同一个 10 mL 容量瓶中，用 0.1 mol/L 盐酸稀释至刻度，混匀，配制成生物胺标准混合使用液（100 mg/L）。保存期为 3 个月。

（3）生物胺标准系列溶液配制：分别吸取 0.10，0.25，0.50，1.0，1.50，2.50，5.0 mL 生物胺标准混合使用液（100 mg/L），置于 10 mL 容量瓶中，用 0.1 mol/L 盐酸浴液怖释至刻度，混匀，使浓度分别为 1.0，2.5，5.0，10.0.15.0，25.0，50.0 mg/L，临用现配。

分别量取 1 mL 生物胺标准系列溶液，置于 10 mL 具塞试管中，以下操作同样品的衍生步骤。

3. 高效液相色谱参考条件

色谱柱：C_{18} 柱（柱长 250 mm，柱内径 4.6 mm，柱填料粒径 5 μm）；紫外检测波长 254 nm；进样量：20 L；柱温：35 ℃；流动相 A：90％乙腈＋10％含 0.1％乙酸的 0.01 mol/L 乙酸铵溶液；流动相 B：10％乙腈＋90％含 0.1％乙酸的 0.01 mol/L 乙酸铵溶液；流速 0.8 mL/min（表 3-6）。

表 3-6　洗脱梯度参考条件

时间/min	流动相 A/％	流动相 B/％
0	60	40
22	85	15
25	100	0

续表

时间/min	流动相 A/%	流动相 B/%
32	100	0
33	60	40
37	60	40

4. 标准曲线的制作

将 20 μL 系列混合标准工作液的衍生液分别注入高效液相色谱仪，测得目标化合物的峰面积。以系列混合标准工作液的浓度为横坐标，以目标化合物的峰面积与内标的峰面积的比值为纵坐标，绘制标准曲线。

5. 试样溶液的测定

将试样的衍生溶液注入高效液相色谱仪中，测得峰面积，以保留时间定性。根据标准曲线得到待测液中各目标化合物的浓度。

（五）数据和计算

记录实验数据，并计算结果。

【试验记录】

实验记录参考表 3-7。

表 3-7 生物胺的测定实验记录表

时间：		地点：			实验员：		室内温度：		
峰序号		标准样1图谱	样品1图谱	标准样2图谱	样品2图谱	标准样3图谱	样品3图谱	……	备注
峰1	保留时间/min								
	生物胺名称								
	含量/%								
峰2	保留时间/min								
	生物胺名称								
	含量/%								

续表

峰序号		标准样1图谱	样品1图谱	标准样2图谱	样品2图谱	标准样3图谱	样品3图谱	……	备注
峰3	保留时间/min								
	生物胺名称								
	含量/%								
……	保留时间/min								
	生物胺名称								
	含量/%								

【结果计算】

鱼虾中生物胺含量按式(3-3)计算：

$$X=\frac{\rho\times V\times f}{m\times 1000} \tag{3-3}$$

式中：X——试样中被测组分的含量，mg/g 或 mg/mL；

ρ——试样溶液中被测组分的浓度，mg/L；

V——试样溶液的体积，mL；

f——稀释倍数；

m——试样的质量，g 或体积，mL。

计算结果保留三位有效数字。

(六)注意事项

(1)流动相必须用 HPLC 级的试剂，使用前过滤除去其中的颗粒性杂质和其他物质(使用 0.45 μm 或更细的膜过滤)。

(2)流动相过滤后要用超声波脱气，脱气后应该恢复到室温后使用。

(3)丹磺酰氯衍生剂不宜久放，最好现用现配。

(七)思考题

(1)食品中组胺是如何产生的？常用的测定方法有哪些？

(2)高效液相色谱法测组胺为什么要对待测样做衍生处理？

实验四　水果中花青素的测定

(一)实验背景

【概述】

食品中的花青素含量可以通过高效液相色谱法、分光光度法、纸色谱法和聚合酶链式反应法等。其中,高效液相色谱法分辨率和灵敏度高、分析速度快、重复性好、定量精度高,适合大部分的食品中的花青素含量的测定。

【实验目的】

能使用高效液相色谱法检测水果中花青素的含量,掌握高效液相色谱法的原理和方法,了解该方法的适用范围,加深对理论的理解。

【课前准备】

学习高效液相色谱法测定花青素实验的操作流程,并在实验步骤旁标明原理公式。

【思维导图】

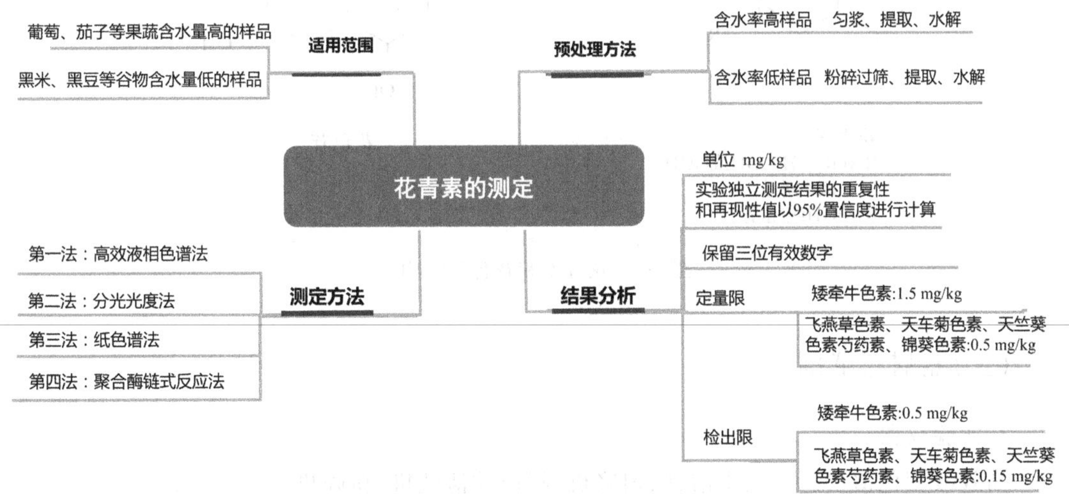

(二)实验原理

花青素又称花色素,是自然界中广泛存在于植物中的水溶性天然色素,是花色苷水解得到的有颜色的苷元,为黄酮类化合物。花青素和大部分水果、蔬菜、花卉中的主要呈色物质有关，也是植物花瓣中的主要呈色物质。花青素在不同 pH 的植物细胞液泡中能使花瓣呈现不同的颜色。在酸性条件下花瓣呈红色，其颜色的深浅与花青素的含量呈正相关性，可用分光光度计快速测定；在碱性条件下花瓣呈蓝色。花青素的颜色受许多因子的影响，低温、缺氧和缺磷等不良环境也会促进花青素的形成和积累。

已知花青素有 20 多种，食物中重要的有 6 种，即天竺葵色素、矢车菊色素、飞燕草色素、芍药素、矮牵牛色素和锦葵色素。

植物源性食品中的花青素主要以花色苷的形式存在(自然状态)。试样经乙醇-水的强酸溶液超声提取花色苷后，经沸水浴将花色苷水解成花青素，用高效液相色谱法测定，以保留时间定性，外标法定量。

(1)样品提取：提取是花青素的常规获得方法。溶剂多选择甲醇、乙醇、丙酮、水或者混合溶剂等。为了防止提取过程中非酰基化的花青素降解，常在提取溶剂中加入一定浓度的盐酸或者甲酸，但在蒸发浓缩时这些酸又会导致酰基化的花青素部分或全部水解。另外，对于提取物中可能含有脂溶性成分的样品，需采用有机溶剂如正己烷、石油醚、乙醚等进行萃取。

(2)水解：试样经乙醇-水的强酸溶液提取花色苷后，需要在 100 ℃的水浴中将花色苷水解成花青素，花色苷和花青素的结构式如图 3-1 所示。

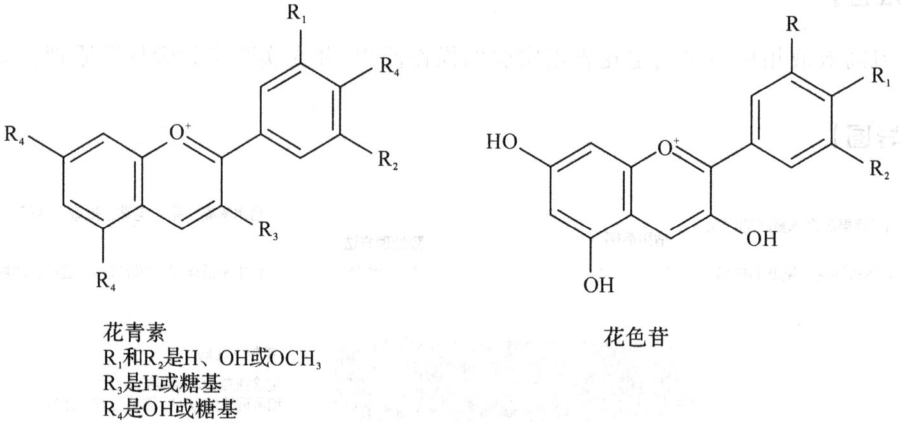

图 3-1 花青素和花色苷结构式

(三)器材与试剂

1. 实验仪器

高效液相色谱仪、天平、水浴锅、匀浆机、超声波清洗机、粉碎机。

2. 实验试剂

(1)甲酸：色谱纯。

(2)无水乙醇。

(3)盐酸。

(4)飞燕草色素(delphinidin):纯度≥96%。

(5)矢车菊色素(cyanidin):纯度≥98%)。

(6)矮牵牛色素(petunidin chloride):纯度≥96%。

(7)天竺葵色素(pelargonidin):纯度≥98%)。

(8)芍药素(peonidin):纯度≥96%。

(9)锦葵色素(malvidin):纯度≥96%。

(四)实验步骤

1. 样品制备

采用四分法分取样品,称取 200 g 水果类样品于匀浆机中匀浆。所有样品在 −18 ℃条件下保存。根据样品中花青素含量,称取 1~10 g 样品于 50 mL 具塞比色管中,加入提取液[无水乙醇∶水∶盐酸=2∶2∶1,$V/V/V$,取 200 mL 无水乙醇(色谱纯)、100 mL 水(GB/T 6682 规定的一级水)和 100 mL 盐酸(优级纯)]混匀。定容至刻度,摇匀 1 min 后,超声提取 30 min。超声提取后,于沸水浴中水解 1 h,取出冷却后,用提取液再次定容。静置,取上清液,用 0.45 μm 水相滤膜过滤,待测。样品制备好后,在 4 ℃条件下,保存时间不超过 3 天。

2. 色谱参考条件

色谱柱:C_{18}柱,250 mm×4.6 mm×5 μm,或性能相当者;流动相 A:1%甲酸水溶液;流动相 B:1%甲酸乙腈溶液;检测波长:530 nm;柱温:35 ℃;进样量:20 μL;流速:0.8 mL/min。洗脱梯度参考表 3-8。

表 3-8　洗脱梯度参考条件

时间/min	流动相 A/%	流动相 B/%
2	92	8
5	88	12
10	82	18
12	80	20
15	75	25
17	70	30
19	55	45
21	20	80
29	92	8

3. 标准溶液制备

(1)单标储备溶液：分别准确称取飞燕草色素（CAS 号 528-53-0）、矢车菊色素（CAS 号 528-58-5）、矮牵牛色素（CAS 号 1429-30-7）、天竺葵色素（CAS 号 134-01-0）、芍药素（CAS 号 134-01-0）和锦葵色素（CAS 号 634-84-5）花青素标准品 5.0 mg，用 10%盐酸甲醇溶液（取 10 mL盐酸、90 mL 甲醇混匀）溶解并分别定容至 10 mL 容量瓶中，即为 500 mg/L 的单标储备液，于－18 ℃下，贮存于密闭的棕色玻璃瓶中，保存有效期为 6 个月。

(2)混合标准使用液：在使用中将单一标准储备液混合后，用 10%盐酸甲醇溶液作为溶剂，并逐级稀释成 0.5，1.0，5.0，25.0，50.0 mg/L 或其他浓度的花青素混合标准使用液。在 4 ℃条件下，有效期为 6 个月。

4. 色谱分析

分别将标准溶液和试样溶液，注入高效液相色谱仪中，以保留时间定性，以样品溶液峰面积与标准溶液峰面积比较定量。色谱图参见图 3-2。

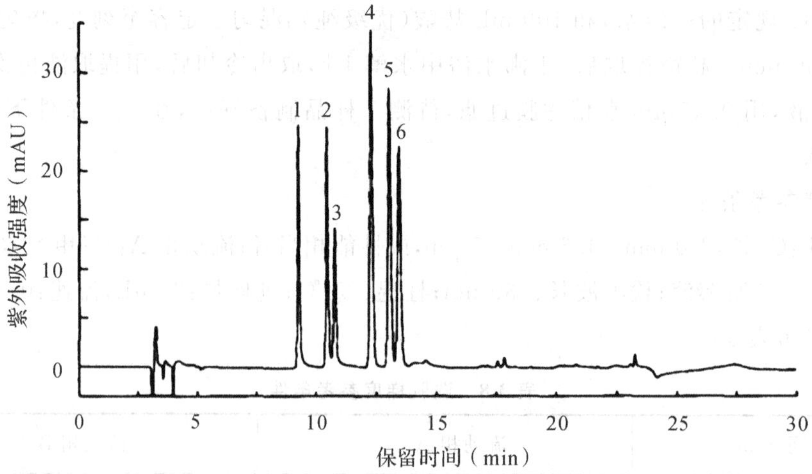

说明：
1—飞燕草色素；
2—矢车菊色素；
3—矮牵牛色素；
4—天竺葵色素；
5—芍药素；
6—锦葵色素。

图 3-2　2.0 μg/mL 花青素标准溶液色谱图

(五)数据和计算

记录实验数据，计算结果。

【实验记录】

实验记录表考表 3-9 和表 3-10。

表 3-9　标准曲线绘制实验记录表

时间：　　　　地点：　　　　实验员：　　　　室内温度：

浓度			第一次峰面积	第二次峰面积	第三次峰面积	平均值峰面积	标准曲线方程
混合标准使用液	飞燕草色素	0.5 mg/L					
		5.0 mg/L					
		10.0 mg/L					
		50.0 mg/L					
		200.0 mg/L					
	矢车菊色素	0.5 mg/L					
		5.0 mg/L					
		10.0 mg/L					
		50.0 mg/L					
		200.0 mg/L					
	矮牵牛色素	0.5 mg/L					
		5.0 mg/L					
		10.0 mg/L					
		50.0 mg/L					
		200.0 mg/L					
	天竺葵色素	0.5 mg/L					
		5.0 mg/L					
		10.0 mg/L					
		50.0 mg/L					
		200.0 mg/L					
	芍药素	0.5 mg/L					
		5.0 mg/L					
		10.0 mg/L					
		50.0 mg/L					
		200.0 mg/L					
	锦葵色素	0.5 mg/L					
		5.0 mg/L					
		10.0 mg/L					
		50.0 mg/L					
		200.0 mg/L					

表 3-10 花青素测定实验记录表

时间：		地点：				实验员：		室内温度：		
项目		第一次		第二次		第三次		平均值		质量分数
		峰面积	浓度	峰面积	浓度	峰面积	浓度	峰面积	浓度	
试样	飞燕草色素									
	矢车菊色素									
	矮牵牛色素									
	天竺葵色素									
	芍药素									
	锦葵色素									
定容体积/mL										
试样质量/g										

【结果计算】

水果中花青素的含量按式(3-4)计算：

$$w=\frac{\rho\times V}{m} \tag{3-4}$$

式中：w——样品中花青素的含量(6 种花青素含量之和)以质量分数计，mg/kg；

ρ——待测液中各花青素的质量浓度，mg/L；

V——定容体积，mL；

m——样品质量，g。

(六)注意事项

(1)必须穿好实验服，接触有机溶剂时需要佩戴手套和口罩。

(2)用剩的废弃有机溶剂需要回收至废液桶，废渣需要统一回收处理，实验垃圾要分类。

(3)沸水浴结束，取水解液时需要戴隔热手套且要等降温后再取，以防烫伤。

(4)操作高效液相色谱仪时要提前冲洗仪器和色谱柱，防止堵塞。

(七)思考题

(1)分析实验过程中可能产生误差的原因。

(2)花青素是天然色素，也属于黄酮类活性成分，请问它有什么健康功效？

(3)提取花青素过程中，有哪些地方需要注意？请举例。

实验五　桂花中红景天苷和毛蕊花糖苷含量的测定

（一）实验背景

【概述】

红景天苷和毛蕊花糖苷是存在于桂花中最主要的两种苯乙醇苷类化合物，具有较强的抗氧化、抗肿瘤、抗炎症和神经保护等作用。两种苯乙醇苷均可在小肠和大肠中被吸收，其中小肠是其主要的吸收场所。

【实验目的】

能用超高效液相色谱法检测桂花中红景天苷和毛蕊花糖苷的方法原理、分析步骤和结果计算等。

【课前准备】

学习超高效液相色谱法测定红景天苷和毛蕊花糖苷的操作流程，并在实验步骤旁标明原理公式。

【思维导图】

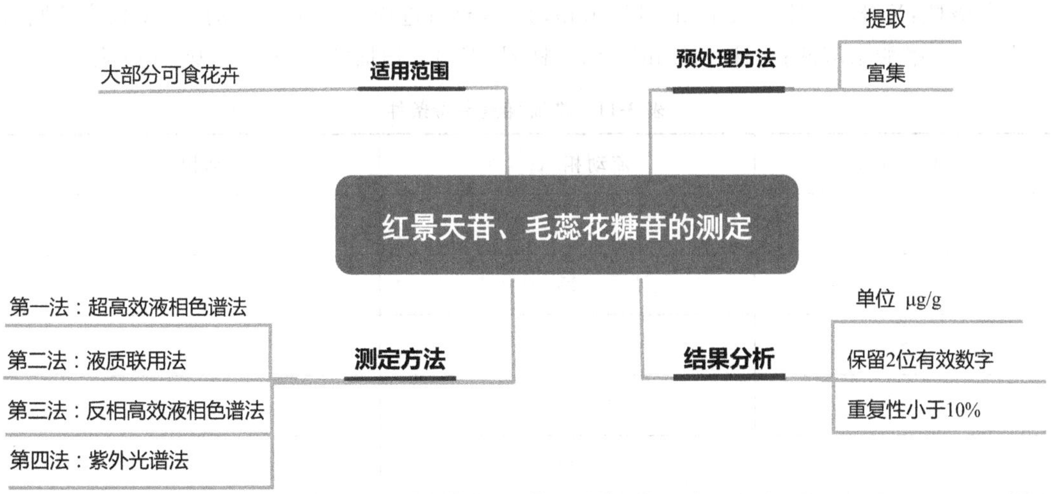

（二）实验原理

样品中的红景天苷和毛蕊花糖苷提取和富集后，用超高效液相色谱仪进行测定，紫外检测器，外标法定量。

(三)器材与试剂

1. 实验仪器

分析天平、超高效液相色谱仪、碟形过滤器、滤膜、微量进样器、氮气吹干仪、玻璃仪器若干。

2. 实验材料

(1)乙醇。

(2)乙腈。

(3)乙酸。

(4)红景天苷标准品,纯度98%。

(5)毛蕊花糖苷标准品,纯度98%。

(6)干桂花。

(四)实验步骤

1. 样品制备

将桂花与95%乙醇混合(1∶10,m/V),浸提12 h,过滤,收集上清液,重复提取3次,40 ℃旋转蒸发将上清液蒸干。将蒸干样品重新溶解于超纯水中,每毫升样品溶液含10 mg干花。样品过0.22 μm水系微孔滤膜,待测。

2. 标准工作液制备

配制浓度为1 mg/mL的红景天苷或毛蕊花糖苷标准储备液,稀释储备液至浓度为0.5,2,10,20,50,100和200 μg/mL。样品过0.22 μm水系微孔滤膜,待测。

3. 超高效液相色谱参考条件

色谱柱:XDB-C_{18}柱(2.1 mm×150 mm,3.5 μm);进样量:2 μL;流动相:A相为乙腈、B相为0.1%甲酸水溶液;流速:0.2 mL/min;柱温:25 ℃;扫描波长:190～400 nm(表3-11)。

表3-11 洗脱梯度参考条件

时间/min	流动相A/%	流动相B/%
1	6	94
4	15	85
8	20	80
10	30	70
12	100	0
12.5	6	94
15	6	94

4. 样品测定

用微量进样器分别吸取等体积的各个标准工作溶液以及样品提取液进行分析，测定峰面积。以各个标准工作液的红景天苷或毛蕊花糖苷的浓度为横坐标，对应的红景天苷或毛蕊花糖苷的峰面积为纵坐标，分别绘制红景天苷或毛蕊花糖苷的标准曲线，并求得样品提取液相应的红景天苷或毛蕊花糖苷的浓度。

（五）数据和计算

【实验记录】

实验记录表参考表 3-12 和表 3-13。

表 3-12　红景天苷的测定实验记录表

时间：	地点：		实验员：	室内温度：	
项目	样品 1	样品 2	样品 3	样品 4	样品 5
标准测定液峰面积					
标准测定液浓度/(μg/mL)					
标准曲线					
样品质量/g					
定容体积/mL					
结果	第一次	第二次	第三次	第四次	第五次
红景天苷的浓度/(μg/mL)					
红景天苷的平均浓度/(μg/mL)					

表 3-13　毛蕊花糖苷的测定实验记录表

时间：	地点：		实验员：	室内温度：	
项目	样品 1	样品 2	样品 3	样品 4	样品 5
标准测定液峰面积					
标准测定液浓度/(mg/L)					
标准曲线					
样品质量/g					
定容体积/mL					
结果	第一次	第二次	第三次	第四次	第五次
毛蕊花糖苷的浓度/(mg/L)					
毛蕊花糖苷的平均浓度/(mg/L)					

【结果计算】

桂花中红景天苷或毛蕊花糖苷的含量按式(3-5)计算：

$$X=\frac{C\times V}{m} \tag{3-5}$$

式中：X——样品中红景天苷或毛蕊花糖苷的含量，μg/g；

C——通过标准工作曲线获得的样品提取液中的红景天苷或毛蕊花糖苷素的浓度，μg/mL；

V——样品提取液的定容体积，mL；

m——样品的质量，g。

计算结果保留至小数点后两位。

(六)注意事项

本实验的样品为干桂花，注意烘干。

(七)思考题

(1)分析实验过程中可能产生误差的原因。
(2)苯乙醇苷对人体有何作用？

实验六　乳制品中维生素 A、E 的测定

(一)实验背景

【概述】

乳制品中的维生素 A、E 含量有多种检测方法。反相高效液相色谱法是由非极性固定相和极性流动相组成的分离体系，用来分析能溶于极性或弱极性溶剂中的有机物的一种高效液相色谱法。此法已被广泛使用多年，适合大部分乳制品中的维生素 A、E 含量测定。

【实验目的】

理解反相高效液相色谱法检测乳制品中维生素 A、E 的原理，反相高效液相色谱法的操作技术，包括样品的皂化、提取、洗涤、浓缩及维生素 A、E 含量的计算等。

【课前准备】

学习反相高效液相色谱法测定维生素 A、E 实验的操作流程，并在实验步骤旁标明原理公式。

【思维导图】

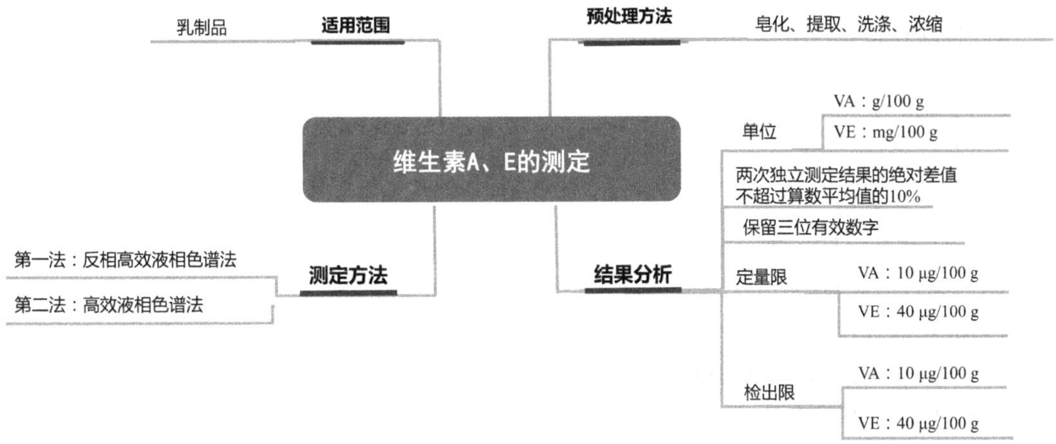

(二)实验原理

样品中的维生素 A 及维生素 E 经皂化(含淀粉先用淀粉酶酶解)、提取、净化、浓缩后，用 C_{30} 或 PFP 反相高效液相色谱柱分离，紫外检测器或荧光检测器检测，外标法定量。

(1)淀粉酶酶解(含淀粉样品)：用淀粉酶先去除样品中的淀粉，酶解后按不含淀粉样品的方法进行皂化等。

(2)皂化：去除类脂物，使油脂变成盐，因为脂溶性维生素易溶于油脂。反应方程式如下：

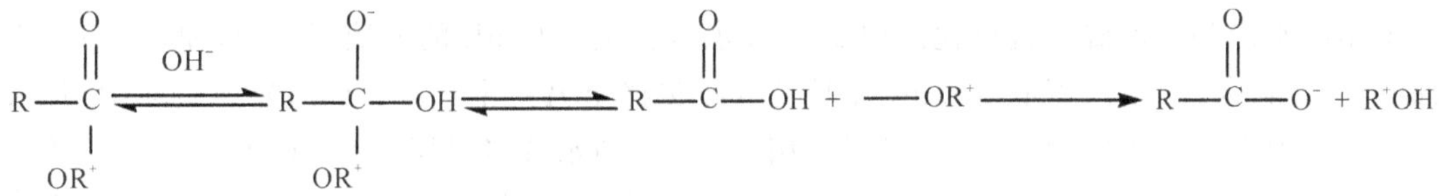

(3)提取：主要利用石油醚提取乳制品皂化液中的维生素 A、E。

(4)洗涤：提取液同时包含维生素 A、E 的醚及多余的醚，需要利用蒸馏水洗去多余醚。

(5)浓缩：洗涤过后的醚层需经干燥去除多余的水分，同时也需要利用旋转蒸发仪(图 3-3)将醚蒸发以浓缩获得维生素 A、E，最后将浓缩的维生素 A、E 注入反相高效液相色仪，用外标法定量。

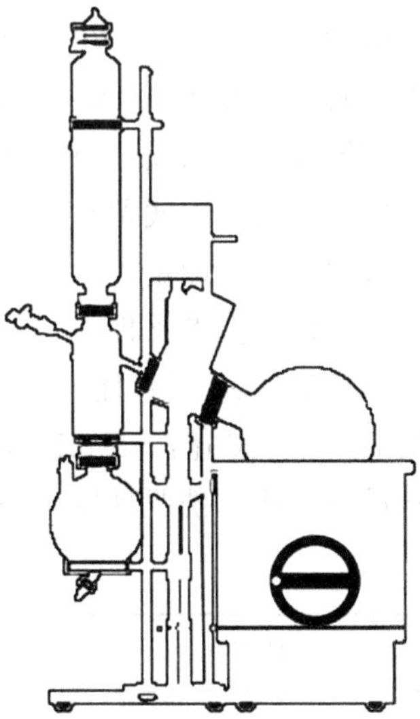

图 3-3 旋转蒸发仪

(三)器材与试剂

1. 实验仪器

分析天平、恒温水浴振荡器、旋转蒸发仪、氮吹仪、紫外分光光度计、分液漏斗萃取净化振荡器、高效液相色谱仪(带紫外检测器或二极管阵列检测器或荧光检测器）。

2. 实验试剂

（1）无水乙醇。

（2）抗坏血酸。

（3）氢氧化钾。

（4）乙醚。

（5）石油醚：沸程为 30～50 ℃。

（6）无水硫酸钠。

（7）pH 试纸：pH 范围 1～14。

（8）甲醇：色谱纯。

（9）淀粉酶：活力单位≥100 U/mg。

（10）2，6-二叔丁基对甲酚（BHT）。

（11）维生素 A 标准品。

（12）维生素 E 标准品。

（四）实验步骤

1. 样品预处理

称取 2～5 g 经均质处理的固体样品或 50 g 液体样品于 150 mL 平底烧瓶中，固体样品需加入约 20 mL 温水，混匀（含淀粉样品额外步骤：加入 0.5～1 g 淀粉酶，加入 60 ℃水浴避光恒温振荡 30 min 后，），再加入 1 g 抗坏血酸和 0.1 g BHT，混匀，加入 30 mL 无水乙醇，加入 10～20 mL 氢氧化钾溶液，边加边振摇，混匀后于 80 ℃恒温水浴震荡皂化 30 min，皂化后立即用冷水冷却至室温。将皂化液用 30 mL 水转移至 250 mL 的分液漏斗中，加入50 mL石油醚-乙醚混合液，振荡萃取 5 min，将下层溶液转移至另一个 250 mL 的分液漏斗中，加入 50 mL 的混合醚液再次萃取，合并醚层。用 100 mL 纯水洗涤醚层，约需重复 3 次，直至将醚层洗至中性（可用 pH 试纸检测下层溶液的 pH），去除下层水相。将洗涤后的醚层经无水硫酸钠（约 3 g）滤入至 250 mL 旋转蒸发瓶或氮气浓缩管中，用 15 mL 石油醚冲洗分液漏斗及无水硫酸钠 2 次，并入蒸发瓶内，将其安装在旋转蒸发仪或气体浓缩仪上，于 40 ℃水浴中减压蒸馏或气流浓缩，待瓶中醚液剩下约 2 mL 时，取下蒸发瓶，立即用氮气吹至近干。用甲醇分次将蒸发瓶中残留物溶解并转移至 10 mL 容量瓶中，用甲醇定容。样品通过0.22 μm滤膜过滤后进行测定。

2. 色谱参考条件

色谱柱：C_{30}柱（柱长 250 mm，内径 4.6 mm，粒径 3 μm）；柱温：20 ℃；流动相 A：水；流动相 B：甲醇；流速：0.8 mL/min；紫外检测波长：维生素 A 为 325 nm；维生素 E 为 294 nm；进样量：10 μL。洗脱梯度参考表 3-14。

表 3-14　洗脱梯度参考条件

时间/min	流动相 A/%	流动相 B/%
0	4	96

续表

时间/min	流动相 A/%	流动相 B/%
13.0	4	96
20.0	0	100
24.0	0	100
24.5	4	96
30.0	4	96

3.标准曲线的制作

本法采用外标法定量。将维生素 A 和维生素 E 标准系列工作溶液分别注入高效液相色谱仪中。测定相应的峰面积，以峰面积为纵坐标，以标准测定液浓度为横坐标绘制标准曲线，计算直线回归方程。

4.样品测定

试样液经高效液相色谱仪分析，测得峰面积，采用外标法通过上述标准曲线计算其浓度。在测定过程中，建议每测定 10 个样品用同一份标准溶液或标准物质检查仪器的稳定性。

(五)数据和计算

记录实验数据，计算结果。

【实验记录】

实验记录参考表 3-15、表 3-16。

表 3-15　维生素 A 反相高效液相色谱法实验记录表

时间：	地点：		实验员：	室内温度：	
f—换算因子：维生素 A：*f*=1					
项目	样品 1	样品 2	样品 3	样品 4	样品 5
标准测定液峰面积					
标准测定液浓度/(μg/mL)					
标准曲线					
样品质量/g					
定容体积/mL					

续表

结果	第一次	第二次	第三次	第四次	第五次
维生素 A 的浓度/(μg/mL)					
维生素 A 的平均浓度/(μg/mL)					

表 3-16　维生素 E 反相高效液相色谱法实验记录表

时间：	地点：		实验员：		室内温度：
f—换算因子：维生素 E：$f=0.001$					
项目	样品 1	样品 2	样品 3	样品 4	样品 5
标准测定液峰面积					
标准测定液浓度/(μg/mL)					
标准曲线					
样品质量/g					
定容体积/mL					
结果	第一次	第二次	第三次	第四次	第五次
维生素 E 的浓度/(μg/mL)					
维生素 E 的平均浓度/(μg/mL)					

【结果计算】

乳制品中维生素 A 和维生素 E 的含量按式(3-6)计算：

$$X=\frac{\rho\times V\times f\times 100}{m\times 1000} \tag{3-6}$$

式中：X——试样中维生素 A 或维生素 E 的含量，mg/100 g；

ρ——根据标准曲线计算得到的试样中维生素 A 或维生素 E 的浓度，μg/mL；

V——定容体积，mL；

f——换算因子(维生素 A：$f=1$；维生素 E：$f=0.001$)；

100——试样中量以每 100 g 计算的换算系数；

m—试样的称样量，g。

计算结果保留三位有效数字；维生素 E 的测定结果要用 α-生育酚当量(α-TE)表示，可按下式计算：维生素 E(mg α-TE/100 g)＝ α-生育酚(mg/100 g)＋β-生育酚(mg/100 g)×0.5＋γ-生育酚(mg/100 g)×0.1＋δ-生育酚(mg/100 g)×0.01。

【实验分析】

(1)精密度:在重复性条件下获得的两次独立测定结果的绝对差值不得超过算术平均值的10%。

(2)其他:当取样量为5 g定容10 mL时,维生素A的紫外检出限为10 μg/100 g,定量限为30 μg/100 g;生育酚的紫外检出限为40 μg/100 g,定量限为120 μg/100 g。

(六)注意事项

(1)使用的所有器皿不得含有氧化性物质;分液漏斗活塞玻璃表面不得涂油;处理过程应避免紫外光照,尽可能避光操作;提取过程应在通风柜中操作。

(2)皂化时间一般为30 min,如皂化液冷却后,液面有浮油,需要加入适量氢氧化钾溶液,并适当延长皂化时间。

(3)若只测维生素A与α-生育酚,可用石油醚作提取剂。

(4)若难以将柱温控制在20±2 ℃,可改用PFP柱分离异构体,流动相为水和甲醇梯度洗脱。

(5)若样品中只含α-生育酚,不需分离β-生育酚和γ-生育酚,可选用C_{18}柱,流动相为甲醇。

(6)若有荧光检测器,可选用荧光检测器检测。它对生育酚的检测有更高的灵敏度和选择性,可按以下检测波长检测:维生素A激发波长328 nm,发射波长440 nm;维生素E激发波长294 nm,发射波长328 nm。

(七)思考题

(1)分析实验过程中可能产生误差的原因。

(2)为什么对含有淀粉的样品需要提前进行酶解?

(3)在实验过程中为什么需要对样品进行皂化?

(4)请分析在实验过程中,有哪些因素会影响皂化的效果?

实验七 鲜木薯中生氰糖苷的测定

(一)实验背景

【概述】

生氰作用(cyanogenesisi)指植物具有合成生氰化合物并能水解释放氢氰酸(HCN)的能力。生氰糖苷亦称氰苷、氰醇苷。生氰糖苷(cyanogentic glycosides)是由氰醇衍生物的羟基和*D*-葡萄糖缩合形成的糖苷,广泛存在于豆科、蔷薇科、稻科的10000余种植物中。生氰糖苷物质可水解生成高毒性的氢氰酸,对人体造成危害。含有生氰糖苷的食源性植物有木薯（*Manihot esculenta*）、杏仁、枇杷和豆类等，主要是苦杏仁苷（amygdalin）和亚麻仁苷（linamarin）等。生氰糖苷产生氢氰酸的反应由两种酶共同作用。生氰糖苷首先在β-葡萄糖苷酶的作用下分解生成氰醇和糖。氰醇很不稳定，自然分解为相应的酮、醛化合物和氢氰酸，羟腈分解酶可加速这一降解反应。生氰糖苷和β-葡萄糖苷酶处于植物不的同位置，当咀嚼或破碎含生氰糖苷的植物食品时，其细胞结构被破坏，使得β-葡萄糖苷酶释放出来，和生氰糖苷作用产生氢氰酸，这便是食用新鲜植物引起氢氰酸中毒的原因。

【实验目的】

学习液相色谱-质谱法检测鲜木薯中生氰糖苷的方法、原理、试剂材料、仪器设备、试样制备、分析步骤、结果计算和精密度等。

【课前准备】

学习液相色谱-质谱联用法测定生氰糖苷实验的操作流程，并在实验步骤旁标明原理公式。

【思维导图】

（二）实验原理

样品中的生氰糖苷经8%甲醇水溶液提取，固相萃取柱净化，液相色谱-质谱法测定，外标法定量。

（三）器材与试剂

1. 实验仪器

液相色谱-质谱联用仪（配电喷雾离子源）、分析天平、分析研磨机、涡旋振荡器、离心机、真空过柱装置、超声波清洗器、氮吹仪。

2. 实验材料

（1）甲醇：色谱纯。

（2）乙腈：色谱纯。

（3）甲酸：色谱纯。

（4）甲酸水溶液（0.1%）。

（5）甲醇水溶液（80+20）。

(7)甲醇乙腈溶液(30+70)。

(8)8种生氰糖苷标准品:纯度>95%。

(9)生氰糖苷标准溶液。

(四)实验步骤

1.样品制备

称取1 g样品置于15 mL离心管中,加入3 mL 20%甲醇水溶液,涡旋振荡15 s,500 W超声提取15 min,立即于4200 r/min离心10 min,取上清液。往残渣中再次加入3 mL 20%甲醇水溶液,按上述条件提取、离心。合并2次上清液液于10 mL容量瓶中,用纯水定容,混匀,待净化。将活化好的固相萃取柱连接到真空过柱装置,将制备的粗提液转移至萃取柱中,待样液全部流过柱子后,弃去流出液。用2 mL纯水淋洗柱子并彻底抽干,弃去淋洗液。用3 mL 30%甲醇乙腈溶液洗脱柱子,分次洗脱,每次1 mL,流速1 mL/min,收集全部洗脱液。将洗脱液氮气吹干后,用1 mL 0.1%甲醇水溶液复溶。0.22 μm滤膜过滤后进行测定。

2.色谱参考条件

色谱柱:UPLC C_{18}(50 mm×2.1 mm,1.8 μm)色谱柱,或同等性能的色谱柱;流动相A:0.1%甲酸水溶液;流动相B:乙腈;流速:0.2 mL/min;柱温:30 ℃;进样量:10 μL。洗脱梯度参考表3-17。

表3-17 洗脱梯度参考条件

时间/min	流动相A/%	流动相B/%
0	98	2
0.5	98	2
3.0	93	7
7.5	60	40
8.0	10	90
10.0	10	90
13.0	98	2

3.质谱参考条件

离子源:电喷雾离子源;扫描方式:正离子扫描模式;干燥气温度:325 ℃;干燥气流量:5 L/min;鞘气温度:350 ℃;鞘气流速:1 L/min;雾化气压力:45 MPa;毛细管电压:3500 V;检测方式:多反应监测模式。

4.样品测定

用液相色谱-质谱联用仪测定样品和混合标准工作溶液。以色谱峰面积按外标法定量。

(五)数据和计算

【实验记录】

实验记录参考表 3-18。

表 3-18 生氰糖苷的测定实验记录表

时间:		地点:			实验员:		室内温度:		
峰序号		标准样1图谱	样品1图谱	标准样2图谱	样品2图谱	标准样3图谱	样品3图谱	……	备注
峰1	保留时间/min								
	生氰糖苷名称								
	含量/%								
峰2	保留时间/min								
	生氰糖苷名称								
	含量/%								
峰3	保留时间/min								
	生氰糖苷名称								
	含量/%								
……	保留时间/min								
	生氰糖苷名称								
	含量/%								

【结果计算】

木薯中生氰糖苷类化合物的含量按式(3-7)计算:

$$\omega=\frac{\rho\times V}{1000\times m}\times f \tag{3-7}$$

式中:ω——试样中生氰糖苷类化合物的含量,μg/g;

ρ——由标准曲线求得试样溶液中生氰糖苷类化合物的浓度,μg/L;

V——样品溶液定容体积,mL;

m——试样质量,g;

f——稀释倍数。

计算结果以重复条件下获得的 2 次独立测定结果的算术平均值表示,结果保留至小数点后两位。

(六)注意事项

本方法木薯中亚麻仁苷、百脉根苷的检出限分别为 5.0 μg/kg,1.0 μg/kg,定量限分别为 20.0 μg/kg、5.0 μg/kg。亚麻籽中 β-龙胆二糖丙酮氰醇和 β-龙胆二糖甲乙酮氰醇的检出限为 5.0 μg/kg,定量限为 20.0 μg/kg。竹笋中紫杉氰苷的检出限为 5.0 μg/kg,定量限为 20.0 μg/kg。高粱中蜀黍苷的检出限为 2.5 μg/kg,定量限为 10.0 μg/kg。苦杏仁中苦杏仁苷、黑野樱苷的检出限分别为 2.0 μg/kg,25.0 μg/kg,定量限分别为 10.0 μg/kg、100.0 μg/kg。

(七)思考题

(1)生活中有什么常用方法可以减少木薯产生的生氰糖苷?

(2)木薯中的生氰糖苷含量受什么因素影响?

实验七 鲜木薯中生氰糖苷的测定

实验八　水果中酚类化合物的测定

(一)实验背景

【概述】

水果中的酚类化合物可以用液相色谱-质谱法的定性和高效液相色谱法的定量,适用于大部分的食品中的酚类化合物含量的测定,可以广泛沿用。

【实验目的】

学习液相色谱-质谱法检测水果中酚类化合物的含量,掌握液相色谱-质谱法的原理和方法,了解该方法的适用范围,加深对理论的理解。

【课前准备】

学习液相色谱-质谱法测定酚类化合物的操作流程,并在实验步骤旁标明原理公式。

【思维导图】

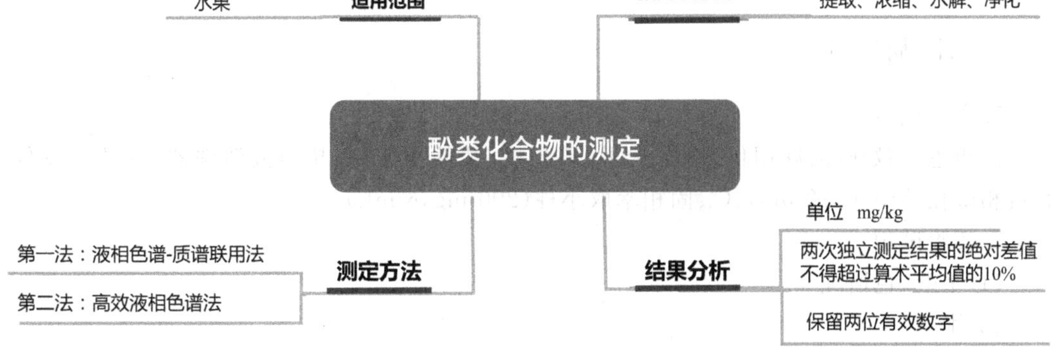

(二)实验原理

水果中主要的酚类化合物经甲醇水溶液提取,经固相萃取小柱净化,在反相 C_{18} 色谱柱上分离后,用高效液相色谱和液相色谱-质谱法检测,外标法定量。

(1)样品提取:多酚是多羟基化合物。它的结构特点决定多酚易溶或可溶于水、醇类、醚类、酮类、酯类等。可以利用水溶剂提取和有机溶剂两种方法提取多酚。但由于水溶剂提取植物多酚类物质的效率较低,故多用有机溶剂。有机溶剂提取法主要是利用多酚在不同溶剂中溶解度不同进行回流提取。常用的溶剂有甲醇、乙醇、丙酮、乙酸乙酯等。此法可提高提取率、缩短反应时间。此实验主要利用甲醇提取水果中的酚类化合物,一般试样经有效提取后会发生浓缩,所采用仪器为旋转蒸发仪。

(2)水解:多酚类化合物经有机溶剂提取浓缩后,在酸性条件下可以保持稳定而不易于分解;且多酚类化合物多羟基,利用 HCl 加热水解可以使其水解成单体和苷元类酚类组分,避免多酚类化合物成盐而堵塞柱子,影响高效液相色谱结果。

(3)净化:固相萃取 SPE 技术基于液-固相色谱理论,采用选择性吸附、选择性洗脱的方式对样品进行富集、分离、净化,是一种包括液相和固相的物理萃取过程,也可以将其近似地看作一种简单的色谱过程。较常用的方法是使液体样品溶液通过吸附剂,保留其中被测物质,再选用适当强度溶剂冲去杂质,然后用少量溶剂迅速洗脱被测物质从而使其快速分离净化与浓缩。也可选择性吸附干扰杂质,让被测物质流出;或同时吸附杂质和被测物质,再使用合适的溶剂选择性洗脱被测物质。固相萃取技术的净化原理见图 3-4。

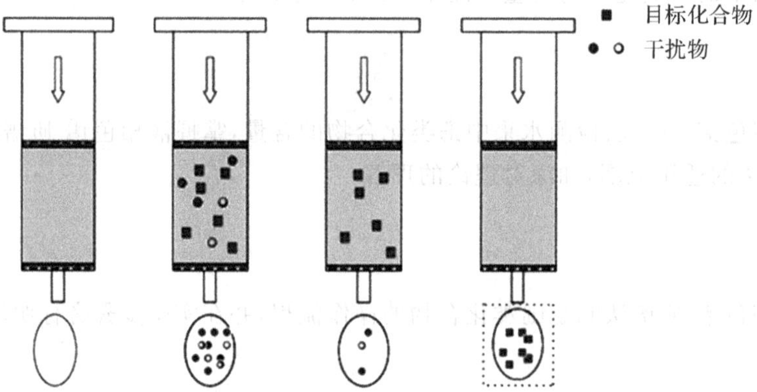

图 3-4 固相萃取技术净化原理

(三)器材与试剂

1. 实验仪器

液相色谱仪-质谱联用仪、电子天平、离心机、超低温冰箱、超声波清洗器、旋转蒸发仪、有机相微孔滤膜(0.22 μm)、C_{18} 固相萃取小柱(200 mg,6 mL)。

2. 实验试剂

(1)甲酸:色谱纯。

(2)甲醇。

(3)盐酸。

(4)乙腈:色谱纯。

(5)没食子酸($C_7H_6O_5$):纯度≥98%。

(6)鞣花酸($C_{14}H_6O_8$):纯度≥98%。

(7)新绿原酸($C_{16}H_{18}O_9$):纯度≥98%。

(8)绿原酸($C_{16}H_{18}O_9$):纯度≥98%。

(9)异绿原酸 A($C_{25}H_{24}O_{12}$):纯度≥98%。

(10)异绿原酸 B($C_{25}H_{24}O_{12}$:纯度≥98%。

(11)儿茶素($C_{15}H_{14}O_6 \cdot H_2O$):纯度≥98%。

(12)原花青素 B_2($C_{30}H_{26}O_{12}$):纯度≥98%。

(13)芦丁($C_{27}H_{30}O_{16}$):纯度≥98%。

(14)槲皮素-半乳糖苷($C_{21}H_{20}O_{12}$):纯度≥98%。

(15)槲皮素-葡萄糖苷($C_{21}H_{20}O_{12}$:纯度≥98%。

(16)山萘黄酮醇-芸香糖苷($C_{27}H_{30}O_{15}$)纯度≥98%。

(17)飞燕草-芸香糖苷($C_{27}H_{31}O_{16}Cl$):纯度≥98%。

(18)飞燕草-半乳糖苷($C_{21}H_{21}O_{12}Cl$):纯度≥98%。

(19)飞燕草-葡萄糖苷($C_{21}H_{21}O_{12}Cl$):纯度≥98%。

(20)飞燕草-阿拉伯糖苷($C_{21}H_{21}O_{10}Cl$):纯度≥98%。

(21)天竺葵-葡萄糖苷($C_{21}H_{21}O_{10}Cl$):纯度≥98%。

(22)矢车菊素-芸香糖苷($C_{27}H_{31}O_{15}Cl$):纯度≥98%。

(23)矢车菊素-半乳糖苷($C_{21}H_{21}O_{11}Cl$):纯度≥98%

(24)车菊素-葡萄糖苷($C_{21}H_{21}O_{11}Cl$):纯度≥98%

(25)矢车菊素-阿拉伯糖苷($C_{20}H_{19}O_{10}Cl$):纯度≥98%。

(26)白藜芦醇($C_{14}H_{12}O_3$):纯度≥98%。

(四)实验步骤

1.样品制备

水果样品洗净擦干后,取可食部分切碎混匀,四分法(将样品按照测定要求磨细,过一定孔径的筛子,然后混合,平铺成圆形,分成四等份,取相对的两份混合,然后再平分,直到达到要求)取 250 g,用液氨冷冻,研磨成粉末,−80 ℃冷冻备用。

2.样品提取

称取 10 g 试样于 50.0 mL 棕色离心管中,加入 30 mL 80%甲醇溶液,混合,室温下超声 15 min,900 r/min 离心 5 min。上清液转入 50.0 mL 棕色容量瓶中。残渣再用 15 mL 80%甲醇酸性溶液按上述步骤重复提取 1 次,合并 2 次提取液,用 80%甲醇溶液定容至 50.0 mL 备用。

3.浓缩

准确吸取 10 mL 样品提取液于 100 mL 旋转蒸发瓶中,在 40 ℃下减压蒸发除甲醇,浓缩至近干。

4.水解

将浓缩近干的样品加入 2 mL 2 mol/L 的 HCl 于 100 ℃水浴加热水解 30 min,加入5 mL水。

5. 净化

将 C_{18} 固相萃取小柱依次用 5 mL 甲醇和 5 mL 水预淋洗活化，将步骤 3 浓缩液或 4 水解液加至小柱中，用 2 mL 水分 2 次清洗旋转蒸发瓶，转入小柱中，抽滤弃除滤液。再用 5 mL甲醇分 2 次清洗旋转蒸发瓶，合并滤液，加入到小柱中，收集滤液，定容至 5 mL，混匀，过滤膜待测定。

6. 空白试验

除不加入样品外，其他提取、浓缩和净化过程与样品相同。

7. 色谱参考条件

色谱柱：C_{18} 色谱柱（或性能相当者），4.6 mm×250 mm，5 μm；检测波长：280 nm、320 nm、360 nm 和 520 nm；柱温：40 ℃；流速：0.8 mL/min；流动相 A：2%甲酸溶液；流动相 B：100%乙腈；进样量：10 μL。洗脱梯度参考条件见表 3-19。

表 3-19 洗脱梯度参考条件

时间/min	流动相 A/%	流动相 B/%
30	100	0
45	75	25
60	60	40
61	40	60
80	100	0

8. 质谱参考条件

色谱柱：T_3 色谱柱（或性能相当者），2.1 mm×150 mm，1.7 μm；柱温：40 ℃；流速：0.3 mL/min；流动相 A：0.5%甲酸溶液；流动相 B：100%乙腈；进样量：2 μL；离子源温度：150 ℃；脱溶剂气温度：450 ℃；脱溶剂气流量：650 L/h；锥孔气流速：50 L/h；检测法：多反应监测模式（MRM，是一种基于已知或假定的反应离子信息，有针对性地选择数据进行质谱信号采集，对符合规则的离子进行信号记录，去除不符合规则的离子信号的干扰，通过对数据的统计分析从而获取质谱定量信息的质谱技术）。洗脱梯度参考条件见表 3-20。

表 3-20 洗脱梯度参考条件

时间/min	流动相 A/%	流动相 B/%
1	100	0
10	95	5
16	80	20
18	75	25
19	60	40
21	0	100

续表

时间/min	流动相 A/%	流动相 B/%
27	100	0

9. 标准溶液制备

(1)单一组分标准溶液:准确称取分类标准品(没食子酸、鞣花酸、新绿原酸、绿原酸、异绿原酸 A、异绿原酸 B、儿茶素、原花青素 B_2、芦丁、槲皮素-半乳糖苷、槲皮素-葡萄糖苷、山萘黄酮醇-芸香糖苷、飞燕草-芸香糖苷、飞燕草-半乳糖苷、飞燕草-葡萄糖苷、飞燕草-阿拉伯糖苷、天竺葵-葡萄糖苷、矢车菊素-芸香糖苷、矢车菊素-半乳糖苷、车菊素-葡萄糖苷、矢车菊素-阿拉伯糖苷、白藜芦醇)各 1.0 mg,花色素酚类成分使用甲醇-盐酸溶液(甲醇∶盐酸=99∶1,V/V)定容至 5.0 mL。其他酚类成分用甲醇定容至 5.0 mL,配置成200 mg/L标准储备液,−20 ℃以下储存,备用。

(2)混合标准溶液:各种酚类成分根据仪器响应值确定混合标准物质的浓度。标准溶液现用现配。

10. 仪器测定

(1)定性鉴定:若检出酚类组分色谱峰保留时间与标准样品一致,所选离子丰度比(离子丰度比是离子强度的表现,选择强度最大的那个碎片离子作为基峰,其他的碎片离子和它相比便得到相应的离子丰度比)与标准样品丰度比不超过±20%,则判定为存在该组分。

(2)定量测定:取标准工作溶液、样品待测液及试剂空白进样测定,以质谱多反应监测模式下测得的峰面积与标准物质峰面积相比,计算未知待测组分的含量,以标准工作液多点校准定量。

(五)数据和计算

【实验记录】

实验记录参考表 3-21 和表 3-22。

表 3-21 标准曲线绘制实验记录表

时间:		地点:			实验员:		室内温度:		
项目		第一次		第二次		第三次		平均值	
		峰面积	保留时间	峰面积	保留时间	峰面积	保留时间	峰面积	保留时间
酚类化合物 1	浓度 1								
	浓度 2								
	浓度 3								
	……								
	标准曲线方程								

续表

项目		第一次		第二次		第三次		平均值	
		峰面积	保留时间	峰面积	保留时间	峰面积	保留时间	峰面积	保留时间
酚类化合物 2	浓度 1								
	浓度 2								
	浓度 3								
	……								
	标准曲线方程								
酚类化合物 3	浓度 1								
	浓度 2								
	浓度 3								
	……								
	标准曲线方程								
……	浓度 1								
	浓度 2								
	浓度 3								
	……								
	标准曲线方程								

表 3-22　酚类化合物测定实验记录表

时间：　　　　地点：　　　　实验员：　　　　室内温度：

项目		第一次		第二次		第三次		平均值	
		峰面积	浓度	峰面积	浓度	峰面积	浓度	峰面积	浓度
试样	酚类化合物 1								
	酚类化合物 2								
	酚类化合物 3								
	……								
试样提取液体积/mL									
试样质量/g									

质谱实验记录如图 3-5 所示。

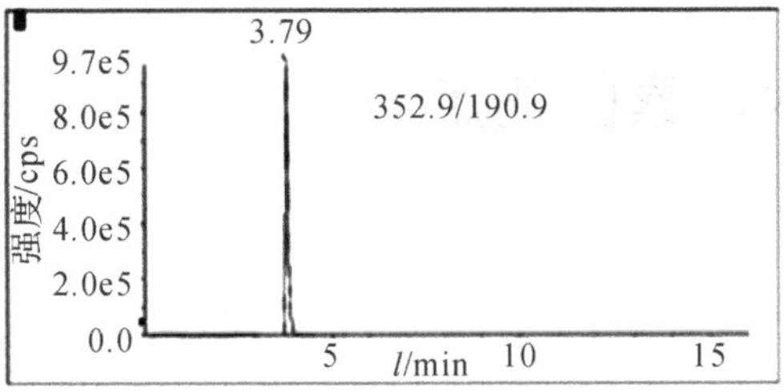

a) 绿原酸定量离子对色谱图

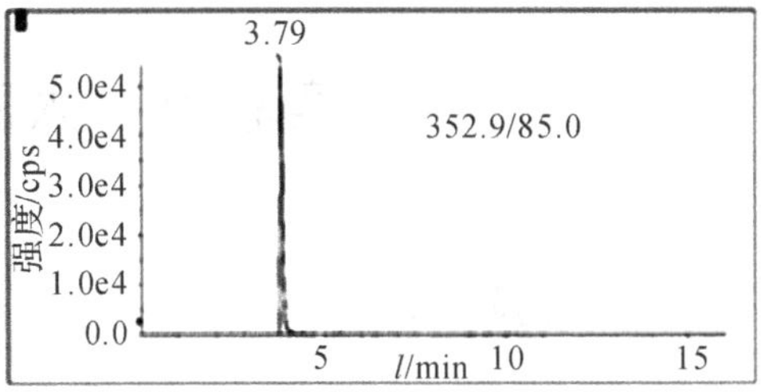

b) 绿原酸定性离子对色谱图

图 3-5　离子色谱图记录图

【结果计算】

食品中酚类化合物的含量按式(3-8)计算。

$$X=\frac{C\times V}{m} \tag{3-8}$$

式中：X——试样中各酚类化合物的含量，mg/kg；

C——标准曲线计算出试样提取液中各组分的浓度，mg/L；

V——试样提取液定容体积，mL；

m——样品质量，g。

(六)注意事项

(1)本法所有试剂均为分析纯，水为 GB/T 6682 规定的一级水。

(2)试剂空白不能检出对被测组分有干扰的物质。若有，则视为空白试剂被污染，实验结果不具有有效性。

(3)浓缩过程中，要保证试样可以被取出来，而避免结块留在旋转蒸发仪旋转瓶中。

(4)实验过程中会接触有机溶剂如甲醇等，应在操作过程中戴好手套、口罩等。

(5)实验结束，所用试剂应回收至废液桶；废渣也应集中处理，垃圾要分类。

(七)思考题

(1)分析实验过程中误差产生的原因。

(2)液相色谱-质谱法检测的工作原理是什么？

(3)固相萃取小柱选取的依据是什么？

(4)结合多酚类化合物的性质，分析实验过程中需要注意的事项。

实验九　大蒜中大蒜素的测定

(一)实验背景

【概述】

大蒜素又称蒜素,化学名称为二烯丙基硫代亚磺酸酯,化学式为 $C_6H_{10}S_2O$。大蒜素不稳定,遇热或碱即失去抗菌活性,但不受稀酸影响。新鲜大蒜中并没有大蒜素,只含有蒜氨酸(alliin)。当大蒜被切开或粉碎后,大蒜中的内源酶即蒜氨酸酶被激活,催化蒜氨酸分解合成为大蒜素。固体剂为白色至浅黄色流动性粉末,液体剂为淡黄色到棕色挥发性油状液体,具有浓烈的大蒜气味,蒸馏时分解,水溶液放置形成油状沉淀。大蒜素不溶于甘油、丙二醇等,可与乙醇、氯仿、醚、苯混合。对碱不稳定,对酸稳定。溶液遇热时很快失效。大蒜素有较强的抗菌作用,在极低浓度时即可抑制多种革兰氏阳性球菌和革兰氏阴性杆菌,对霉菌、病毒、原虫、蛲虫等也有抑制作用。对大肠杆菌、痢疾杆菌抑制效果明显。

【实验目的】

理解用气相色谱法测定大蒜中大蒜素的方法原理,以及能够制备样品、操作实验步骤和计算结果等。

【课前准备】

学习用气相色谱法测定大蒜素实验的操作流程,并在实验步骤旁标明原理公式。

【思维导图】

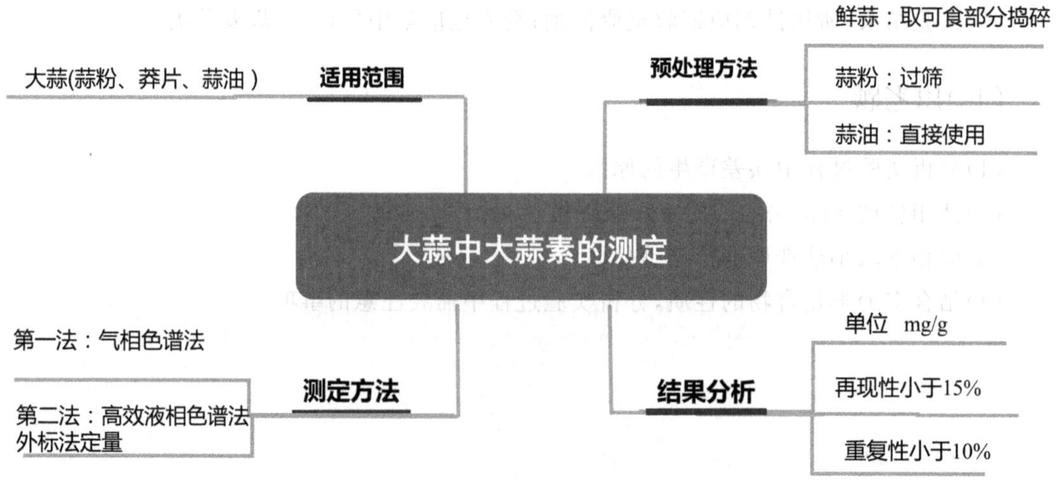

(二)实验原理

样品在一定的 pH 和温度下酶解，经乙醇溶液提取，用正己烷萃取后，再用带有氢火焰离子化检测器(FID)的气相色谱仪测定，外标法定量。

(三)器材与试剂

1. 实验仪器

气相色谱仪、分析天平、水浴锅、恒温水浴振荡器、组织捣碎机、具塞锥形瓶、具塞比色管。

2. 实验材料

(1)氢氧化钠。

(2)无水乙醇。

(3)正己烷。

(4)DATS(二烯丙基三硫醚)标准品：纯度>90%。

(5)DADS(二烯丙基二硫醚)标准品：纯度>90%。

(四)实验步骤

1. 样品制备

称取 5 g 蒜泥试样，置于 100 mL 具塞锥形瓶中，加入 10 mL 纯水、轻轻摇匀，加入 1～21 mol/L氢氧化钠溶液，调 pH 至 7，加塞，于 60 ℃水浴中酶解 60 min。向酶解后的样品中加入 20 mL 10%乙醇溶液，加塞，轻轻摇匀，于 65 ℃恒温水浴振荡器中以 120 次/min 的频率振荡提取 60 min。振荡提取开始 5 min 内，打开瓶塞排气 1～2 次。趁热将提取液经铺有滤纸的玻璃漏斗过滤，待滤液冷却至室温后，吸取 15 mL 滤液于 25 mL 具塞比色管中，加入 5 mL 正己烷，加塞，振摇萃取 2 min，静置分层，取上层液测定。振摇萃取后若出现乳化或不易分层的现象，可滴加 2～3 滴甲醇。

2. 标准工作曲线的配制

分别称取 1 g DATS 标准品和 0.5 g DADS 标准品，置于 10 mL 容量瓶中，用正己烷溶定容，配制成质量浓度为 100 g/L 的 DATS 标准储备溶液和 50 g/L 的 DADS 标准储备溶液。该溶液于−18 ℃以下冰冻，可保存 6 个月。分别吸取 DATS 标准储备溶液和 DADS 标准储备溶液 1 mL 于 10 mL 容量瓶中，用正己烷溶定容，配制成质量浓度为 10 g/L 的 DATS 和 5 g/L 的 DADS 的混合标准工作溶液，该溶液于 4 ℃左右冷藏保存。准确吸取适量混合标准工作溶液于 10 mL 容量瓶中，用正己烷定容，配制成 DATS 浓度为 20～500 mg/L 和 DADS 浓度为 10～250 mg/L 的标准工作曲线溶液。该系列溶液于 4 ℃左右冷藏，可保存 7 天。

3. 色谱参考条件

色谱柱：0.32 mm×30 m，0.25 μm；固定相：5%苯基-聚硅氧烷或性质相当的色谱柱；温度：进样口温度为 160 ℃；检测器温度为 160 ℃；载气：氮气，纯度≥99.999%，流量为 55 mL/min；燃气：氢气，纯度≥99.999%，流量为 50 mL/min；助燃气：空气，流量为

500 mL/min。进样方式：分流进样，分流比为 10∶1。进样量：1 μL。

4. 测定

分别取标准工作曲线系列溶液和试样处理液注入气相色谱仪。以标准工作曲线各点的峰面积对浓度计算回归方程或绘制标准工作曲线。将试样处理液的峰面积与标准工作曲线比较，计算试样处理液中 DATS 或 DADS 的质量浓度。

5. 空白试验

除不加试样外，采用与试样完全相同的分析步骤进行平行操作。

（五）数据和计算

【实验记录】

实验记录表参考表 3-23。

表 3-23 大蒜中大蒜素的测定实验记录表

时间：	地点：		实验员：	室内温度：	
f—换算因子：大蒜素：$f=1$					
项目	样品 1	样品 2	样品 3	样品 4	样品 5
标准测定液峰面积					
标准测定液浓度/(μg/mL)					
标准曲线					
样品质量/g					
定容体积/mL					
结果	第一次	第二次	第三次	第四次	第五次
大蒜素的浓度/(μg/mL)					
大蒜素的平均浓度/(μg/mL)					

【结果计算】

鲜蒜或蒜粉(片)的测定结果按式(3-9)计算：

$$\omega=\frac{(\rho-\rho_0)\times V\times 2}{m} \tag{3-9}$$

蒜油的测定结果按式(3-10)计算：

$$\omega=\frac{(\rho-\rho_0)\times V}{m} \tag{3-10}$$

式中：ω——样品中 DATS 或 DADS 的含量，mg/kg；

ρ——试样处理液中 DATS 或 DADS 的质量浓度，mg/L；

ρ_0——空白液中 DATS 或 DADS 的质量浓度，mg/L；

V——试样定容体积，mL；

m——试样质量，g；

2—试样质量换算系数。

(六)注意事项

(1)检出限：DATS 为 0.9 mg/kg；DADS 为 0.5 mg/kg。

(2)检测线性范围：DATS 为 3.5～3500 mg/L；DADS 为 2.0～2000 mg/L。

(七)思考题

(1)大蒜素的功效有哪些？

(2)长期服用大蒜素对人体是否有副作用？

实验十　油脂中脂肪酸组成的测定

(一)实验背景

【概述】

油脂中脂肪酸的组成可用结合多种检测方法进行确定。其中，脂肪酸含量的测定可以根据 GB 5009.168 中规定的食品中脂肪酸的测定方法进行，主要包括内标法、外标法和归一化法。而油脂中脂肪酸的组分又可用气相色谱法分离，再结合内标法定量。气相色谱法是以气体作为流动相的色层分离分析方法，适合大部分食品中的脂肪酸的分离与测定，应用十分广泛。

【实验目的】

学习气相色谱法测定油脂中脂肪酸组成的原理。掌握气相色谱法的操作技术，包括样品的水解、提取、脂肪的皂化和甲酯化处理、气相色谱分析及脂肪酸组成的分析等。

【课前准备】

学习气相色谱内标法定量测定油脂中脂肪酸组成的操作流程。在实验步骤旁标明原理公式。

【思维导图】

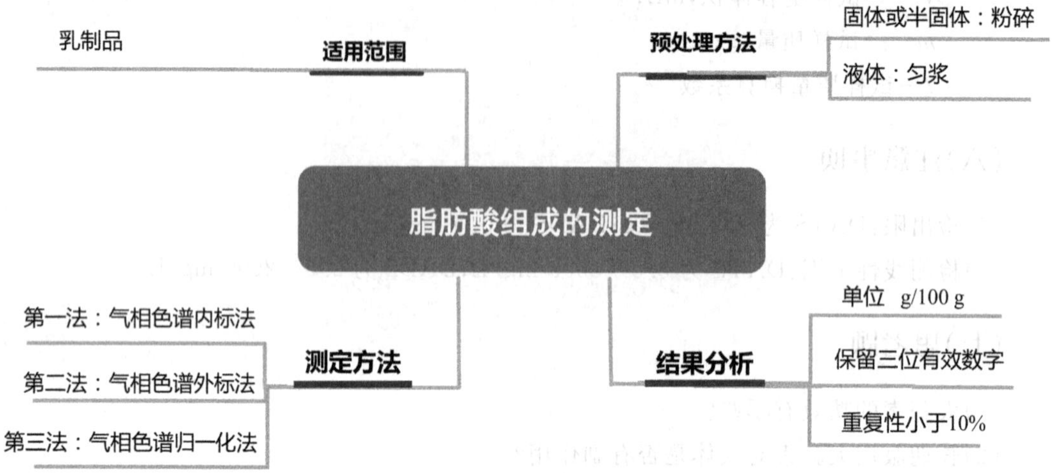

（二）实验原理

（1）水解-提取法：加入内标物的试样经水解乙醚溶液提取其中的脂肪后，在碱性条件下皂化和甲酯化，生成脂肪酸甲酯。用毛细管柱气相色谱分析、内标法定量测定脂肪酸甲酯含量。依据脂肪酸甲酯含量和转换系数计算出总脂肪、饱和脂肪（酸）、单不饱和脂肪（酸）、多不饱和脂肪（酸）含量。动植物油脂试样不经脂肪提取，加入内标物后直接进行皂化和脂肪酸甲酯化。

（2）酯交换法（适合游离脂肪酸含量不大于2%的油脂）：先将油脂试样溶解在异辛烷中，加入内标物，再加入氢氧化钾甲醇溶液通过酯交换甲酯化，反应完全后，用硫酸氢钠中和剩余氢氧化钾，以避免甲酯皂化。

（3）样品水解：可以分为酸性条件下的水解和碱性条件下的水解。酸性物质可以水解酯类为高级脂肪酸，碱性物质可以水解酯类为脂肪酸盐。反应方程通式如下：

酸性条件：$RCOOR + H_2O + H^+ \longrightarrow ROH + RCOOH$

碱性条件：$RCOOR + NaOH \longrightarrow RCOONa + ROH$

脂肪提取，在水解完全的样品溶液中加入乙醚石油醚混合液，提取其中的脂肪酸，并利用旋转蒸发仪浓缩获得脂肪提取物。

脂肪皂化，反应方程式如下：

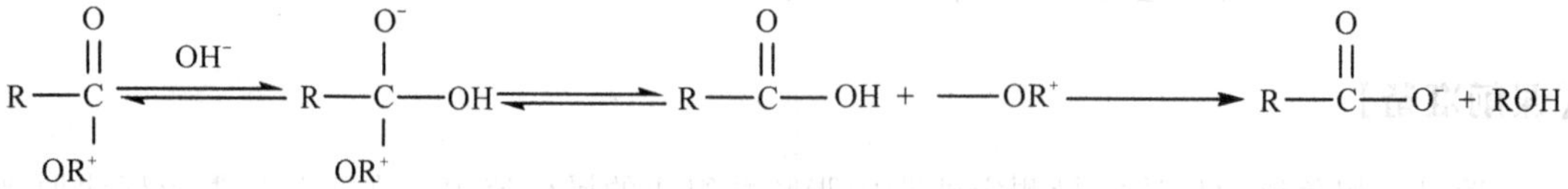

皂化反应是指酯类在碱性条件下的水解，羟基进攻烷氧基，烷氧基离去，生成醇和羧酸盐的反应。其中，氢氧化钠提供碱性环境，以和脂肪反应生成脂肪酸钠，并利用回流冷凝器（见图3-6）保持皂化反应温度。

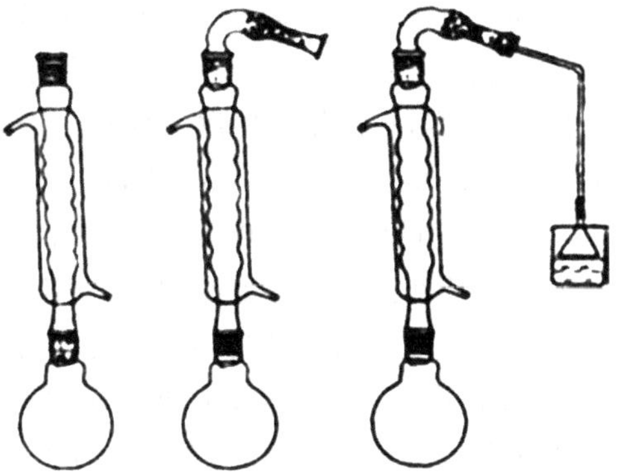

图 3-6　皂化反应装置

脂肪甲酯化，反应方程通式如下：

$$C_nH_{(2n+1)}COOH + CH_3OH \longrightarrow C_nH_{(2n+1)}COOCH_3 + H_2O$$

脂肪和甲醇在催化剂的催化下反应生成脂肪酸甲酯。其中，甲酯化强酸性催化剂为三氟化硼。三氟化硼甲醇是脂肪酸甲酯化过程经常用到的衍生化试剂。

(三)器材与试剂

1. 实验仪器

气相色谱仪(具有氢火焰离子检测器)、毛细管色谱柱(聚二氰丙基硅氧烷强极性固定相，柱长 100 m，内径 0.25 mm，膜厚 0.2 μm)、恒温水浴锅、分析天平、回流冷凝器、平底烧瓶、烧瓶。

2. 实验试剂

(1)盐酸。

(2)焦性没食子酸。

(3)石油醚：沸程 30～60 ℃。

(4)乙醇。

(5)氢氧化钠。

(6)甲醇。

(7)正庚烷：色谱纯。

(8)三氟化硼。

(9)无水硫酸钠。

(10)氯化钠。

(11)氢氧化钾。

(12)十一碳酸甘油三酯。

(13)单个脂肪酸甲酯标准品。

(四)实验步骤

1. 试样制备

在采样和制备过程中，应避免试样污染。固体或半固体试样用组织粉碎机或研磨机粉碎，液体试样用匀浆机打成匀浆于－18 ℃以下冷冻保存，分析时将其解冻后使用。称取均匀试样 0.1～10 g(含脂肪 100～200 mg)移入 250 mL 平底烧瓶中,准确加入 2 mL 5 mg/mL十一碳酸甘油三酯内标溶液(称取 2.5 g 十一碳酸甘油三酯至烧杯中,加入甲醇溶解,移入 500 mL 容量瓶后用甲醇定容,在冰箱中冷藏可保存 1 个月),加入约100 mg焦性没食子酸,加入几粒沸石,再加入 2 mL 95%乙醇和 4 mL 水,混匀。在脂肪提取物中加入8 mL 2%氢氧化钠甲醇溶液(取 2 g 氢氧化钠溶解在 100 mL 甲醇中,混匀),连接回流冷凝器在 80 ℃水浴上回流,直至油滴消失。从回流冷凝器上端加入 7 mL 15%三氟化硼甲醇溶液,在 80 ℃水浴中继续回流 2 min。用少量水冲洗回流冷凝器。停止加热,从水浴上取下烧瓶,迅速冷却至室温。加入 10～30 mL 正庚烷,振摇 2 min,再加入饱和氯化钠水溶液,静置分层。吸取上层正庚烷提取溶液大约 5 mL,至 25 mL 试管中,加入 3～5 g 无水硫酸钠,振摇 1 min,静置 5 min,吸取上层溶液到进样瓶中待测定。

4. 色谱参考条件

毛细管色谱柱:聚二氰丙基硅氧烷强极性固定相,100 mm×0.25 mm,0.2 μm;进样器温度:270 ℃;检测器温度:280 ℃;载气:氮气;分流比:100∶1;进样体积:1 μL;理论塔板数(*n*):≥2000/m;分离度(*R*):≥1.25。升温程序:初始温度 100 ℃,持续 13 min→100～180 ℃,升温速率 10 ℃/min,保持 6 min→180～200 ℃,升温速率 1 ℃/min,保持 20 min→200～230 ℃,升温速率 4 ℃/min,保持 10.5 min。

5. 标样制备

(1)混合脂肪酸甲酯标准品:取适量脂肪酸甲酯混合标准移至 10 mL 容量瓶中,用正庚烷稀释定容,贮存于－10 ℃以下冰箱,有效期 3 个月。

(2)单个脂肪酸甲酯标准品:将单个脂肪酸甲酯分别从安瓿瓶中取出转移到 10 mL 容量瓶中,用正庚烷冲洗安瓿瓶,再用正庚烷定容,分别得到不同脂肪酸甲酯的单标溶液,贮存于－10 ℃以下冰箱,有效期为 3 个月。

6. 样品与标样测定

在上述色谱条件下将脂肪酸标准测定液及试样测定液分别注入气相色谱仪,以色谱峰峰面积定量。取单个脂肪酸甲酯标准溶液和脂肪酸甲酯混合标准溶液分别注入气相色谱仪,对色谱峰进行定性。脂肪酸甲酯混合标准溶液气相色谱见图 3-7。

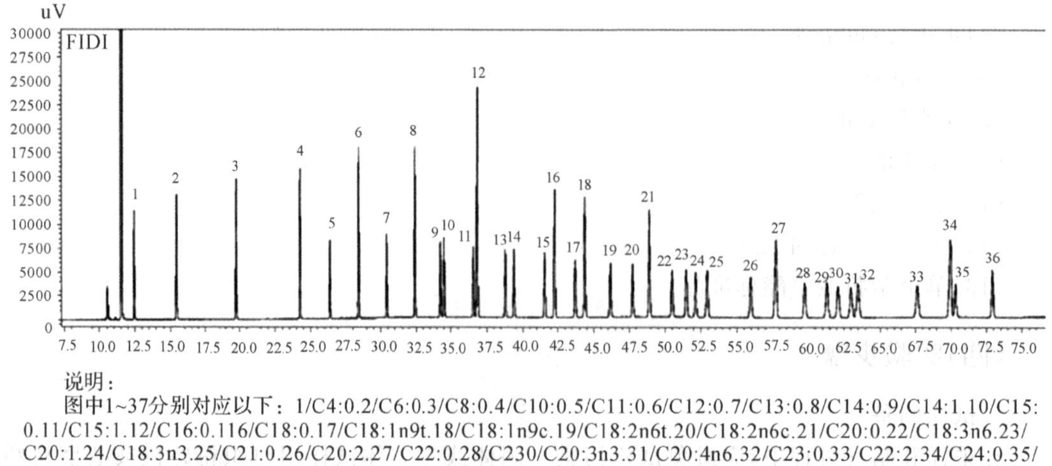

说明:

图中1~37分别对应以下:1/C4:0.2/C6:0.3/C8:0.4/C10:0.5/C11:0.6/C12:0.7/C13:0.8/C14:0.9/C14:1.10/C15:0.11/C15:1.12/C16:0.116/C18:0.17/C18:1n9t.18/C18:1n9c.19/C18:2n6t.20/C18:2n6c.21/C20:0.22/C18:3n6.23/C20:1.24/C18:3n3.25/C21:0.26/C20:2.27/C22:0.28/C230/C20:3n3.31/C20:4n6.32/C23:0.33/C22:2.34/C24:0.35/C20:5.36/C24:1.37/C22:6n3。

图 3-7　37 种脂肪酸甲酯标准溶液参考色谱图

(五)数据和计算

【实验记录】

实验记录参考表 3-24。

表 3-24　气相色谱法实验记录表

时间：		地点：			实验员：		室内温度：		
峰序号		标准样 1 图谱	样品 1 图谱	标准样 2 图谱	样品 2 图谱	标准样 3 图谱	样品 3 图谱	……	备注
峰 1	保留时间/min								
	脂肪酸名称								
	含量/%								
峰 2	保留时间/min								
	脂肪酸名称								
	含量/%								
峰 3	保留时间/min								
	脂肪酸名称								
	含量/%								
……	保留时间/min								
	脂肪酸名称								
	含量/%								

【结果计算】

试样中单个脂肪酸甲酯按式(3-11)计算：

$$X_i = F_i \times \frac{A_i}{A_{C11}} \times \frac{\rho_{C11} \times V_{C11} \times 1.0067}{m} \times 100 \tag{3-11}$$

式中：X_i——试样中脂肪酸甲酯 i 含量，g/100 g；

F_i——脂肪酸甲酯 i 的响应因子；

A_i——试样中脂肪酸甲酯 i 的峰面积；

A_{C11}——试样中加入的内标物十一碳酸甲酯峰面积；

ρ_{C11}——十一碳酸甘油三酯浓度，mg/mL；

V_{C11}——试样中加入十一碳酸甘油三酯体积，mL；

1.0067——十一碳酸甘油三酯转化成十一碳酸甲酯的转换系数；

m——试样的质量，mg；

100——每 100 g 试样中含量的转换系数。

脂肪酸甲酯 i 的响应因子 F_i 按式(3-12)计算：

$$F_i=\frac{\rho_{S_i}\times A_{C11}}{A_{S_i}\times \rho_{C11}} \tag{3-12}$$

式中：F_i——脂肪酸甲酯 i 的响应因子；

ρ_{S_i}——混标中各脂肪酸甲酯 i 的浓度，mg/mL；

A_{C11}——十一碳酸甲酯峰面积；

A_{S_i}——脂肪酸甲酯 i 的峰面积；

ρ_{C11}——混标中十一碳酸甲酯浓度，mg/mL。

【结果分析】

脂肪酸甲酯、脂肪酸和脂肪酸甘油酯之间的转换查询相关表格。

(六)注意事项

(1)根据实际工作需要选择内标。对于组分不确定的试样，第一次检测时不应加内标物。观察在内标物峰位置处是否有干扰峰出现。如果存在，可依次选择十三碳酸甘油三酯或十九碳酸甘油三酯或二十三碳酸甘油三酯作为内标。

(2)三氟化硼有毒，样品前处理需在通风橱中进行。

(3)实验过程中要接触化学试剂，所以每个操作者都需佩戴护目镜、口罩和手套，避免不当行为对实验人员的伤害。

(4)实验过程中，要保证仪器的正确使用；且接触过三氟化硼的玻璃器具等应立即用水冲洗，干燥后及时放回原位。

(5)气相色谱检测灵敏度很高，取样时，样品量应控制在 1～2 滴，并通过分流比适当调节检测范围内的信号值。

(6)在气相色谱分析时，应注意由于色谱柱中高沸点固定液、样品净化不完全及载气不纯等带来的污染，防止使分析灵敏度下降。

(7)为保护毛细管柱，一定要确保升温程序在该型号色谱柱的温度允许范围内。

(8)正己烷和甲醇钠应作为危险废弃物处理；其他废弃物在通过水冲洗进入下水道时，请遵循良好实验室规范。

(七)思考题

(1)请解释为什么要在皂化和甲酯化过程中加入三氟化硼甲醇？只加甲醇可以吗？

(2)请问内标法、外标法和归一化法各有什么优缺点？本实验采取内标法的原因是什么？

(3)结合实际实验操作，请问实验成功的要点及注意事项都有哪些？

实验十 食品中脂肪酸组成的测定

实验十一　肉制品中胆固醇的测定

(一)实验背景

【概述】

肉制品中的胆固醇含量可以通过多种检测方法确定。GB 5009.128 中规定的肉制品中胆固醇的测定方法包括气相色谱法、高效液相色谱法和比色法。此外,生化分析仪法、荧光毛细分析法、气相色谱-质谱法、液相色谱-质谱联用法也常用来测定食品中的胆固醇含量。其中,气相色谱法具有高分离效能、高选择性、高灵敏度、高分析速度等优点,适合大部分的动物性食品中的胆固醇含量的测定。

【实验目的】

理解气相色谱法测定肉制品中胆固醇的原理,能制备样品、操作实验步骤和计算结果等。

【课前准备】

学习气相色谱法测定胆固醇实验的操作流程,并在实验步骤旁标明原理公式。

【思维导图】

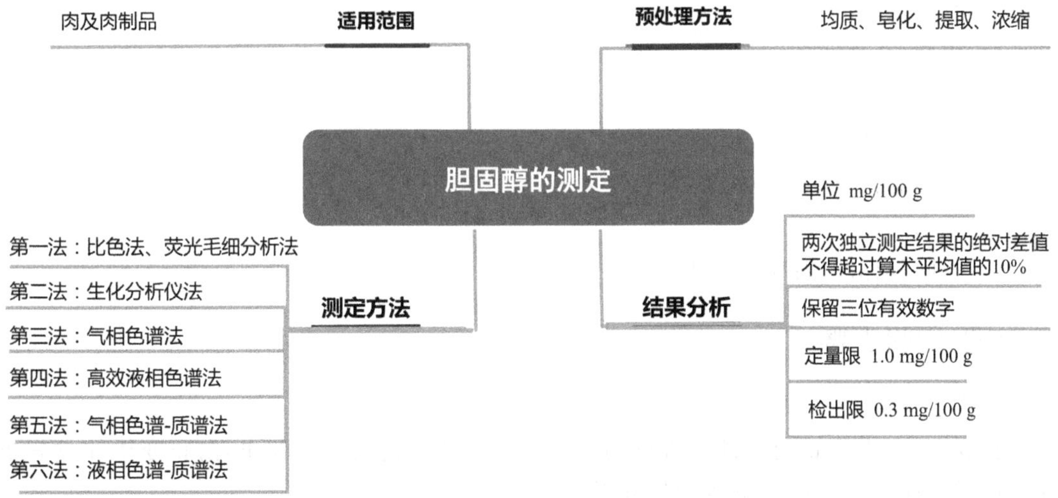

(二)实验原理

胆固醇是一种具有脂类性质的物质,广泛存在于动物体内。其溶解性与脂肪类似,不溶于水,易溶于乙醚、氯仿等溶剂。此实验样品经无水乙醇-氢氧化钾溶液皂化、石油醚和无水乙醚混合提取。提取液浓缩干燥，无水乙醇溶解定容后，用气相色谱法检测，外标法定量。皂化反应通常指的是碱（通常为强碱）和脂反应，生产出醇和羧酸盐，尤指油脂和碱反应。皂化装置见图 3-8。皂化反应完全之后，用有机溶剂（此实验为石油醚和无水乙醚的混合物）提取皂化液中的胆固醇类，浓缩，进行提取液洗涤。洗涤过后的醚层需干燥去除多余的水分，同时也需要利用旋转蒸发仪将醚蒸发以浓缩获得胆固醇。最后，将浓缩后的胆固醇注入气相色谱仪，用外标法定量。

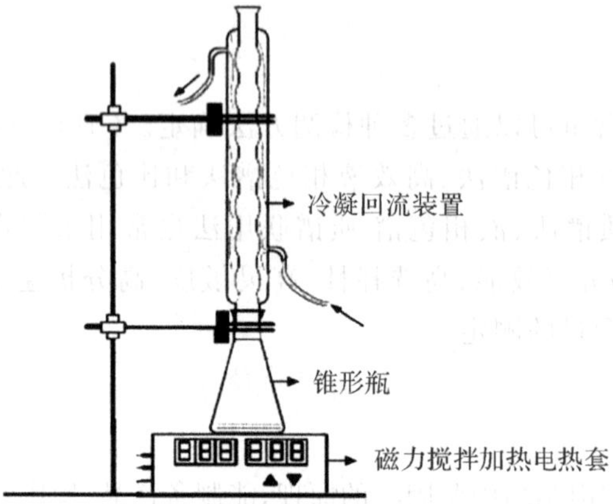

图 3-8　皂化装置

（三）器材与试剂

1. 实验仪器

气相色谱仪（配有氢火焰离子化检测器）、电子天平、匀浆机、皂化装置。

2. 实验试剂

（1）甲醇：色谱纯。

（2）无水硫酸钠。

（3）氢氧化钾。

（4）石油醚：沸程 30～60 ℃。

（5）无水乙醚。

（6）胆固醇标准品：纯度≥99%。

（四）实验步骤

1. 样品制备

称取 200 g 样品的可食部分进行均质。将试样装入密封的容器里，防止变质和成分变化。试样应在均质化后 24 h 内尽快分析。

2. 皂化

称取制备后的样品 0.25～10 g（胆固醇含量为 0.5～5 mg）于 250 mL 锥形瓶中，加入 30 mL无水乙醇，10 mL 60%氢氧化钾溶液（称取 60 g 氢氧化钾（KOH），缓慢加水溶解，并定容至 100 mL），混匀。将试样在 100 ℃磁力搅拌加热电热套皂化回流 1 h，不时振荡以防止试样黏附在瓶壁上。皂化结束后，用 5 mL 无水乙醇自冷凝管顶端冲洗其内部，取下锥形瓶，用流水冷却至室温。

3. 提取

定量转移全部皂化液于 250 mL 分液漏斗中，用 30 mL 水分 2～3 次冲洗锥形瓶，冲洗液并入分液漏斗，再用 40 mL 石油醚无水乙醚混合液（将石油醚和无水乙醚等体积混合均匀）分 2～3 次冲洗锥形瓶，冲洗液并入分液漏斗，振摇 2 min，静置，分层。转移水相，合并三次有机相。用水每次用 100 mL 水洗涤提取液至中性，初次水洗时轻轻旋摇，防止乳化，提取液通过约10 g无水硫酸钠脱水转移到 150 mL 平底烧瓶中。

4. 浓缩

将上述平底烧瓶中的提取液在真空条件下蒸发至近干，用无水乙醇溶解并定容至 5 mL，过滤膜后待测。

不同试样的前处理需要同时做空白试验。

5. 仪器参考条件

色谱柱：DB-5 弹性石英毛细管柱，柱长 30 m，内径 0.32 mm，粒径 0.25 μm，或同等性能的色谱柱；载气：高纯氮气（纯度≥99.999%），恒流 2.4 mL/min；进样口温度：280 ℃；检测器温度：290 ℃；进样量：1 μL；空气流量：350 mL/min；氢气流量：30 mL/min；进样方式：不分流进样，进样 1 min 后开阀；柱温（程序升温）：初始温度 200 ℃，保持 1 min→200～280 ℃，升温速率 30 ℃/min，保持 10 min。

6. 标准溶液制备

（1）胆固醇标准储备液（1.0 mg/mL）：称取 0.05 g 胆固醇标准品，用无水乙醇溶解并定容至 50 mL，放置 0～4 ℃密封，可贮藏半年。

（2）胆固醇标准系列工作液：分别吸取上述标准储备液 25，50，100，500，2000 μL，用无水乙醇定容至 10 mL。该标准系列工作液的浓度分别为 2.5，5.0，10.0，50.0，200.0 μg/mL。现用现配。

7. 标准曲线的制作

分别取胆固醇标准系列工作液，注入气相色谱仪，在上述色谱条件下测定标准溶液的响应值（峰面积），以浓度为横坐标、峰面积为纵坐标，制作标准曲线。

8. 仪器测定

将试样溶液注入气相色谱仪，测定峰面积，由标准曲线得到试样溶液中胆固醇的浓度。根据保留时间定性，外标法定量。胆固醇标准溶液的气相色谱图见图 3-9。

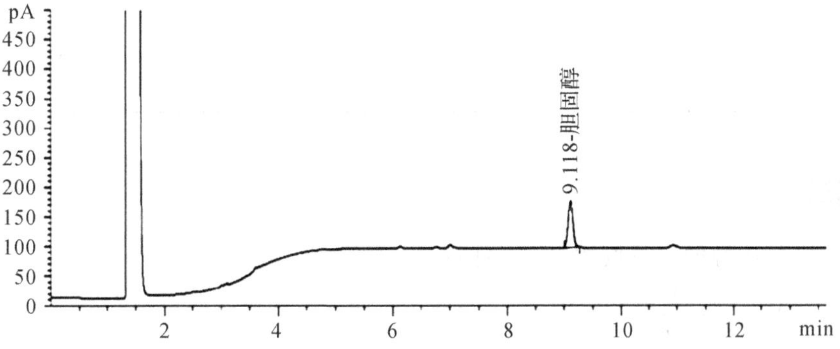

图 3-9　胆固醇标准溶液的气相色谱图

（五）数据和计算

【实验记录】

实验记录参考表 3-25 和表 3-26。

表 3-25 标准曲线绘制实验记录表

<table>
<tr><td colspan="3">时间：　　　　地点：</td><td colspan="2">实验员：</td><td colspan="2">室内温度：</td></tr>
<tr><td colspan="3" rowspan="2">项目</td><td>第一次</td><td>第二次</td><td>第三次</td><td>平均值</td></tr>
<tr><td>峰面积</td><td>峰面积</td><td>峰面积</td><td>峰面积</td></tr>
<tr><td rowspan="6">胆固醇标准系列工作液</td><td rowspan="5">浓度</td><td>2.5 μg/mL</td><td></td><td></td><td></td><td></td></tr>
<tr><td>5.0 μg/mL</td><td></td><td></td><td></td><td></td></tr>
<tr><td>10.0 μg/mL</td><td></td><td></td><td></td><td></td></tr>
<tr><td>50.0 μg/mL</td><td></td><td></td><td></td><td></td></tr>
<tr><td>200.0 μg/mL</td><td></td><td></td><td></td><td></td></tr>
<tr><td>标准曲线方程</td><td colspan="5"></td></tr>
</table>

表 3-26 胆固醇测定实验记录表

<table>
<tr><td colspan="2">时间：　　　　地点：</td><td>实验员：</td><td colspan="2">室内温度：</td></tr>
<tr><td colspan="5">换算系数：1000、100</td></tr>
<tr><td>项目</td><td>第一次峰面积</td><td>第二次峰面积</td><td>第三次峰面积</td><td>平均峰面积</td></tr>
<tr><td>试样</td><td></td><td></td><td></td><td></td></tr>
<tr><td>试样溶液中胆固醇的浓度/(μg/mg)</td><td colspan="4"></td></tr>
<tr><td>试样溶液最终定容的体积/mL</td><td colspan="4"></td></tr>
<tr><td>试样质量/g</td><td colspan="4"></td></tr>
</table>

【结果计算】

肉制品中胆固醇的含量按式(3-13)计算：

$$X=\frac{\rho\times V}{m\times 1000}\times 100 \tag{3-13}$$

式中：X——试样中胆固醇含量，mg/100g；

ρ——试样溶液中胆固醇的浓度，μg/mL；
V——试样溶液最终定容的体积，mL；
m——样品质量，g；
1000、100——换算系数。

(六)注意事项

(1)必须穿好实验服，戴好手套和口罩，方可操作。
(2)计算结果应扣除空白。
(3)皂化反应时，要戴好隔热手套，不要触碰磁力搅拌加热电热套表面。
(4)要少量、反复多次冲洗皂化后容器壁，以防残留影响定量准确性。
(5)用完的有机溶剂要回收到废液桶，废渣要统一回收处理，实验垃圾要分类。

(七)思考题

(1)分析实验过程中产生误差的原因。
(2)在皂化处理过程中，冷凝的作用是什么？
(3)在提取过程中，如果提取液发生乳化会产生什么后果？要如何解决？
(4)结合实验，进行气相色谱分析时，最重要的调控因素是什么？为什么？

实验十二　植物油中植物甾醇的测定

(一)实验背景

【概述】

植物固醇是以游离状态或与脂肪酸、糖等结合的状态存在的一种功能性成分，广泛存在于蔬菜、水果等各种植物的细胞膜中。植物甾醇具有降低血浆总胆固醇和低密度脂蛋白胆固醇的作用。通常使用气相色谱-质谱联用(GC-MS)法技术检测食品中植物甾醇的含量。

【实验目的】

理解 GC-MS 法检测植物油中植物甾醇的方法原理，了解试剂耗材、仪器设备、制备样品要点、操作实验步骤和计算结果等。

【课前准备】

学习 GC-MS 法测定植物甾醇实验的操作流程，并在实验步骤旁标明原理公式。

【思维导图】

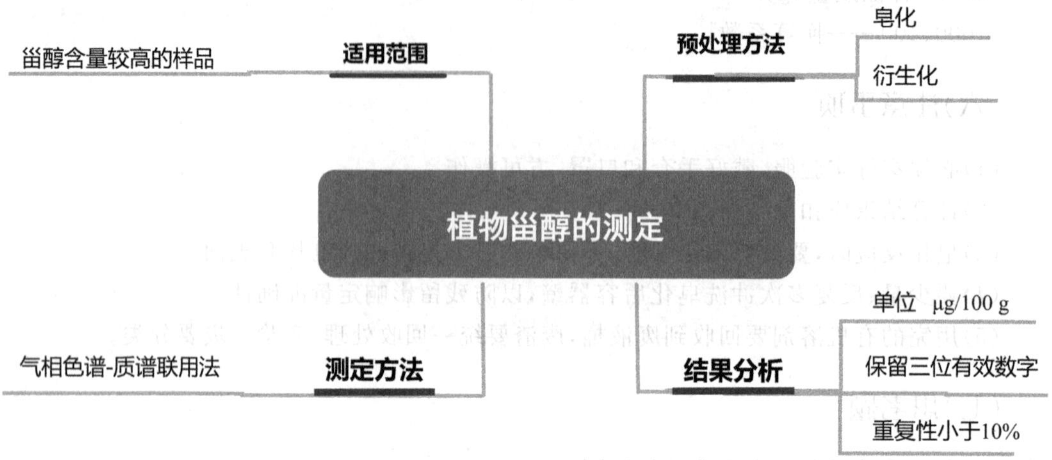

(二)实验原理

将植物油中的脂肪用氢氧化钾-乙醇溶液加热皂化后，以正己烷提取，以超纯水清洗有机相，BSTFA＋TCMS(99∶1)在 60 ℃下衍生 30 min，硅烷化衍生后，氮化吹干，以 1 mL 色谱纯正己烷定容，进入 GC-MS，以 HP-5MS 柱分离，质谱检测。一般油脂类食品中主要含有胆固醇、谷甾醇、豆甾醇、菜油甾醇和菜籽甾醇，另外还有谷甾烷醇、胆甾烷醇及其他一些甾醇。

(三)器材与试剂

1. 实验仪器

气相色谱质谱仪、分析天平、恒温水浴锅振荡器、玻璃仪器若干、氮吹仪、烘箱。

2. 实验试剂

(1)棕榈油。

(2)正己烷：色谱级。

(3)氢氧化钾。

(4)无水乙醇。

(5)BSTFA＋TCMS(99∶1)衍生剂。

(四)实验步骤

1. 样品制备

称取 50 mg 棕榈油于 15 mL 塑料离心管，加入 20 μg 胆甾烷醇内标，再加入 2 mL 2 mol/L 的 KOH-乙醇溶液，混匀，75 ℃水浴 30 min，加入 4 mL 超纯水和 3 mL 正己烷，轻轻混匀，3000 r/min离心 3 min(或静置 5 min)，取上清液，用超纯水清洗 2 遍，每次 4 mL。将 1 mL

有机相转移至 2 mL 进样瓶中，继续氮吹至干，取 100 μL 衍生剂(BSTFA＋TCMS(99∶1))，盖上进样瓶盖，60 ℃衍生 30 min，衍生完成后，氮吹吹干，加入正己烷定容至 1 mL 进样。

2. GC-MS 检测条件

色谱柱：HP-5MS(30 mm×0.25 mm×0.25 μm)或者 DB-5；载气：1.2 mL/min 氦气；进样口温度：300 ℃；分流模式：不分流；程序升温为：150 ℃保持 1 min，40 ℃/min 升温至 280 ℃，保持 30 min。

(五)数据和计算

【实验记录】

实验记录参考表 3-27。

表 3-27　植物甾醇测定实验记录表

时间：		地点：			实验员：		室内温度：		
峰序号		标准样1图谱	样品1图谱	标准样2图谱	样品2图谱	标准样3图谱	样品3图谱	……	备注
峰 1	保留时间/min								
	植物甾醇名称								
	含量/μg/100 g								
峰 2	保留时间/min								
	植物甾醇名称								
	含量/μg/100 g								
峰 3	保留时间/min								
	植物甾醇名称								
	含量/μg/100 g								
……	保留时间/min								
	植物甾醇名称								
	含量/μg/100 g								

【结果计算】

植物油中植物甾醇的含量按式(3-14)计算。

$$植物甾醇=\frac{m_1}{m}\times 100 \tag{3-14}$$

式中：m_1——按标准曲线算出的单一甾醇的质量，μg；

m——样品的质量，g。

（六）注意事项

（1）油脂用万分之一的分析天平称量，保证样品称量的准确。

（2）在用超纯水清洗有机相的过程中，震荡要轻柔，避免出现乳化，而导致难以分层，影响实验进度。

（3）在第二次超纯水清洗有机相后，要保证水相完全除去，防止氮吹过程中残存水而导致吹不干，影响硅烷化衍生。

（4）硅烷化衍生试剂使用完要立即盖上瓶盖，防止衍生试剂受潮变性，影响后续实验。

（5）正己烷定容后的样品，使用全新的气相色谱进样瓶隔垫，防止正己烷挥发，影响定量结果准确性。

实验十二 食品中植物甾醇的测定

（七）思考题

（1）分析实验过程中可能产生误差的原因。

（2）水分残留对测定有何种影响？

实验十三　薯条中反式脂肪酸的测定

（一）实验背景

【概述】

反式脂肪酸（TFA）是含有反式双键的不饱和脂肪酸的总称。其双键上，两个碳原子结合的两个氢原子分别在碳链的两侧，其空间构象呈线性。与之相对应的是顺式脂肪酸，双键上两个碳原子结合的两个氢原子在碳链的同侧，空间构象呈弯曲状。它们的立体结构不同，其性质也相差很多。首先，二者的物理性质有所不同，顺式脂肪酸多为液态，熔点较低，而TFA多为固态或半固态，熔点较高。其次，二者的生物学作用也相差甚远，主要表现在TFA对干扰机体多不饱和脂肪酸的代谢、影响血脂和脂蛋白及抑制胎儿生长发育。

【实验目的】

能够利用红外光谱法检测薯条中反式脂肪酸的含量，掌握红外光谱法的原理和方法，了解该方法的适用范围，加深对理论知识的理解。

【课前准备】

学习红外光谱法测定反式脂肪酸实验的操作流程，并在实验步骤旁标明原理公式。

【思维导图】

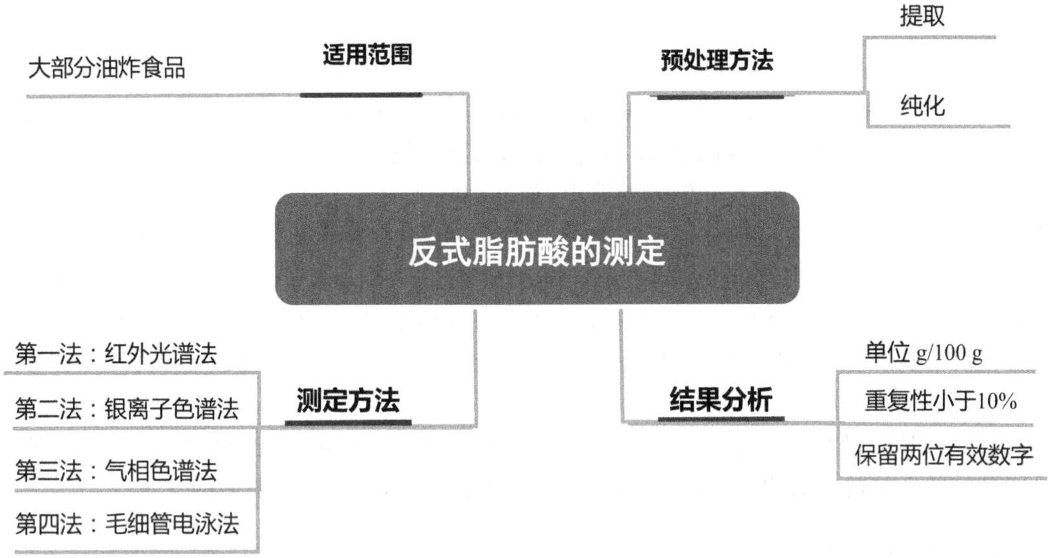

(二)实验原理

反式脂肪酸的 C—H 在平面外振动，使其在 966 cm^{-1} 处存在最大吸收峰，而顺式构型的饱和脂肪酸在此处没有吸收。利用这一性质，采用红外光谱法可以确定油脂中是否含有反式脂肪酸，并且能对其进行定量分析。

(三)器材与试剂

1. 实验仪器

傅里叶变换红外光谱仪(配备 DTGS 检测器和 HATR 附件)、分析天平、玻璃仪器若干。

2. 实验试剂

(1)三油酸甘油酯标准品。

(2)三反油酸甘油酯标准品。

(3)盐酸。

(4)95%乙醇。

(5)无水乙醚。

(6)石油醚：30～60 ℃沸程。

(7)薯条。

(四)实验步骤

1. 标准曲线绘制

将三油酸甘油酯和三反油酸甘油酯的混合标准品置于 60 ℃水浴保温熔融后，取适量混合标准品转移到 HATR 附件的槽式硒化锌晶体上，并使其覆盖整块晶体，采集其红外光谱图(波数范围:1050～900 cm^{-1};分辨率:4 cm^{-1};扫描次数:64 次)。以混合标准品中三反油酸甘油酯的含量为横坐标,光谱图中 966 cm^{-1}处反式脂肪酸特征峰的峰面积为纵坐标建立一元线性回归方程。

2. 样品制备

称取 2 g 样品,置于 50 mL 试管中,加入 8 mL 水,混匀,加入 10 mL 盐酸,将试管置于 70～80 ℃水浴中,每 5～10 min 用玻璃棒搅拌 1 次,至样品消化完全为止,约需要 40～50 min。取出试管,加入 10 mL 乙醇,混合,冷却后将混合物移入 100 mL 具塞量筒中,以 25 mL乙醚分次洗涤试管,一并倒入量筒中,加塞振摇 1 min,小心开塞,放出气体,再加塞,静置 12 min,小心开塞,用石油醚-乙醚等体积混合液洗涤塞及筒口附着的脂肪。静置 10～20 min,待上部液体澄清。吸取上清液于已恒重的锥形瓶中,加入 5 mL 乙醚于具塞量筒中,振摇 1 min,静置后,吸取上清液于锥形瓶中。将锥形瓶置于水浴上使其中乙醚完全挥发,转移至烘箱中 100 ℃干燥 2 h,取出,放于干燥器内冷却 0.5 h,称量,重复以上操作直至恒重。

3. 样品测定

将从样品中提取的脂肪或油脂样品重复步骤 1 的操作,将所得光谱图中 966 cm^{-1}处反式脂肪酸特征峰的峰面积,带入标准曲线的回归方程,即得到反式脂肪酸的含量。

(五)数据和计算

【实验记录】

实验记录参考表 3-28。

表 3-28 反式脂肪酸测定实验记录表

时间:	地点:	实验员:	室内温度:
样品组	三反油酸甘油酯质量/g	966 cm^{-1}处反式脂肪酸特征峰的峰面积	备注
混合标准品 1			
混合标准品 2			
混合标准品 3			
混合标准品 4			
混合标准品 5			
平行 1			
平行 2			
平行 3			
…			

【结果计算】

薯条中反式脂肪酸的含量按式 3-15 计算：

$$脂肪(g/100\ g)=\frac{m_1-m_0}{m_2} \tag{3-15}$$

式中：m_0——接收瓶的质量，g；

m_1——接收瓶和粗脂肪的质量，g；

m_2——试样的质量，g。

（六）注意事项

（1）如果油脂出现浑浊或云雾状，表明其中含有水分。有水分的红外吸收峰会影响反式脂肪酸的定量，所以必须先用无水硫酸钠脱水，经过滤或离心，获得去除水分的样品再用红外光谱仪进行测定。

（2）由于红外光谱法所定量的是油脂中所有的反式脂肪酸，不受反式脂肪酸具体构成的影响，较其他方法更简便、更快速。

（七）思考题

简述红外光谱法和气相色谱法定量油脂中反式脂肪酸的优缺点。

实验十四　蛋黄中维生素 B_2 的测定

（一）实验背景

【概述】

维生素 B_2（riboflavin），又叫核黄素，是 B 族维生素的一种，微溶于水，在中性或酸性溶液中加热是稳定的。维生素 B_2 为体内黄酶类辅基的组成部分，如缺乏会影响机体的生物氧化，使代谢发生障碍。病变多表现为口、眼和外生殖器部位的炎症，如口角炎、唇炎、舌炎、眼结膜炎和阴囊炎等，故本品常用于上述疾病的防治。体内维生素 B_2 的储存是很有限的，需每天由饮食提供补充。维生素 B_2 的两个性质是造成其损失的主要原因，即可被光破坏，在碱溶液中加热可被破坏。

【实验目的】

会使用荧光光谱法检测蛋黄中维生素 B_2 的含量，掌握荧光光谱法的原理和方法，了解该方法的适用范围，加深对理论的理解。

【课前准备】

学习荧光光谱法测定维生素 B_2 实验的操作流程，并在实验步骤旁标明原理公式。

【思维导图】

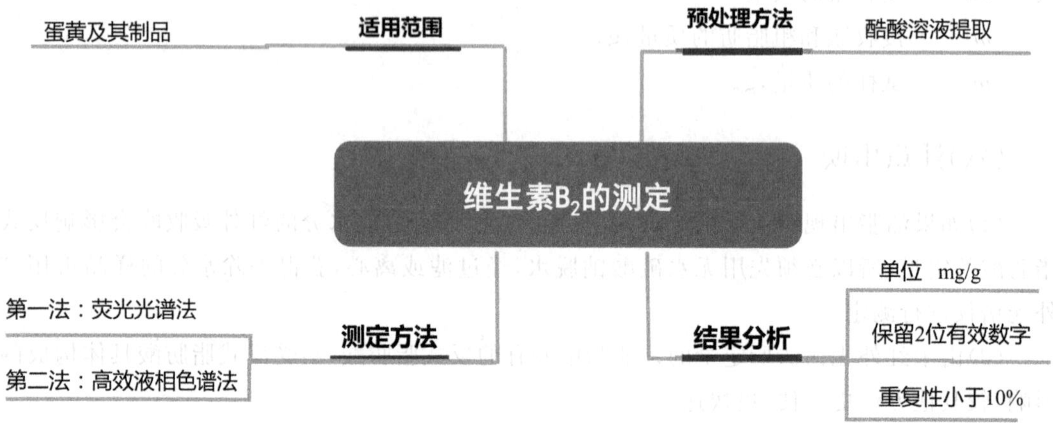

（二）实验原理

维生素 B_2 在中性或酸性溶液中性质稳定，对热稳定，受光照易分解，但在碱性溶液中会转化为光黄素，具有比核黄素更强的荧光，故测维生素 B_2 时溶液应控制在酸性范围内。维生素 B_2 溶液在 430～470 nm 蓝光的照射下，发生的绿色荧光的最大发射波长在 525 nm 附近，且在 pH＝6～7 的溶液中荧光强度最大，其荧光强度与维生素 B_2 的浓度呈线性关系。

（三）器材与试剂

1. 实验仪器

荧光光谱仪、分析天平、玻璃仪器若干。

2. 实验试剂

（1）维生素 B_2 标准品。

（2）冰醋酸。

（3）鸡蛋。

（四）实验步骤

1. 标准溶液配制

称取 10 mg 维生素 B_2 标准品，溶于少量 1％冰醋酸溶液后，移入 1000 mL 容量瓶，用去离子水定容，摇匀，暗处保存。取 7 只 50 mL 容量瓶，分别加入维生素 B_2 标准储备液 0，0.5，1，1.5，2，2.5，3 mL，用去离子水定容，摇匀，暗处保存，分别命名为 1～7 号标准溶液。

2. 测定荧光激发光谱和荧光发射光谱

取 3 号标准溶液，设置发射波长 400～600 nm，点击“search λ”搜索激发波长和发射波长。初步确定发射波长为 525 nm，激发波长为 455 nm。

固定发射波长为 525 nm，在 250～400 nm 扫描，记录最大波长为 455 nm。

固定最大激发波长为 455 nm，在 400～600 nm 扫描，得到最大发射光谱，从光谱上找到最大发射波长和荧光强度。

3. 标准曲线绘制

取 1 号标准溶液，将荧光强度调零，设置激发波长为 455 nm，发射波长为 525 nm，分别测定 2～7 号标准溶液的荧光强度，并绘制标准曲线，计算曲线方程和相关系数。

4. 样品测定

称取 1 g 蛋黄，溶于少量 1% 冰醋酸溶液，移入 50 mL 容量瓶，用去离子水定容。取蛋黄悬浮液 2 mL，测定其荧光强度，并由标准曲线计算出奶粉中维生素 B_2 的浓度。

（五）数据和计算

【实验记录】

实验记录表参考表 3-29。

表 3-29　维生素 B_2 测定实验记录表

时间：	地点：	实验员：	室内温度：
样品组	维生素 B_2 浓度/($\mu g \cdot mL^{-1}$)	荧光强度/(a. u.)	备注
1 号标准溶液			
2 号标准溶液			
3 号标准溶液			
4 号标准溶液			
5 号标准溶液			
6 号标准溶液			
7 号标准溶液			
平行 1			
平行 2			
平行 3			
…			

【结果计算】

蛋黄中维生素 B_2 的含量按式(3-16)计算：

$$\text{维生素}B_2\text{含量}(\%)=\frac{c\times 50}{m\times 1000} \tag{3-16}$$

式中：c——维生素 B_2 的浓度，μg/mL；

m—所取待测样品的质量，g。

(六)注意事项

(1)维生素 B_2 见光易分解，为准确测定，实验中要注意避光。

(2)维生素 B_2 具有强荧光，需要探索标准曲线和样品测定浓度。尽量利用稀溶液测定，否则荧光强度太高会引起自吸现象，造成测定值不准确。

(3)维生素 B_2 在碱性溶液中易光解转化为光黄素，要在酸性范围内测定。

实验十四 蛋黄中维生素 B2 的测定

(七)思考题

(1)荧光光谱法和紫外光谱法相比，哪种灵敏度更高？试解释原因。

(2)维生素 B_2 在 pH＝6～7 的溶液中荧光强度最大，但测定时为什么要尽量控制在酸性范围内？

实验十五　花生中过敏原蛋白的快速测定

(一)实验背景

【概述】

花生主要过敏原成分为 Arah1 和 Arah2(两种共生过敏原蛋白)。花生作为最主要的食物过敏原可引起包括过敏性休克和过敏性死亡等严重的食物过敏反应。它是报道的过敏导致死亡人数较多的一种食物。摄入微量的花生就可能使高度敏感的患者发生严重的过敏反应，如过敏性休克，甚至致死。目前国内外对花生过敏疾病尚没有有效的治疗方法。为此，花生过敏的人群避免食入含花生的食物，是目前最有效的预防方法之一。

【实验目的】

会使用胶体金免疫层析法检测花生中过敏原蛋白，掌握胶体金免疫层析法的原理和方法，了解该方法的适用范围，加深对理论知识的理解。

【思维导图】

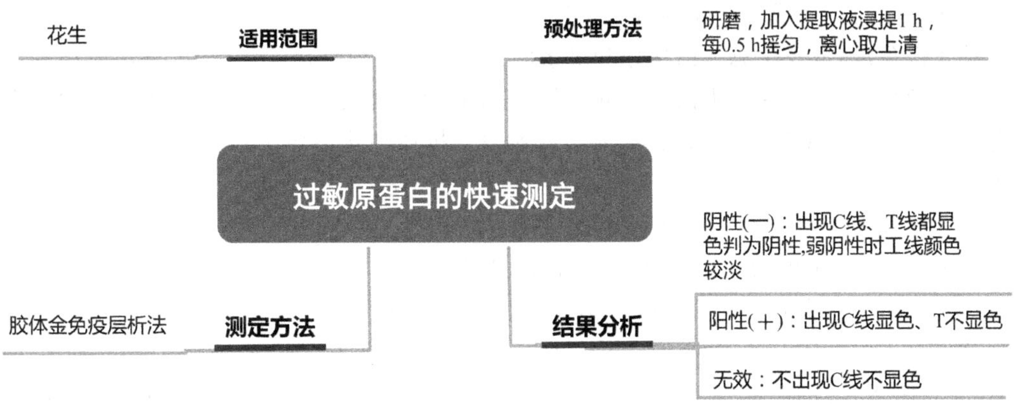

【课前准备】

学习食品胶体金免疫层析法检测过敏原蛋白成分实验的操作流程，在实验步骤旁标明原理公式。

(二)实验原理

根据竞争抑制免疫层析的原理，样品中的花生蛋白与测试条上的金标记抗体结合后沿着硝酸纤维素膜移动，与膜上的固相抗体结合形成肉眼可见的红色线条。

(三)器材与试剂

1. 实验仪器

分析天平、离心机、玻璃仪器若干。

2. 实验试剂

(1)丙酮。

(2)Tris-HCl。

(3)Tricine。

(4)弗氏完全佐剂。

(5)弗氏不完全佐剂。

(6)4 周龄 BALB/C 小鼠。

(7)氯金酸。

(8)硝酸纤维素膜。

(9)蛋白质分子量标志物及预染蛋白质分子量标志物。

(10)辣根过氧化物酶(HRP)标记的羊抗鼠 IgG。

(四)实验步骤

1. 花生总蛋白抗原制备

称取适量花生粉，按料液比 1∶15(m/V)加入丙酮，4 ℃脱脂 48 h，间隔 12 h 更换丙酮。

过滤后干燥，称取 5 g 脱脂花生粉，加入 30 mL 提取液（8 mmol/L Tris-HCl，25 mmol/L Tricine，pH 8.6），4 ℃过夜，11000 r/min 离心 30 min，收集上清。

2. 抗花生总蛋白成分抗体制备

第 1 次免疫，取花生总蛋白抗原和等量的弗氏完全佐剂混合乳化后，皮下注射小鼠颈背部。加强免疫共 2 次，保持蛋白量相同，混入等量的弗氏不完全佐剂，免疫间隔约 3 周。第 3 次免疫后，第 5 天，采取夹眼球取血，离心取血清。抗体纯化参照 HiTrap protein G 亲和层析说明书进行。

3. 胶体金-抗花生总蛋白抗体结合物制备

吸取 100 mL 浓度为 0.01%氯金酸溶液，煮沸后加入 1.5 mL 1%柠檬酸三钠水溶液，继续煮沸 15 min。冷却后用 0.2 mol/L K_2CO_3 溶液调至 pH 8.2，快速搅拌下加入 2 mg 纯化的抗花生总蛋白抗体 IgG，搅拌 15 min。加入 240 mg 牛血清白蛋白，搅拌 5 min，加入 10% NaCl 溶液使 NaCl 的浓度为 1%，混匀，2000 r/min 离心 10 min，取上清液，10000 r/min 离心 60 min，弃去上清液，沉淀物即为初步纯化的胶体金-抗花生总蛋白抗体结合物。将其溶于贮存液（0.02 mol/L pH 7.4 Tris-HCl，含 0.4 mg/mL 分子量 20000 的聚乙二醇，50%甘油，0.02% NaN_3）中，−20 ℃保存。

4. 免疫层析测试条制备

测试条由吸水纤维、硝酸纤维素膜和吸水滤纸三部分组成。吸水纤维部分点胶体金-抗花生总蛋白抗体结合物。硝酸纤维素膜上分别用 100 μg/mL 鼠抗花生总蛋白抗体（检测线）和羊抗鼠 IgG（对照线）包被成两条约 1 mm 宽的线条，晾干后用含 10%新鲜牛血清的 PBS 封闭。干燥后依次粘在白色塑料片（支持物）上，切成 0.2 cm×8 cm 的试纸条，加干燥剂密封保存。

5. 样品制备

称取 1 g 研磨后的样品，加入 20 mL 提取液（8 mmol/L Tris-HCl，25 mmol/L Tricine，pH 8.6），45 ℃浸提 1 h，间隔 0.5 h 摇匀，11000 r/min 离心 30 min，取上清液用于检测。

6. 样品测定

吸取 0.8 mL 上述上清液于 1.5 mL 离心管中，将测试条点有胶体金-抗花生总蛋白标记抗体端插入即可，静置 5 min，取出试纸条，根据显色情况判定结果。

（五）数据和计算

【结果与分析】

阴性（−）：测试条纤维素膜上出现 C 线、T 线且都显色判为阴性，弱阴性时 T 线颜色较淡，说明样本中不含过敏原蛋白或含量低于检测限。

阳性（+）：测试条纤维素膜上出现 C 线显色、T 不显色，判为阳性。

无效：测试条纤维素膜上不出现 C 线且不显色，判为无效。

（六）注意事项

（1）试纸条为一次性产品，不能重复使用。

(2)样品必须为均匀液体,不能有结块或沉淀。

(七)思考题

简述胶体金免疫层析法的适用范围。

实验十六　牛奶中三聚氰胺的快速测定

(一)实验背景

【概述】

三聚氰胺(melamine,MA),俗称蛋白精,是一种三嗪类含氮杂环有机化合物($C_3N_6H_6$),长期摄入可造成生殖、泌尿系统损害,诱发膀胱癌。因凯氏定氮法无法测出奶粉或奶制品中氮素来源,一些不法人员便将 MA 添至其中,致使生乳或奶制品中蛋白质含量的测定值远高于真实值,以劣充优。

【实验目的】

会用胶体金免疫层析法检测牛奶中三聚氰胺。掌握胶体金免疫层析法的原理和方法,了解该方法的适用范围,加深对理论的理解。

【课前准备】

学习胶体金免疫层析法测定牛奶中三聚氰胺的操作流程。在实验步骤旁标明原理公式。

【思维导图】

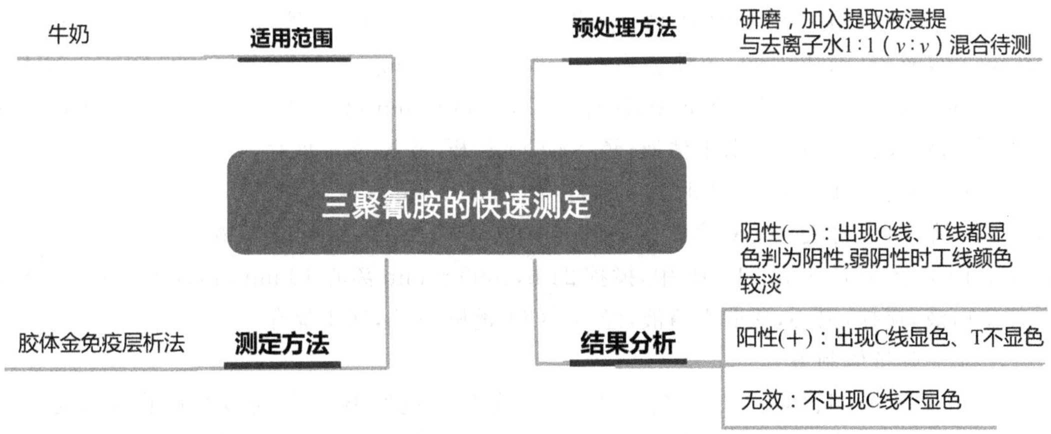

（二）实验原理

根据竞争抑制免疫层析的原理，样品中 MA 成分与测试条上金标记抗体结合后，会沿着硝酸纤维素膜移动，与膜上的固相抗体结合形成肉眼可见的红色线条。

（三）器材与试剂

1. 实验仪器

XYZ-3050 点喷系统、编程切条机、高速冷冻离心机、磁力搅拌器、分析天平、玻璃仪器若干。

2. 实验试剂

（1）*N*-羟基丁二酰亚胺（NHS）：纯度≥99.4%。

（2）*N*，*N'*-二环己基碳二亚胺（DCC）：纯度≥97%。

（3）二甲基甲酰胺（DMF）：纯度≥97%。

（4）牛血清蛋白（BSA）：纯度≥98%。

（5）卵清蛋白（OVA）：纯度≥97%。

（6）2-氯-4，6-二氨基-1，3，5-三嗪（CAAT）：纯度≥96%。

（7）氯金酸（$HAuCl_4 \cdot 3H_2O$）。

（8）碳酸钾（K_2CO_3）。

（9）柠檬酸三钠（$Na_3C_6H_5O_7 \cdot 2H_2O$）

（10）NC 硝酸纤维素膜、吸水垫、PVC 聚氯乙烯板。

（11）6 周龄 BALB/c 雌性小鼠。

（12）牛奶。

（四）实验步骤

1. 抗原制备

称取 1000 mg CAAT（MA 类似物），用 120 mL 无水乙醇溶解，加入 600 mL 3-巯基丙酸；回流 12 h，直至 CAAT 反应完全为止。过滤残渣，依次用无水乙醇、去离子水各冲洗 3 次，得到白色粗产物。经层析柱分离，纯化得到 MA 衍生物。

（1）免疫原（MA-BSA 偶联物）制备：称取 200 mg BSA 溶于 10 mL 0.10 mol/L $NaHCO_3$溶液中，制成 BSA 载体蛋白液。称取 48.20 mg MA 衍生物、23.00 mg NHS、32 mL DCC 溶于 1000 mL DMF 中，搅拌 24 h，4000 r/min 离心 10 min，移取上清液至 BSA 载体蛋白液，搅拌，离心，移取上清液，经 Na_2CO_3透析 96 h，冻干保存。

（2）检测原（MA-OVA 偶联物）制备：称取 200 mg OVA 溶于 10 mL 0.10 mol/L $NaHCO_3$溶液中，制成 OVA 载体蛋白液。称取 48.20 mg MA 衍生物、23.00 mg NHS、32 mL DCC 溶于 1000 mL DMF 中，搅拌 24 h，4000 r/min 离心 10 min，移取上清液至 OVA 载体蛋白液，搅拌，离心，移取上清液，经 Na_2CO_3透析 96 h，冻干保存。

2. 单克隆抗体制备

抗 MA 单克隆抗体由杂交瘤技术制备。经免疫原免疫小鼠，取免疫小鼠脾细胞与骨髓瘤细胞（SP2/0）融合，经细胞培养、筛选等过程，筛选出能分泌抗 MA 抗体的杂交瘤细胞；将后者注入小鼠腹腔产生腹水，辛酸-硫酸铵法纯化腹水中的单克隆抗体。纯化抗体与等体积甘油混合，−20 ℃保存。

3. 胶体金制备

柠檬酸三钠还原法：将 20 mL 1% $HAuCl_4 \cdot 3H_2O$ 加热至沸后快速加入 0.5 mL 1% $Na_3C_6H_5O_7 \cdot 2H_2O$，待溶液变红时停止加热，持续搅拌，冷却。

4. 单克隆抗体标记

量取 14 μL 上述单克隆抗体，加 1 mL 去离子水，摇匀。量取 10 mL 胶体金溶液，用 K_2CO_3溶液调节 pH 至 6，充分搅拌，逐滴加入 1 mL 稀释后的单克隆抗体溶液，持续搅拌。量取 1 mL 10% BSA 溶液逐滴加入至胶体金中，搅拌 1 h，10000 r/min 离心 30 min，弃去上清液，1 mL 重悬液复溶。

5. 试纸条组装

用 XYZ-3050 点喷系统以 0.70 μL/cm 的速率在 NC 膜上喷 0.05 mg/mL MA-BSA 抗原作为检测线（T 线）、喷 1 mg/mL 标记抗体作为质控线（C 线），T、C 线间距 0.60 cm。以 3.5 μL/cm速率在结合垫上喷金标抗体，36 ℃真空干燥 15 h。将样品垫、金垫、NC 膜和吸水纸依次组装，切割成条（图 3-10）。

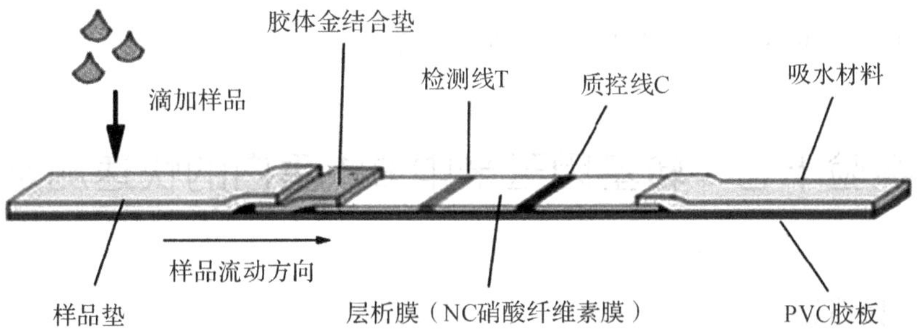

图 3-10 胶体金免疫层析试纸条结构

6. 样品测定

按 1∶1 的体积比将待测样品、去离子水混合均匀。将恢复至室温的试纸条平放，滴加待检样品 100 μL 于样品垫上，温育器中 35±1 ℃温育 5 min 后观察试纸条显色情况，判读检测结果。

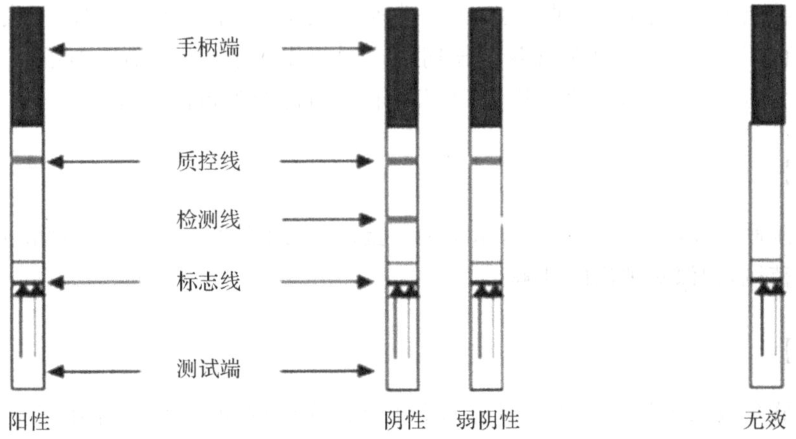

图 3-11 MA 试纸检测结果

(五)数据和计算

【结果与分析】

阴性(一):测试条纤维素膜上出现C线、T线且都显色判为阴性,弱阴性时T线颜色较淡,说明样本中不含MA或含量低于检测限。

阳性(+):测试条纤维素膜上出现C线显色、T不显色,判为阳性。

无效:测试条纤维素膜上不出现C线、不显色,判为无效。

(六)注意事项

(1)试纸条为一次性产品,不能重复使用。

(2)样品必须为均匀液体,不能有结块或沉淀。

(3)检出限为40~160 μg/kg。

(七)思考题

胶体金免疫层析法测定牛奶中三聚氰胺的缺陷是什么?

实验十七　转基因玉米中Bt1蛋白的快速测定

(一)实验背景

【概述】

Bt学名是苏云金芽孢杆菌(*Bacillus thur-ingiensis*,Bt),是生活在土壤中的一种革兰氏阳性细菌,是应用广泛的微生物杀虫剂。Bt蛋白则是Bt产生的蛋白质。转基因相关领域中的Bt蛋白,特指Bt细菌生产的两类蛋白:一类是细菌孢子(生殖细胞)内的一类通称为Cry的结晶体蛋白,另一类是细菌在营养生长期生产的叫作Vip3的分泌性毒蛋白。第一代Bt玉米品种只含有Cry蛋白,而第二代Bt玉米品种则可能两类蛋白都含。

【实验目的】

会使用酶联免疫法检测转基因玉米中Bt1蛋白,掌握酶联免疫法的原理和方法,了解该方法的适用范围,加深对理论的理解。

【课前准备】

学习酶联免疫法定量检测转基因玉米Bt1蛋白实验的操作流程,并在实验步骤旁标明原理公式。

【思维导图】

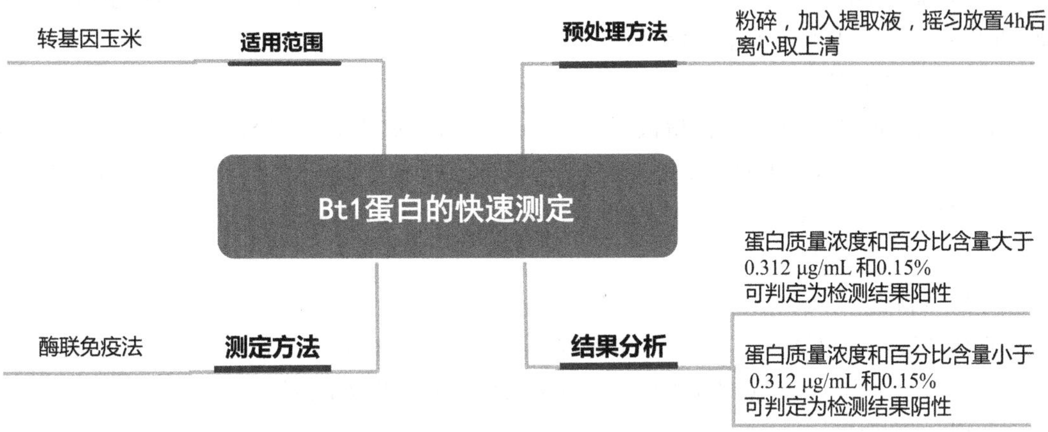

(二)实验原理

以纯化的Bt1杀虫晶体蛋白作为标准蛋白和免疫抗原，通过抗体-抗原-酶标抗体反应，建立酶联免疫吸附测定(Elisa)法，以定量检测转基因玉米中的Bt1表达蛋白。用建立的Elisa法对4种进口玉米产品进行测定，实验结果得到了免疫印迹分析的验证，且与进口试剂盒方法的定量分析结果相一致。

(三)器材与试剂

1. 实验仪器

酶标仪、离心机、紫外分光光度计、国产电动粉碎机、Bt玉米检测试剂盒。

2. 实验材料

(1)PBS缓冲液(pH 7.5)。

(2)Bt1玉米标准品。

(3)Bt1晶体蛋白。

(4)邻苯二胺、BSA等其他试剂。

(5)氢氧化钠。

(6)盐酸。

(7)新西兰大白兔。

(8)转基因玉米。

(四)实验步骤

1. Bt1晶体蛋白碱溶解液制备

称取10 mg Bt1晶体蛋白，加入5 mL 0.2 mol/L PBS缓冲液，悬浮30 min，1000 r/min离心15 min，吸取上清液。沉淀用3 mL PBS悬浮，离心，吸取上清液；沉淀再用2 mL PBS

悬浮，离心，吸取上清液。将三次上清液混合后 5000 r/min 离心 30 min，弃上清液，沉淀用 3 mL 0.1 mol/L NaOH 溶解 1.5 h，其间多次搅拌，5000 r/min 离心 20 min，吸取上层液与 5 mL 容量瓶中，用 pH 2 盐酸调至 pH 7，用生理盐水定容至 5 mL，得到 Btl 晶体蛋白碱溶解液，并用紫外分光光度法测定浓度。

2. Btl 抗体制备

将 1 mL Bt1 晶体蛋白碱溶解液（约 0.2 mg）与等量弗氏完全佐剂混合，乳化，多点皮内注射免疫大白兔。然后用弗氏不完全佐剂代替完全佐剂，分别于 7、14 和 30 d 强化免疫，用琼脂糖双扩散法测定效价达 1∶100 以上时，采血获兔抗 Btl 蛋白血清，并用硫酸铵盐析法纯化抗体。

3. 样品制备

将样品用粉碎机磨成粉状后，从中称取 1 g 于 10 mL 试管中。加入 5 mL 提取液，充分摇匀后于 4 ℃放置 4 h 或过夜，5000 r/min 离心 15 min，吸取上清液。

4. Elisa 法测定

在酶标板孔中加入 Bt1 蛋白标准品和样品（100 μL/孔），每个样品重复 3 次，将酶标板放入湿盒中，37 ℃包被 3 h。加入封闭剂（100 μL/孔），37 ℃温育 30 min。取出甩干，加入洗涤液（150 μL/孔），放置 1 min，甩掉洗涤液并吸干，重复洗涤 4 次。加入用抗体稀释液 1∶500稀释的抗体（100 μL/孔），湿盒中 37 ℃温育 30 min。洗板同上。加入用抗体稀释液 1∶1000 稀释的酶标二抗（100 μL/孔），湿盒中 37 ℃温育 30 min。洗板同上。加入现配的底物溶液（100 μL/孔），湿盒中 37 ℃温育 15 min，加入 2 mol/L H_2SO_4。终止反应（50 μL/孔）。酶标仪测定样品的 OD_{492} 值。

5. 试剂盒法测定

称取 0.2 g 样品于 1.5 mL 离心管中，加入 1 mL 提取液，充分振摇 5 min，室温静置 30 min，5000 r/min 离心 5 min，吸取上清液即为样品蛋白。向酶联板孔中加入结合液（100 μL/孔），再分别加入 0，0.15%，0.5%，2%的 Bt1 玉米标准样品和待测样品（100 μL/孔），每个样品重复 3 次，盖封口膜，轻击酶联板 30 s 混匀，室温放置 1 h。加入洗涤液（300 μL/孔），重复洗涤 5 次。加入显色液（100 μL/孔），轻击酶联板 30 s 混匀，室温放置 10 min。加入终止液（100 μL/孔），酶联仪测定样品的 OD_{492} 值。

6. 应用建立的 Elisa 法对实物进行定量检测分析

应用建立的 Elisa 法对 4 份实物样品进行检测，并设立无菌双蒸水（空白）、非转基因样品（阴性）和 Btl 玉米标准样品（阳性）3 份对照。

（五）数据和计算

【实验记录】

实验记录参考表 3-30。

表 3-30　Bt1 蛋白的测定实验记录表

时间：		地点：			实验员：		室内温度：	
样品编号	Elisa 法			试剂盒法			样品质量浓度	样品含量
1	平行 1	平行 2	平行 2	平行 1	平行 2	平行 3		
2								
3								
…								

【结果与分析】

当玉米的蛋白质量浓度和百分比含量大于 Bt1 蛋白 Elisa 法的最低可检值（0.312 μg/mL 和 0.15%），可判定检测结果为阳性；当玉米的检测值小于 Bt1 蛋白的 Elisa 法的最低可检值，可判定检测结果为阴性。

（六）思考题

（1）什么是转基因食品？

（2）转基因玉米中的 Bt 蛋白对人体健康是否存在潜在危险？

实验十八　辣椒粉中苏丹红Ⅰ的快速测定

（一）实验背景

【概述】

苏丹红Ⅰ是一种人工合成的红色亲脂性偶氮化合物，化学名称为 1-苯基偶氮-2-萘酚。苏丹红Ⅰ常作为工业染料，被广泛用于溶剂、油和蜡的增色以及鞋、地板等的增光。实验表明，苏丹红Ⅰ及其代谢产物可与 DNA 生成加合物，是一种潜在的致癌剂，可引起肝脏、膀胱和脾脏等脏器的肿瘤。因此，国际癌症研究机构将苏丹红Ⅰ归为三类致癌物。另外，苏丹红Ⅰ还具有致敏性和遗传毒性。

【实验目的】

会使用酶联免疫法分析检测辣椒粉中苏丹红Ⅰ，掌握酶联免疫法的原理和方法，了解该方法的适用范围，加深对理论知识的理解。

【课前准备】

学习酶联免疫法测定苏丹红Ⅰ实验的操作流程，并在实验步骤旁标明原理公式。

【思维导图】

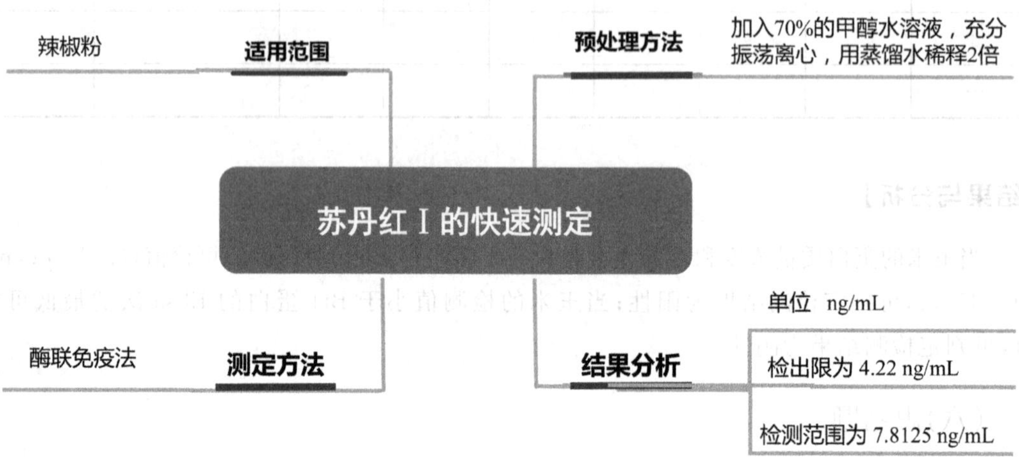

（二）实验原理

制备较高亲和力和特异性的单克隆抗体，并在此基础上建立间接竞争酶联免疫法，以定量检测辣椒粉中的苏丹红Ⅰ。

（三）器材与试剂

1. 实验仪器

酶标仪、离心机、紫外分光光度计、电动粉碎机。

2. 实验试剂

（1）α-萘酚。

（2）氢氧化钠。

（3）对氨基苯胺酸。

（4）*N*-羟基丁二酰亚胺。

（5）二环己基碳二亚胺。

（6）二甲基亚砜中。

（7）牛血清白蛋白。

（8）羊抗鼠 IgG-HRP。

（9）BALB/c 小鼠。

（10）硫酸铵。

（11）辛酸。

(12)四甲基联苯胺。

(四)实验步骤

1.苏丹红Ⅰ检测抗原制备

称取 α-萘酚 78 mg 溶于 0.5 mL 3 mol/L 的 NaOH 中,冰浴。称取 60 mg 对氨基苯胺酸溶于 0.75 mL 4 mol/L 的 HCl,完全溶解后,冰浴 30 min,加入 40 mg $NaNO_2$,冰浴反应并摇匀,5 min 后逐滴加入 α-萘酚中,冰浴反应 15 min,5 000 r/min 离心取沉淀,冰水洗涤两次,风干,在乙醇中重结晶。取结晶物 1.5 mg 溶解于 1 mL 四氢呋喃中,加入 1 mg *N*-羟基丁二酰亚胺和 2 mg 二环己基碳二亚胺,置于室温避光振荡反应 24 h。待反应完全后,10000 r/min 离心 10 min 去沉淀。上清液真空抽干,沉淀溶解于 2 mL 二甲基亚砜中,缓慢滴入 BSA 溶液中(15 mg 溶于 5 mL 0.13 mol/L $NaHCO_3$)。室温下振荡反应 4 h,反应结束后,0.01 mol/L PBS 4 ℃透析 72 h,得到苏丹红Ⅰ检测抗原。

2.单克隆抗体制备与纯化

将杂交瘤细胞接种于提前接种降植烷的 BALB/c 小鼠腹腔制备腹水。取新鲜采集的腹水(或冻存的腹水),2000 r/min 离心 15 min,除去细胞成分(或冻存过程中形成的固体物质)等。取上层清亮的腹水,等量加入 PBS。用 0.44 μm 的微孔滤膜过滤腹水,以除去较大的凝块及脂肪滴,10000 *g* 高速离心(4 ℃)15 min 除去细胞残渣及小颗粒物质。按每毫升稀释腹水加 11 μL 辛酸的比例,20 ℃搅拌下逐滴加入辛酸,于 30 min 内加完,4 ℃静置 2 h。15000 *g* 离心 30 min,弃沉淀,上清经尼龙筛过滤(125 μm),加入 1/10 体积的 0.01 mol/L PBS,用 1 mol/L NaOH 调 pH 至 7.2,在 4 ℃下加入饱和硫酸铵至 45%饱和度,作用30 min,静置 1 h,10000 *g* 离心 30 min,弃上清,沉淀溶于适量 PBS 中,用 50~100 倍体积的 PBS 透析,4 ℃过夜,其间换液 3 次以上。

3.标准曲线建立

用 pH=9.6 的碳酸盐缓冲液将苏丹红Ⅰ人工抗原稀释至 2.0 μg/mL,用包被酶标板(100 μL/孔)4 ℃包被过夜,弃去包被液后加入体积分数 3%的脱脂乳,37 ℃封闭 1 h,用 PBST 洗板 4 次,加入体积分数 35%甲醇水稀释的苏丹红Ⅰ标准品 50 μL(质量浓度分为 1000,500,250,125,62.5,31.25,15.625,7.8125,0 ng/mL),同时加入 50 μL 稀释的单克隆抗体,37 ℃温育 40 min,PBST 洗板 4 次,加入 1∶1 000 稀释的羊抗鼠 IgG-HRP,100 μL/孔,37 ℃ 40 min,PBST 洗板 4 次,再加入四甲基联苯胺显色,100 μL/孔,37 ℃避光显色 10 min,取出加 50 μL 2 mol/L 硫酸终止反应,酶标仪测定 450nm 处吸光度值(*A*),计算结合率(结合率(%)$=B/B_0\times100\%$,B_0 为不加苏丹红Ⅰ的 *A* 值,*B* 为加苏丹红Ⅰ的 *A* 值),并绘制标准曲线。20 个零值的平均值加上 3 倍标准差可得最低检测下限。

4.样品测定

称取辣椒粉 1 g,向其中加入 10 mL 体积分数为 70%的甲醇水溶液,充分振荡 5 min,4000 r/min 离心 5 min,取上清液再用蒸馏水稀释 2 倍用 Elisa 法测定。

(五)数据和计算

【实验记录】

实验记录表参考表3-31。

表3-31　苏丹Ⅰ的测定实验记录表

时间：	地点：		实验员：		室内温度：
样品编号	Elisa 法			样品质量浓度	样品含量
1	平行1	平行2	平行3		
2					
3					
…					

(六)注意事项

该方法的最低检出限为4.22 ng/mL，检测范围为7.8125 ng/mL。

(七)思考题

试阐述苏丹红Ⅰ对人体的危害。

实验十九　鲫鱼中恩诺沙星的快速测定

(一)实验背景

【概述】

恩诺沙星(enrofloxacin)又称乙基环丙沙星，是一种属于喹诺酮类的抗生素，可治疗动物的皮肤感染、呼吸道感染。起到抗菌作用，是常见的兽用抗菌药物，在动物体内半衰期长，有良好的组织分布性，属于广效性抑菌剂，对于革兰氏阳性菌、阴性菌及霉形体具有抑菌作用。同时，该药物具有口服吸收好，血药浓度高且稳定，能广泛分布于组织内的优点其代谢产物为环丙沙星，仍有强大的抗菌作用。但长期食用恩诺沙星残留超标的食品，会引起人体轻度肠胃道刺激或头痛、头晕睡眠不良等症状，大剂量或长期摄入还可能引起肝损伤。而且恩诺沙星属于氟喹诺酮类药物，人类长期食用含有喹诺酮类药物的动物性食品，可能诱导耐药性的传递，从而影响该类药物的临床疗效。因此，对恩诺沙星的检测是有必要的。

【实验目的】

会用电分析化学法分析检测鲫鱼中恩诺沙星的含量，掌握电分析化学法的原理和方法，了解该方法的适用范围，加深对理论的理解。

【课前准备】

学习电分析化学法测定恩诺沙星实验的操作流程，并在实验步骤旁标明原理公式。

【思维导图】

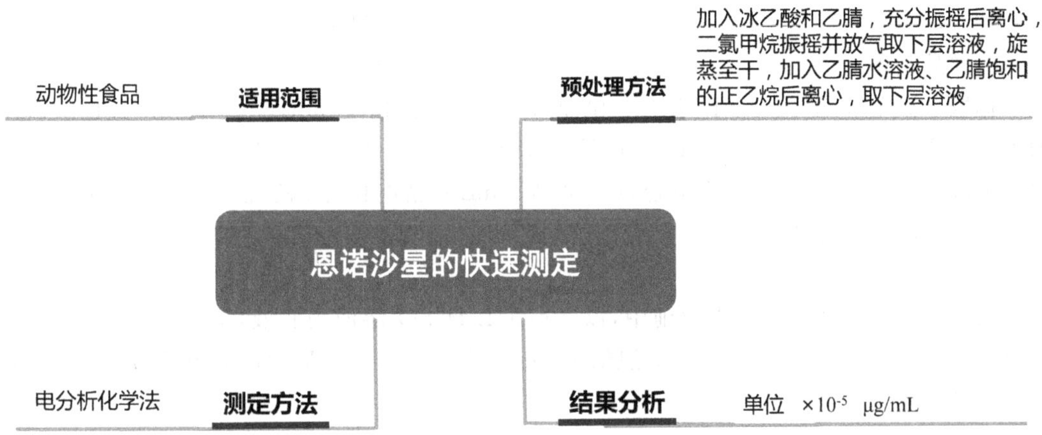

(二)实验原理

用伏安法在工作电极表面测定恩诺沙星的含量。恩诺沙星可以在固定电极表面发生反应产生电流，峰电流与恩诺沙星浓度在一定范围内成比例，依据它们之间的线性关系可对恩诺沙星进行定量分析。

(三)器材与试剂

1. 实验仪器

电化学分析仪(三电极体系：自制碳糊电极为工作电极，饱和甘汞电极为参比电极，铂片电极为对电极)、分析天平、离心机、玻璃仪器若干。

2. 实验试剂

(1)石蜡油。

(2)石墨粉。

(3)恩诺沙星标准品。

(4)冰乙酸。

(5)乙腈。

(6)二氯甲烷。

(7)浓硫酸。

(四)实验步骤

1. 碳糊电极制备

将石蜡油和石墨粉按质量分数为 35%、65%混合，并在玛瑙研钵中研磨 5 min，使其充分混匀，将此碳糊均匀地涂在直径为 6 mm 的石墨电极表面。

2. 标准曲线绘制

称取 0.104 g 恩诺沙星标准品于小烧杯中，用水超声溶解，转移到 25 mL 容量瓶中，用去离子水定容即为 1.05×10^{-2} mol/L 恩诺沙星标准溶液。分别移取适量恩诺沙星标准溶液置于 50 mL 容量瓶中，稀释至刻度线，配制成浓度分别为 0、1×10^{-5}，2×10^{-5}，5×10^{-5}，10×10^{-5}，20×10^{-5}，50×10^{-5}，100×10^{-5} mol/L 的恩诺沙星标准溶液，按步骤 4 进行测定。

3. 样品制备

称取 5 g 样品，加入 2 mL 冰乙酸和 20 mL 乙腈，振摇 2 min，4500 r/min 离心 5 min。加入 15 mL 二氯甲烷振摇并放气，吸取下层溶液 10 mL 移入鸡心瓶中，40 ℃旋转蒸发至干。加入 1 mL 20%乙腈水溶液旋涡混合 90 s，加入 2 mL 乙腈饱和的正乙烷混合 10 s，12000 r/min 离心 5 min，取下层溶液进行测定。

4. 样品测定

吸取 20 μL 上述溶液于电解池中，以 1 mol/L H_2SO_4溶液为底液，采用 100 mV/s 的扫描速度从−0.6 V 到 0.4 V 进行示差脉冲伏安扫描，记录−0.1 V 处的峰电流(I)，并用标准加入法进行测定。

(五)数据和计算

【实验记录】

实验记录参考表 3-32。

表 3-32 恩诺沙星测定实验记录表

时间：	地点：	实验员：	室内温度：
样品组	恩诺沙星浓度/($\times10^{-5}$ μg/mL)	I/μA	备注
标准溶液 1	0		
标准溶液 2	1		
标准溶液 3	2		
标准溶液 4	5		
标准溶液 5	10		
标准溶液 6	20		
标准溶液 7	50		

续表

样品组	恩诺沙星浓度/($\times 10^{-5}$ μg/mL)	I/μA	备注
标准溶液8	100		
平行1			
平行2			
平行3			
…			

(六)注意事项

各电极应按照要求进行清洗,否则会严重影响实验结果。

(七)思考题

试阐述伏安法的原理。

实验十九 鲫鱼中恩诺沙星的快速测定

实验二十 食用油中黄曲霉毒素的快速测定

(一)实验背景

【概述】

黄曲霉毒素 B_1(aflatoxin B_1,AFB_1)和黄曲霉毒素 B_2(Aflatoxin B_2,AFB_2)是主要的两种黄曲霉毒素(AFs),广泛存在于霉变的花生、玉米、食用油等农产品中。食用油是人们日常烧菜中必不可少的调料,在加工和储藏过程中易受 AFs 的污染,人们摄入了被 AFs 污染的食用油后,会对人体产生较强的肝毒性和致癌性,其中以 AFB_1 的毒性更强,且不易通过烹饪的方式破坏。为此,国际癌症研究机构将其列为Ⅰ类致癌物,我国在GB 2761中规定花生油和玉米油中 AFB_1 含量不超过 20 μg/kg,其他食用油不超过 10 μg/kg。尽管 AFB_2 是 AFB_1 的氢化衍生物,其毒性也较强,但我国还没有对 AFB_2 在食用油中含量做限制要求。因此,为保障食品安全,加强对食用油中两种黄曲霉毒素的监测是非常重要的。

【实验目的】

会使用磁分子印迹法分析检测食用油中黄曲霉毒素的含量,掌握磁分子印迹法的原理和方法,了解该方法的适用范围,加深对理论的理解。

【课前准备】

学习磁分子印迹法测定黄曲霉毒素实验的操作流程,并在实验步骤旁标明原理公式。

【思维导图】

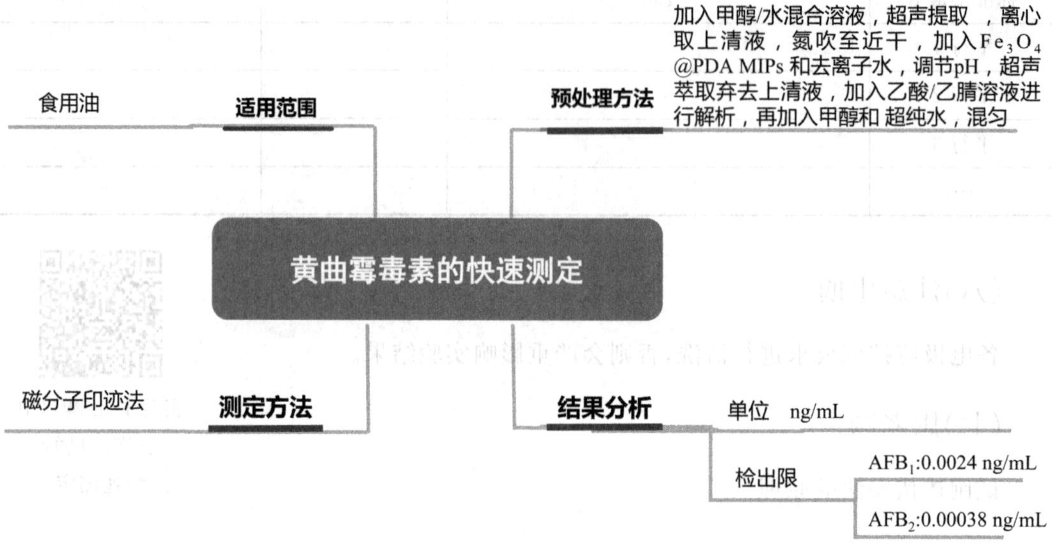

(二)实验原理

Fe_3O_4纳米颗粒(Fe_3O_4 NPs)作为磁核制备的磁分子印迹聚合物，具有与模板分子在空间构型上相类似的空腔，能够高选择性吸附与模板分子结构类似的化合物。与固相萃取剂相比，该材料有着更高的稳定性和亲和力，可重复使用多次，节约了实验成本。另外，用Fe_3O_4 NPs制备的磁分子印迹聚合物具有超顺磁性，在外加磁场作用下，能够达到快速固-液分离的目的，无需烦琐的过滤或离心操作。因此，该技术被广泛应用于复杂基质中目标物的分离和纯化。

(三)器材与试剂

1. 实验仪器

高效液相色谱仪、离心机、玻璃仪器若干。

2. 实验试剂

(1)Fe_3O_4纳米颗粒。

(2)AFB_1标准品。

(3)AFB_2标准品。

(4)多巴胺盐酸盐。

(5)Tris-HCl缓冲溶液。

(6)5,7-二甲氧基香豆素(DMC)。

(7)乙腈。

(8)甲醇。

(9)氢氧化钠。

(四)实验步骤

1. 磁性分子印迹材料制备

称取 200 mg Fe_3O_4 NPs 于三颈瓶中，加 80 mL Tris-HCl 缓冲溶液(10 mmol/L，pH 8.5)，室温下机械搅拌 1 h，直至该磁性材料均匀分散。逐滴滴加 5 mL 0.5 mg/mL DMC(模拟模板分子)的乙腈溶液，搅拌 2 h，加入 100 mg 多巴胺盐酸盐，继续搅拌反应 6 h，通过外加磁铁作用收集黑色沉淀。用 6%乙酸-60%甲醇(V∶V)水溶液洗涤沉淀，直至 DMC 不被高效液相色谱检出为止，再用超纯水洗涤 3 次。最后得到的 Fe_3O_4@PDA MIPs 在45 ℃真空干燥 24 h。

2. 标准曲线绘制

称取适量 AFB_1标准品于小烧杯中，用水超声溶解，转移到 25 mL 容量瓶中，用去离子水定容。分别移取适量 AFB_1标准溶液置于 50 mL 容量瓶中，稀释至刻度线，配制成浓度分别为 0，0.005，0.001，0.002，0.005，0.1，0.2，0.5 ng/mL 的 AFB_1 标准溶液。称取适量 AFB_2标准品于小烧杯中，用水超声溶解，转移到 25 mL 容量瓶中，用去离子水定容。分别移取适量 AFB_1标准溶液置于 50 mL 容量瓶中，稀释至刻度线，配制成浓度分别为 0，0.001，0.002，0.005，0.01，0.02，0.05，0.1 ng/mL 的 AFB_1 标准溶液。按步骤 3 和步骤 4 进行测定。

3. 样品检测

称取 5 g 摇匀后的样品于 50 mL 离心管中，加入 20 mL 甲醇/水(70∶30，V∶V)混合溶液，超声提取 30 min，离心。准确移取上清液 1 mL 于顶空瓶中，40 ℃氮气流吹至近干，加入 10 mg Fe_3O_4@PDA MIPs 和 10 mL 去离子水，用 0.1 mol/L NaOH 调节溶液 pH 为 7，室温超声萃取 5 min 后，在外加磁场作用下实现固液分离，弃去上清液。往顶空瓶加入 1 mL 3%乙酸/乙腈溶液进行解析(解析 2 次，每次 0.5 mL)。吸取 0.16 mL 解析液于液相进样瓶中，再加入 0.16 mL 甲醇和 0.68 mL 超纯水，混匀，供超高效液相色谱仪分析。

4. 高效液相色谱条件

色谱柱：ACQUITY UPLC BEH C_{18}(100 mm×2.1 mm，1.7 μm)；流速：0.3 mL/min；柱温：35 ℃；激发波长：365 nm；发射波长：429 nm；流动相：乙腈(流动相 A)∶超纯水(流动相 B)∶甲醇(流动相 C)，体积比为 16∶68∶16；进样体积：10 μL。

(五)数据和计算

【实验记录】

实验记录参考表 3-33。

表 3-33　黄曲霉毒素测定实验记录表

时间：	地点：	实验员：	室内温度：
样品组	AFB_1浓度/(ng/mL)	AFB_2浓度/(ng/mL)	备注
标准溶液 1	0.005	0.001	

续表

样品组	AFB_1浓度/(ng/mL)	AFB_2浓度/(ng/mL)	备注
标准溶液 2	0.01	0.002	
标准溶液 3	0.02	0.005	
标准溶液 4	0.05	0.01	
标准溶液 5	0.1	0.02	
标准溶液 6	0.2	0.05	
标准溶液 7	0.5	0.1	
平行 1			
平行 2			
平行 3			
…			

(六)注意事项

(1)每一次磁性分子印迹材料制备完成后均需要建立标准曲线。

(2)该方法对 AFB_1 和 AFB_2 的最低检出限分别为 0.0024 ng/mL 和 0.00038 ng/mL，远低于我国国家标准方法(GB 5009.22)的检出限(AFB_1 为 0.02 ng/mL 和 AFB_2 为 0.003 ng/mL)。

(七)思考题

试阐述磁分子印迹法的优缺点以及适用范围。

实验二十 食用油中黄曲霉毒素的快速测定

第四章 综合设计实验

综合设计实验可让学生较全面地掌握食品分析的各种分析方法和原理，综合掌握多种食品分析的基本技能，以综合运用各种分析方法解决实际食品分析问题。综合实验设计的内容包括食品分析的主要内容，即食品营养成分的分析、安全性分析、品质检验、掺假鉴别等。实验的方法包括各种基础的物理化学分析方法、色谱方法等。

本章设置了 9 个综合设计实验，涉及现实生活中经常接触到的乳及乳制品、果汁饮料、食用香精、坚果、食用粉类、食用油等九大类食品安全问题。

实验一 乳及乳制品的安全性检验

一、实验背景

【概述】

近年来，乳制品在人们的膳食结构中占据着非常重要的位置，乳及乳制品的安全性对消费者的身体健康以及社会的可持续发展有着非常重要的现实意义。

乳制品中三聚氰胺(≤2.5 mg/kg)、有机氯农药残留以及铅含量(≤0.05 mg/kg)检测是其安全性检验的重要指标。GB/T 23200.86 中规定的原料乳与预制品中三聚氰胺的检测方法包括高效液相色谱法、质谱法和气相色谱-质谱法。其中高效液相色谱法具有高速、高效、高灵敏度等优势，是目前分析检测领域常用的一种检测技术。乳及乳制品中多种有机氯农药残留量在 GB 23200.86 中采用气相色谱-质谱法检测。铅含量的测定则选用原子吸收光谱法测定。

【实验目的】

(1)学习三聚氰胺、有机氯农药残留以及铅含量检测的原理。

(2)掌握高效液相色谱法的操作技术，包括样品的提取、净化及三聚氰胺的定量测定等。

(3)掌握气相色谱-质谱法的操作技术，包括样品的提取、固相萃取及有机氯农残的色谱确证及含量计算等。

(4)掌握原子吸收光谱法的操作技术,包括样品的消解处理及铅含量计算等。

【课前准备】

用国家标准中规定的三聚氰胺、有机氯农药残留以及铅含量检测方法,了解各实验的操作流程图及仪器使用说明,在实验步骤旁注明色谱图范围确证及相应的原理公式等。

【思维导图】

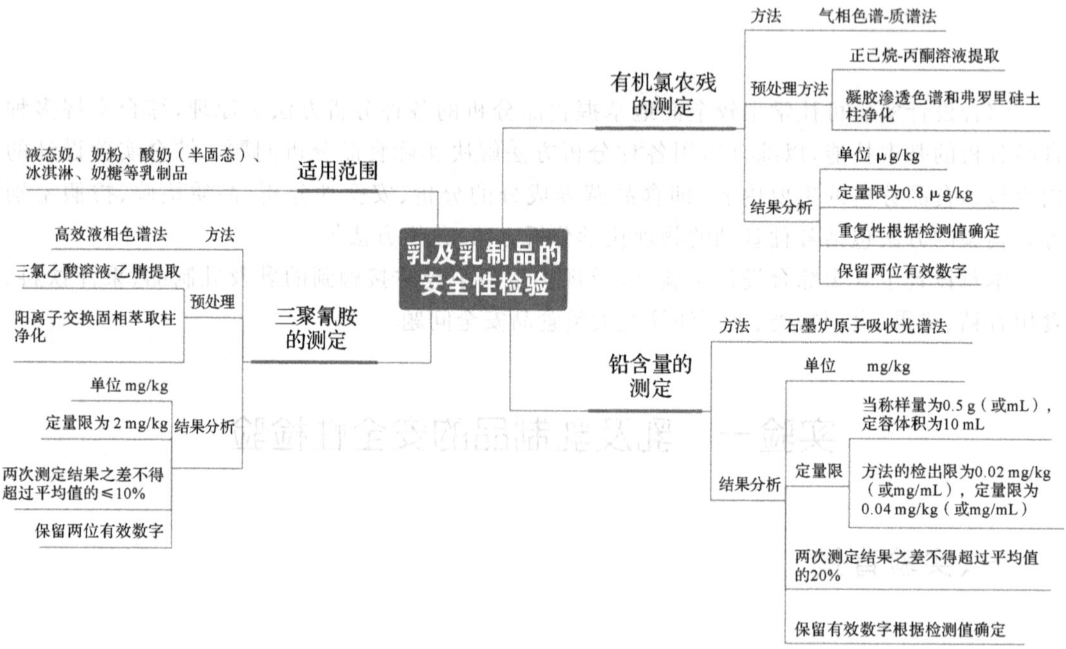

二、三聚氰胺含量的测定

参考第三章食品分析创新实验:牛奶中三聚氰胺的快速测定。

三、有机氯农药残留量的测定

(一)实验原理

试样中的有机氯农药残留用正己烷-丙酮(1∶1,V/V)溶液提取,提取液浓缩后,经凝胶渗透色谱仪和弗罗里硅土柱净化,用气相色谱-质谱/质谱仪测定和确证,外标峰面积法定量。

(二)器材与试剂

1. 实验仪器

气相色谱-质谱/质谱仪(配电子轰击源(EI))、凝胶渗透色谱仪、电子天平、旋涡混匀器、离心机、旋转蒸发仪、氮吹仪、具塞离心管。

2. 实验试剂

(1)无水硫酸钠(Na_2SO_4):650 ℃灼烧 4 h,在干燥器内冷却至室温密封保存。

(2)氯化钠(NaCl)。

(3)提取液:取适量正己烷和丙酮按体积比 1∶1 进行混合。

(4)凝胶渗透色谱洗脱液:取适量环己烷和乙酸乙酯按体积比 1∶1 进行混合。

(5)固相萃取洗脱液:取适量正己烷和二氯甲烷按体积比 5∶95 进行混合。

(6)标准储备溶液:准确称取适量的各标准物质,用正己烷配制成浓度为 100 μg/mL 的标准储备液,此溶液在 0～4 ℃避光保存。

(7)标准中间溶液:取适量(6)溶液,配制成 2 μg/mL 的混合标准工作溶液,此溶液在 0～4 ℃避光保存。

(8)标准工作溶液:取适量的各种标准储备溶液,配制成适当浓度的混合标准工作溶液,标准工作液现用现配。

(三)实验步骤

1. 样品提取

准确称取 10.00 g 试样于 50 mL 具塞离心管中(奶粉、奶糖加 10 mL 水溶解)。加入 5 g 氯化钠,再加入 10 mL 提取液,用旋涡混匀器振荡 1 min,4000 r/min 离心 3 min。将有机相转移至 100 mL 旋蒸瓶中,残渣再分别用 10 mL 提取液提取两次,离心合并有机相。在40 ℃下旋转蒸发浓缩至近干,用 10 mL 环己烷-乙酸乙酯混合溶液充分溶解残渣,过 0.45 μm 滤膜,待净化。

试剂空白实验:取与样品提取相同氯化钠、提取液和环己烷-乙酸乙酯混合溶液,按以上方法进行提取,获得试剂空白提取液。

2. 样品净化

(1)凝胶色谱净化条件

净化柱:400 mm×25 mm (i. d.),内装 Bio-Beads,S-X3,38～75 μm 填料,或性能相当者。

流动相:环己烷-乙酸乙酯(1∶1,V/V)

流速:5 mL/min。

进样量:5 mL。

开始收集时间:10 min。

结束收集时间:22 min。

(2)净化过程:将净化溶液转移至 10 mL 试管,用凝胶渗透色谱仪净化,收集 10～22 min的淋洗液。在 40 ℃下减压浓缩至约 2 mL,转移到已活化的弗罗里硅土固相萃取柱内,收集流出液。用 8 mL 二氯甲烷-正己烷溶液洗脱,收集洗脱液于 40 ℃旋转蒸发浓缩至近干。用 1 mL 正己烷溶解残渣,过 0.45 μm 滤膜后供气相色谱-质谱测定。

3. 气相色谱-质谱测定

(1)色谱柱:TR-35 ms,30 m×0.25 mm×0.25 μm,或性能相当者。

(2)柱温:55 ℃保持 1 min,以 40 ℃/min 速率升至 140 ℃,保持 5 min,以 2 ℃/min 速率

升至 210 ℃,以 10 ℃/min 速率升至 280 ℃,保持 10 min。

(3)进样口温度:250 ℃。

(4)离子源温度:250 ℃。

(5)传输线温度:250 ℃。

(6)离子源:电子轰击离子源。

(7)测定方式:选择反应监测模式(SRM)。

(8)载气:氦气,纯度不低于 99.999%。

(9)流速:1.2 mL/min。

(10)进样方式:不分流。

(11)进样量:1 μL。

(12)电离能量:70 eV。

4.色谱的测定与确证

按照上述气相色谱-质谱/质谱条件测定样液和标准工作溶液以定性,外标法定量样液中的有机氯农药残留量。样品中待测物残留量应在标准曲线范围内,如果残留量超出标准曲线,应适当稀释。

在相同实验条件下,样品与标准工作液中待测物质的质量色谱峰相对保留时间在 ±2.5%以内,并且在扣除背景的样品质量色谱图中,所选择的离子对均出现,同时与标准品的相对离子丰度最大容许误差不超过表 4-1 规定的范围,则可判断样品中存在对应的被测物。

表 4-1　气相色谱-质谱/质谱仪定性时相对离子丰度最大容许误差

相对离子丰度(基峰)	>50%	20%~50%	10%~20%	≤10%
最大容许误差	±20%	±25%	±30%	±50%

(四)数据和计算

【实验记录】

实验记录参考表 4-2。

表 4-2　乳制品中有机氯农药残留量实验记录

时间:	地点:		实验员:	室内温度:
X_i—样品中 i 组分农药残留量:　　μg/kg				
项目	第一次	第二次	第三次	第四次
样品质量/g				
标准曲线				

续表

项目	第一次	第二次	第三次	第四次
标准曲线中样液中 i 组分农药的浓度/(μg/L)				
洋液最终定容体积/mL				
样品中 i 组分农药残留量/(μg/kg)				
标准差				

【结果计算】

乳制品中有机氯农药残留量按式(4-1)计算。

$$X_i=\frac{c_i \times V \times 1000}{m \times 1000} \tag{4-1}$$

式中：X_i——样品中 i 组分农药残留量，μg/kg；

c_i——由标准曲线得到的样液中 i 组分农药的浓度，μg/L；

V——样液最终定容体积，mL；

m——样品质量，g。

注：计算结果须扣除空白值，测定结果用平行测定的算术平均值表示，保留两位有效数字。

(五)注意事项

(1)必须穿好实验服，注意佩戴口罩，以防吸入有毒的有机试剂。

(2)最高柱温不能超过柱子允许的最高恒温温度。

(3)配制标准品所用的试剂要选用色谱纯级别。

(4)供试品溶液制备时，有机相减压浓缩务必至近干，避免待测成分损失。

(六)思考题

(1)如何减少有机氯检测过程中的杂质干扰？

(2)乳制品中有机氯农药残留的主要来源有哪些？

四、铅含量的测定

参考第二章食品分析相关基础实验实验。

实验二　不同品牌果蔬汁饮料的品质比较

一、实验背景

【概述】

因消费者的喜爱,果蔬汁饮料逐渐在饮料行业中占据一席之地。

果蔬制饮料中果糖、葡萄糖、矿物质以及总黄酮含量是鉴定其品质的重要依据。GB 5009.8中规定了食品中果糖、葡萄糖等测定的检测方法。其中对果糖和葡萄糖的检测主要以高效液相色谱法为主。果蔬汁饮料中,钾、磷和总黄酮在GB/T 12143中规定了检测方法。其中钾含量测定采用火焰原子吸收光谱法,磷含量测定采用钒钼黄分光光度法,总黄酮含量测定采用分光光度比色法。

【实验目的】

(1)掌握果糖、葡萄糖、钾、磷以及总黄酮含量检测的原理。

(2)掌握高效液相色谱法的操作技术,包括样品的提取及果糖、葡萄糖的定量测定等。

(3)掌握火焰原子吸收光谱法的操作技术,包括样品的消解处理及钾含量计算等。

(4)掌握钒钼黄分光光度法的操作技术,包括样品的消解处理及磷含量计算等。

(5)掌握分光光度比色法的操作技术,包括样品预处理及总黄酮含量计算等。

【课前准备】

学习国家标准中规定的果糖、葡萄糖、钾、磷以及总黄酮含量检测方法,了解各实验的操作流程图及仪器使用说明。在实验步骤旁注明标准曲线绘制表格、色谱图范围确证及原理公式。

【思维导图】

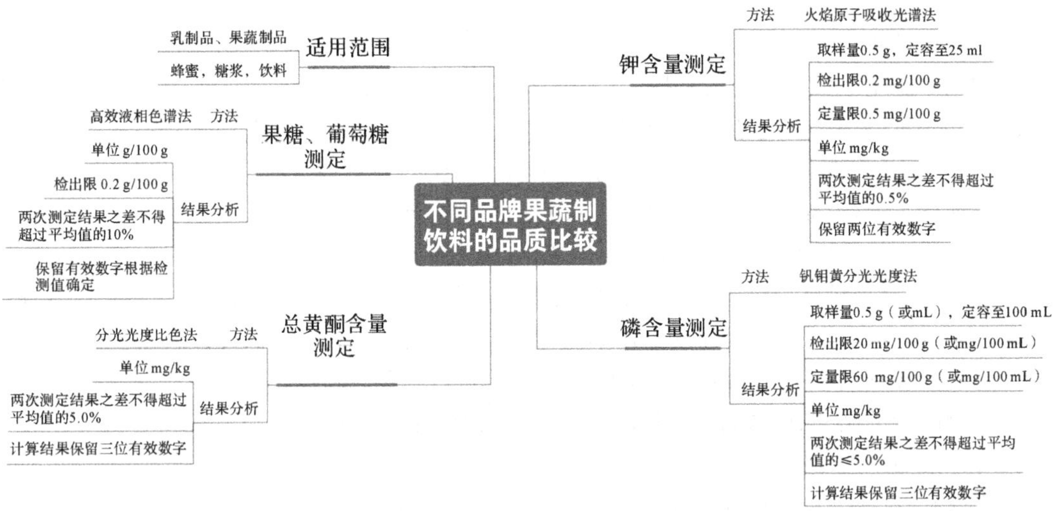

二、果糖、葡萄糖含量的测定

参考第二章食品分析基础实验:食品中还原糖含量的测定。

三、钾含量的测定

(一)实验原理

将经消解处理后的试样注入原子吸收光谱仪中,经火焰原子处理后的钾最大吸收峰为766.5 nm,在一定浓度范围内,吸收值与钾含量成正比。通过测定试样的吸收值并与标准样品吸收值比较,可以定量。

(二)器材与试剂

1.实验仪器

原子吸收分光光度计(配有钾空心阴极灯)、分析天平、分析用钢瓶乙炔气和空气压缩机、凯氏烧瓶。

2.实验试剂

(1)氯化钠溶液(10 g/L):称取 1.0 g 氯化钠,用水溶解后定容至 100 mL。

(2)硝酸溶液(10%):量取 1 体积硝酸,注入 9 体积水中。

(3)盐酸溶液(50%):量取 1 体积盐酸,注入 1 体积水中。

(4)钾标准溶液:称取 0.9534 g 经 150±3 ℃烘烤 2 h 的氯化钾,置于 50 mL 烧杯中。加水溶解,然后转移到 500 mL 容量瓶中,加 2 mL 盐酸溶液,用水定容至刻度,摇匀。吸取10.00 mL 盐酸溶液于 100 mL 容量瓶中,用水定容至刻度,摇匀。此溶液钾的含量为

100 mg/L。

(三)实验步骤

1. 试样处理

称取一定量经混合均匀的试样(浓缩果汁 1.00～2.00 g;果汁 5.00～10.00 g;果汁饮料 20.0～50.0 g;水果饮料和果汁型碳酸饮料 50.0～100.0 g)于 500 mL 凯氏烧瓶中。

加入 2～3 粒玻璃珠,10～15 mL 硝酸和 5 mL 硫酸(称样量大于 20 g 的样品,应预先加热除去部分水分,待瓶中样液剩余约 20 g 时停止加热,冷却,再加硝酸、硫酸)。

浸泡约 2 h 或静置过夜。先用微火加热,待剧烈反应停止后,加大火力。溶液开始变为棕色时,立即滴加硝酸,直至溶液透明,颜色不再变深为止。继续加热数分钟至浓白烟逸出,冷却,小心加入 20 mL 水,再加热至白烟逸出,冷却至室温。

将溶液转移到 50 mL 容量瓶中,用水定容至刻度,摇匀,备用。

取相同量的硝酸、硫酸,按上述步骤做试剂空白消化液,备用。

2. 标准曲线的绘制

吸取 0.00,1.00,2.00,4.00,6.00,8.00,10.00 mL 钾标准溶液,分别置于 50 mL 容量瓶中。加 10 mL 硝酸溶液,2.0 mL 氯化钠溶液,用水定容至刻度,摇匀,配制成 0.0,2.0,4.0,8.0,12.0,16.0,20.0 mg/L 钾标准系列溶液。

依次将上述标准系列溶液吸入原子化系统中,用 0.0 mg/L 钾标准溶液调整零点,于波长 766.5 nm 处测定钾标准系列溶液的吸光度。

以吸光度为纵坐标,钾标准系列溶液的浓度为横坐标,绘制工作曲线或计算回归方程。

3. 测定

吸取 5.0～20.0 mL 试样溶液于 50 mL 容量瓶中,加 10 mL 硝酸溶液,2.0 mL 氯化钠溶液,用水定容至刻度,摇匀。

将此溶液吸入原子化系统中,用试剂空白溶液调整零点,于波长 766.5 nm 处测吸光度,在工作曲线上查出(或用回归方程计算出)试液中钾的含量(c_1)。按上述步骤同时测定试剂空白消化液中钾的含量(c_{01})。

(四)数据和计算

1. 实验记录

实验记录参考表 4-3。

表 4-3 原子吸收光谱法实验记录表

时间:	地点:		实验员:	室内温度:
X—样品中钾的含量: mg/kg				
项目	第一次	第二次	第三次	第四次
样品质量/g				
测定时吸取试液的体积/mL				
标准曲线				

续表

项目	第一次	第二次	第三次	第四次
从标准曲线中计算的样品钾的含量/(mg/L)				
从标准曲线中计算的空白消化液钾的含量/(mg/L)				
标准差				

2.结果计算

果蔬制饮料中钾的含量按式 4-2 计算。

$$X = \frac{(c_1 - c_{01}) \times V \times 1000 \times 试样稀释倍数}{m} \tag{4-2}$$

式中:X——样品中钾的含量,mg/kg;

c_1——从标准曲线中计算的样品钾的含量,mg/L;

c_{01}——从标准曲线中计算的空白消化液钾的含量,mg/L;

V——试样溶液的定容体积,mL;

m——试样的质量,g。

(五)注意事项、危害和废弃物处理

(1)必须穿好实验服并佩戴好隔热手套和口罩,方可进行操作。

(2)使用的试剂如硝酸、高氯酸都具有腐蚀性,比较危险,且在实验过程中会产生大量酸雾和烟。因此,消解要在通风橱内进行。

(3)消解液不能蒸干,以防待测元素的损失。

(4)消解液中酸的浓度不能太高。在消化液澄清后,需加水溶解盐类同时赶酸,赶酸时要控制温度,以防温度过高,导致液体飞溅,造成元素的损失,使实验结果偏低。

(六)思考题

(1)果蔬制饮料中钾的来源是什么,对人体的影响有哪些?

(2)检测食品中钾含量的方法有哪些,原理是什么?

四、总磷含量的测定

(一)实验原理

试样消解后,其中的磷在酸性条件下与钒-钼酸铵生成黄色络合物钒钼黄。钒钼黄的吸光度值与磷的浓度成正比。于 400 nm 测定试样溶液中钒钼黄的吸光度值,与标准系列比较定量。

(二)器材与试剂

1. 实验仪器

紫外分光光度计、凯氏烧瓶、天平。

2. 实验试剂

(1)硝酸。

(2)硫酸。

(3)硫酸溶液(10%):量取1体积硫酸,缓慢注入9体积水中。

(4)钒-钼酸溶液:称取20.0 g钼酸铵,溶解在约400 mL 50 ℃热水中,冷却。称取1.0 g偏钒酸铵,溶解在300 mL 50 ℃热水中,冷却,边搅拌,边加入1 mL硫酸。将钼酸铵溶液缓慢加到偏钒酸铵溶液中,搅拌均匀后转移到1000 mL容量瓶中,用水定容至刻度。

(5)磷标准溶液:称取0.4394 g经105±2 ℃烘烤2 h的磷酸二氢钾。置于50 mL烧杯中,加水溶解,转移到1000 mL容量瓶中,用水定容至刻度,摇匀。此溶液磷的含量为100 mg/L。

(三)实验步骤

1. 样品处理

与钾含量的测定中样品处理方法一致。

2. 标准曲线的绘制

吸取0.00,1.00,2.00,3.00,4.00,5.00 mL磷标准溶液,分别置于50 mL容量瓶中。加10 mL硫酸溶液,摇匀,加10 mL钒-钼酸溶液,用水定容至刻度,摇匀,配制成0.0,2.0,4.0,6.0,8.0,10.0 mg/L磷标准系列溶液。

在室温下放置10 min。用1 cm比色皿,以0.0 mg/L磷标准溶液调整零点,在波长400 nm处测定磷标准系列溶液的吸光度。以吸光度为纵坐标,磷的含量为横坐标,绘制工作曲线或计算回归方程。

3. 测定

吸取5.0～20.0 mL样品溶液于50 mL容量瓶中,以下步骤按照标准品处理操作。

用试剂空白溶液调整零点,于波长400 nm处测吸光度,在标准曲线上查出(或用回归方程计算出)试液中磷的含量(c_1)。按上述步骤同时测定试剂空白消化液中磷的含量(c_{01})。

(四)数据和计算

【实验记录】

1. 实验记录

实验记录表参考表4-4。

表 4-4 钒钼黄分光光度法实验记录表

时间：	地点：		实验员：	室内温度：
X—样品中总磷的含量： mg/kg				
项目	第一次	第二次	第三次	第四次
样品质量/g				
测定时吸取试液的体积/mL				
标准曲线				
从标准曲线中计算的样品磷的含量/(mg/L)				
从标准曲线中计算的空白消化液磷的含量/(mg/L)				
标准差				

2.结果计算

果蔬制饮料中总磷的含量按式(4-2)计算。

$$X=\frac{(c_1-c_{01})\times 1000\times V}{m\times V_0} \tag{4-2}$$

式中：X——样品中磷的含量，mg/kg；

c_1——从标准曲线中计算的样品磷的含量，mg/L；

c_{01}——从标准曲线中计算的空白消化液磷的含量，mg/L；

V——样品溶液的定容体积，mL；

V_0——吸取的样品体积，mL；

m——样品质量，g。

(五)注意事项

(1)必须穿好实验服，注意佩戴隔热手套和口罩，方可操作。

(2)使用的试剂如硝酸、高氯酸都具有腐蚀性，比较危险，且在实验过程中会产生大量酸雾和烟。因此，消解要在通风橱内进行。

(3)消解液不能蒸干，以防测定元素的损失。

(4)消解液中酸的浓度不能太高。在消化液澄清后，需加水溶解盐类同时赶酸。赶酸时要控制温度，以防温度过高，导致液体飞溅，造成元素的损失，使实验结果偏低。

(六)思考题

(1)果蔬制饮料中磷的来源是什么？对人体的影响有哪些？

(2)检测食品中磷含量的方法有哪些？原理是什么？

五、总黄酮含量的测定

参考第二章食品分析基础实验：食品中总黄酮含量的测定。

实验三　不同可食用液体香精的质量检测

一、实验背景

【概述】

食用香精香料在食品加工生产过程中发挥着不可或缺的作用，是重要的生产工艺之一。在食品生产加工过程中，在保障食品安全的基础上，添加适量的食用香精香料，可以有效保障食品原有的风味，满足消费者对食品风味的需求。

食品安全问题是人们高度关注的问题，特别是食品加工过程中添加剂的应用。食用液体香精作为食品添加剂中的一种，其质量检测也至关重要。GB 5009.227 中规定了食品中过氧化值测定（过氧化值的测定只适用于动植物油含量≥20%的产品）的方法，以滴定法为主。食用液体香精中的重金属（≤10 mg/kg）按照 GB 5009.74 的规定采用比色法检测，食用液体香精中甲醇含量（≤0.2%，甲醇含量的测定只适用于食用酒精含量≥20%的产品）按照 GB 5009.266 的规定采用气相色谱法测定。

【实验目的】

（1）掌握过氧化值、重金属以及甲醇含量检测的原理。

（2）掌握滴定法的操作技术，包括样品的制备及过氧化值的定量测定等。

（3）掌握比色法的操作技术，包括样品的消解处理及重金属检测等。

（4）掌握气相色谱法的操作技术，包括样品的蒸馏处理、气相色谱确定以及甲醇含量计算等。

【课前准备】

学习国家标准中规定的过氧化值、重金属以及甲醇含量的检测方法，了解各实验的操作流程图及仪器使用说明，在实验步骤旁注明标准曲线绘制表格、色谱图范围确证及原理公式。

【思维导图】

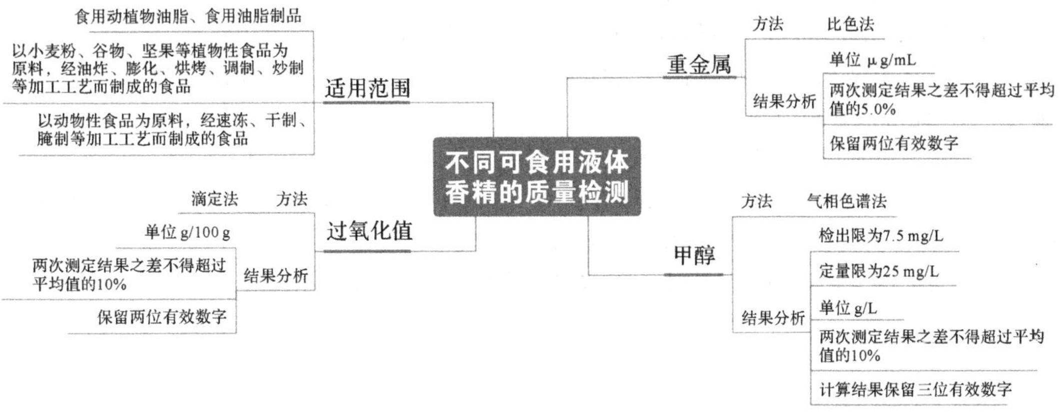

二、过氧化值的测定

参考第二章食品分析基础实验：食品中过氧化值的测定。

三、重金属含量的测定

（一）实验原理

在弱酸性（pH3～4）条件下，试样中的重金属离子与硫化氢作用，生成棕黑色物质，与同法处理的铅标准溶液比较，做定量试验。

（二）器材与试剂

1. 实验仪器

50 mL 纳氏比色管、电热板、可调式电炉、马弗炉、电子天平、水浴锅、压力消解罐

2. 实验试剂

（1）硝酸（HNO_3）。

（2）硫酸（H_2SO_4）。

（3）乙酸铵（$C_2H_7NO_2$）。

（4）酚酞（$C_2OH_{14}O_4$）。

（5）过氧化氢（H_2O_2）。

（6）硫化氢（H_2S）。

（7）高氯酸（$HClO_4$）。

（8）高纯硝酸铅[$Pb(NO_3)_2$]，纯度为 99.99%。

（9）盐酸溶液（6 mol/L）：量取 50 mL 盐酸，用水稀释至 100 mL。

（10）盐酸溶液（1 mol/L）：量取 8.3 mL 盐酸，用水稀释至 100 mL。

（11）氨溶液（6 mol/L）：量取 40 mL 氨水，用水稀释至 100 mL。

(12)氨溶液(1 mol/L):量取 6.7 mL 氨水,用水稀释至 100 mL。

(13)乙酸盐缓冲液(pH=3.5):称取 25.0 g 乙酸铵溶于 25 mL 水中,加 45 mL 6 mol/L 盐酸溶液, 用稀盐酸或稀氨水调节 pH 至 3.5,用水稀释至 100 mL。

(14)酚酞乙醇溶液(1%):称取 1.0 g 酚酞溶于 100 mL 乙醇溶液中。

(15)硫化氢饱和溶液:将硫化氢气体通入不含二氧化碳的水中(如流速为 80 mL/min,通气 1 h),此溶液临用前制备。

(16)硝酸溶液(1%):取 1 mL 硝酸加水稀释至 100 mL。

(17)铅标准储备液(1 mg/mL):称取 0.0626 g 高纯硝酸铅,溶于 10 mL 硝酸溶液(1%)中,再移入 100 mL 容量瓶中,用水稀释至刻度。

(18)铅标准使用液(10 μg/mL):吸取铅标准储备液(1 mg/mL)1.0 mL 于 100 mL 容量瓶中,加水至刻度。

(三)实验步骤

1.样品消解

(1)湿法消解:称取 5.00 g 试样,置于 25 mL 锥形瓶中,加 10～15 mL 硝酸浸润试样,放置片刻(或过夜)后, 于电热板上加热。待反应缓和后取下放冷,沿瓶壁加入 5 mL 硫酸, 再继续加热至瓶中溶液开始变成棕色,不断滴加硝酸(如有必要可滴加些高氯酸)至有机质分解完全,继续加热至生成大量的二氧化硫白色烟雾, 最后溶液应呈无色或微黄色。冷却后加 20 mL 水,煮沸除去残余的硝酸至产生白烟为止。

如此处理两次,放冷。将溶液移入 50 mL,容量瓶中,用水洗涤锥形瓶, 将洗涤液并入容量瓶中,加水定容至刻度,混匀。每 10 mL 溶液相当于 1.0 g 样品。取同样量的硝酸、硫酸,同时做试剂空白试验。

(2)干法消解:称取 5.00 g 试样,置于硬质玻璃蒸发皿或石英坩埚中,加入适量硫酸浸润试样,于电炉上小火炭化后,加 2 mL 硝酸和 5 滴硫酸,小心加热直到白色烟雾挥尽,移入马弗炉中,于 500 ℃灰化完全。冷却后取出,加 2 mL 盐酸溶液(6 mol/L)湿润残渣,于水浴上慢慢蒸发至干。用 1 滴浓盐酸湿润残渣,并加 10 mL 水,于沸水浴上再次加热 2 min,将溶液移入 50 mL 容量瓶中,如有必要应过滤,用少量水洗涤坩埚和滤器,洗滤液一并移入容量瓶中,定容后混匀,每 10 mL 该溶液相当于 1.0 g 试样。在试样灰化同时,另取一坩埚,同时做试剂空白试验。

(3)压力消解罐消解法:按压力消解罐使用说明书称取适量试样(精确至 0.001 g)于聚四氟乙烯内罐,加硝酸 2～4 mL 浸泡过夜。再加过氧化氢 2～3 mL(总量不能超过罐容积的 1/3)。盖好内盖,旋紧不锈钢外套,放入恒温干燥箱,120～140 ℃保持 3～4 h,在箱内自然冷却至室温,用滴管将消化液洗入或过滤入(视消化后试样的盐分而定)容量瓶中,用水少量多次洗涤罐,洗液合并于容量瓶中并定容至刻度,混匀备用。同时做试剂空白对照。

2.测定

A 管(标准管):吸取含铅量相当于指定的重金属限量的铅标准使用液(不低于 10 μg 铅)于 50 mL 纳氏比色管中(如试样经处理,应同时吸取与试样液等量的试剂空白液),加水至 25 mL,混匀,加 1 滴酚酞指示液, 用稀盐酸(6 mol/L)或稀氨水(1 mol/L)调节 pH 至中性(酚酞红色刚褪去),加入 5 mL pH3.5 的乙酸盐缓冲液, 混匀,备用。

B管(样品管):取一支与A管所配套的纳氏比色管,加入10～20 mL(或适量)试样液,加水至25 mL,混匀,加1滴1%酚酞指示液,用稀盐酸(6 mol/L)或稀氨水(1 mol/L)调节pH至中性(酚酞红色刚褪去),加入5 mL pH 3.5的乙酸盐缓冲液,混匀,备用。

C管:取一支与A,B管所配套的纳氏比色管,加入与B管等量的相同的试样液,再加入与A管等量的铅标准使用液(10 ug/mL),加水至25 mL,混匀,加1滴1%酚酞指示液,用稀盐酸(6 mol/L)或稀氨水(1 mol/L)调节pH至中性(酚酞红色刚褪去),加入5 mL pH3.5的乙酸盐缓冲液混匀,备用。

向各管中加入10 mL新鲜制备的硫化氢饱和溶液,并加水至50 mL刻度,混匀,于暗处放置5 min后,在白色背景下观察。B管的色度不得深于A管的色度,C管的色度应与A管的色度相当或深于A管的色度,则可判定为样品中重金属含量(以铅计)低于A管(标准管)对应的重金属含量(以铅计)。

(四)数据和计算

【实验记录】

实验记录参考表4-5。

表4-5 比色法实验记录表

时间:	地点:	实验员:	室内温度:	
X—样品中重金属限量:	μg/mL			
项目	第一次	第二次	第三次	第四次
样品质量/g				
标准溶液浓度/(μg/mL)				
样品溶液浓度/(μg/mL)				

(五)注意事项

(1)必须穿好实验服,注意佩戴隔热手套和口罩,方可操作。

(2)所用玻璃仪器均需以硝酸溶液(1∶4)浸泡24 h以上,用水反复冲洗,最后用去离子水冲洗干净。

(3)消化管用之前需要在赶酸仪上烘干或将管内壁残留的水甩出来,用纸把消化管外壁擦干再使用。

(4)外壁需用纸完全擦干,内壁尽量甩得无水珠流出,否则对结果有一定影响。

(六)思考题

(1)食品中有害重金属有哪些?对人体有哪些危害?

(2)食品液体香精中重金属含量测定的样品消解方法有哪些?区别是什么?

四、甲醇含量的测定

(一)实验原理

蒸馏除去食品液体香精中不挥发性物质，加入内标(酒精、蒸馏酒及其配制酒直接加入内标)，经气相色谱分离，氢火焰离子化检测器检测，以保留时间定性，内标法定量。

(二)器材与试剂

1. 实验仪器

(1)气相色谱仪：配氢火焰离子化检测器(FID)。

(2)天平：感量为 0.1 mg。

(3)全玻璃磨口水蒸馏装置(图 4-1)。

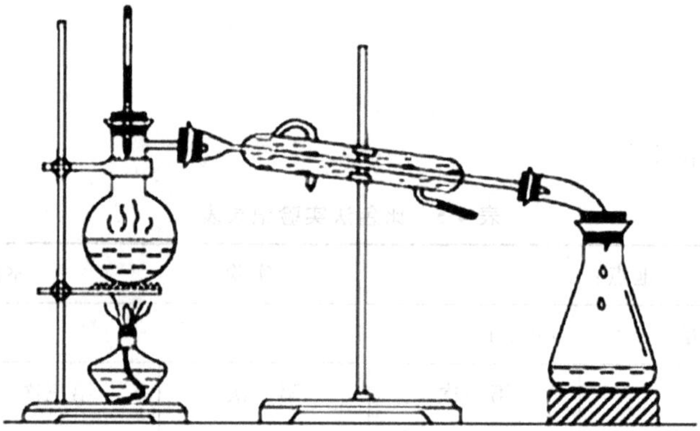

图 4-1　全玻璃磨口水蒸馏装置

2. 实验试剂

(1)乙醇溶液(40%)：量取 40 mL 乙醇，用水定容至 100 mL，混匀。

(2)甲醇(CH_4O，CAS 号：67-56-1)：纯度≥99%。

(3)叔戊醇($C_5H_{12}O$，CAS 号：75-85-4)：纯度≥99%。

(4)甲醇标准储备液(5000 mg/L)：准确称取 0.5 g(精确至 0.001 g)甲醇至 100 mL 容量瓶中，用乙醇溶液定容至刻度，混匀，0～4 ℃低温冰箱密封保存。

(5)叔戊醇标准溶液(20000 mg/L)：准确称取 2.0 g 叔戊醇至 100 mL 容量瓶中，用乙醇溶液定容至 100 mL，混匀，0～4 ℃低温冰箱密封保存。

(6)甲醇系列标准工作液：分别吸取 0.5，1.0，2.0，4.0，5.0 mL 甲醇标准储备液，于 5 个 25 mL 容量瓶中，用乙醇溶液定容至刻度，依次配制成甲醇含量为 100，200，400，800，1000 mg/L系列标准溶液，现配现用。

(三)实验步骤

1. 样品处理

吸取 100 mL 试样于 500 mL 蒸馏瓶中，加入 100 mL 水，加几颗沸石(或玻璃珠)，连接冷凝管。以 100 mL 容量瓶作为接收器(外加冰浴),并开启冷却水,缓慢加热蒸馏,收集馏出液,当接近刻度时,取下容量瓶。待溶液冷却到室温后,用水定容至刻度,混匀。吸取 10.0 mL蒸馏后的溶液于试管中,加入 0.10 mL 叔戊醇标准溶液,混匀,备用。

若试样颜色较深,则重复上一步操作。

2. 气相色谱测定

(1)色谱柱:聚乙二醇石英毛细管柱,柱长 60 m,内径 0.25 mm,膜厚 0.25 μm,或等效柱。

(2)检测器温度:250 ℃。

(3)色谱柱温升温程序如表 4-6 所示。

表 4-6 色谱柱温升温程序

步骤	条件
1	初始温度 40 ℃,保持 1 min
2	40～130 ℃,升温速率 4.0 ℃/min
3	130～200 ℃,升温速率 20 ℃/min,保持 5 min

(4)进样口温度:温度 250 ℃。

(5)进样量:1.0 μL。

(6)载气流量:1.0 mL/min。

(7)分流比:20∶1。

3. 标准曲线

(1)分别吸取 10 mL 甲醇系列标准工作液于 5 个试管中,再加入 0.10 mL 叔戊醇标准溶液,混匀,测定甲醇和内标叔戊醇色谱峰面积。以甲醇系列标准工作液的浓度为横坐标,以甲醇和叔戊醇色谱峰面积的比值为纵坐标,绘制标准曲线(甲醇及内标叔戊醇标准的气相色谱图见图 4-2)。

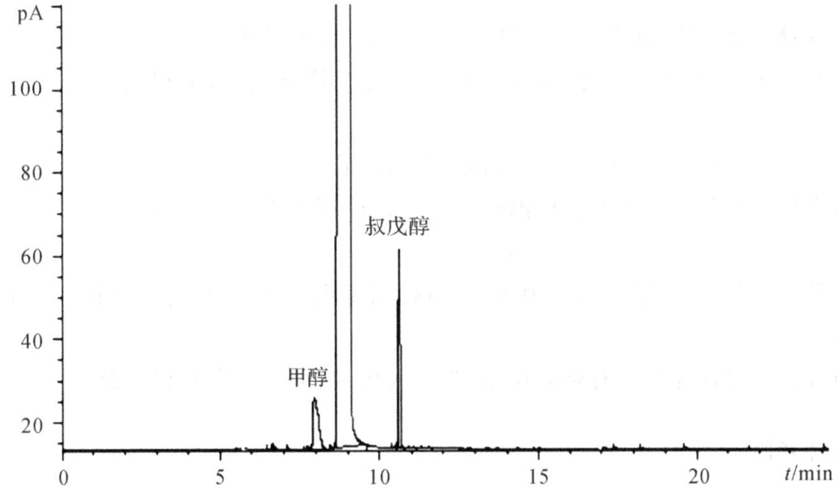

图 4-2 甲醇及内标叔戊醇标准的气相色谱图

(2)将制备的试样溶液注入气相色谱仪中，以保留时间定性，同时记录甲醇和叔戊醇色谱峰面积的比值，根据标准曲线得到待测液中甲醇的浓度。

(四)数据和计算

【实验记录】

实验记录参考表 4-7。

表 4-7 气相色谱法实验记录表

时间：	地点：		实验员：	室内温度：
X—样品甲醇含量：　　g/L				
项目	第一次	第二次	第三次	第四次
从标准曲线得到的试样溶液中甲醇的浓度/(mg/L)				
标准差				

【结果计算】

食品液体香精中甲醇的含量按式(4-4)计算。

$$X=\rho \tag{4-4}$$

式中：X——样品中甲醇的含量，mg/L；

ρ——从标准曲线得到的试样溶液中甲醇的浓度，mg/L。

(五)注意事项

(1)必须穿好实验服，注意佩戴隔热手套和口罩，方可操作。

(2)为避免氢气的骤积引起事故，点火前才能打开氢气源，关机后一定要及时关闭氢气源。

(3)点火时，不要拔下收集极往检测器燃烧头内看。

(4)氢火焰离子化检测器的工作温度至少要比柱箱高 50 ℃，且不要低于 150 ℃，以免有冷凝现象产生。

(5)甲醇是无色易燃液体，闪点为 8 ℃，自燃温度为 436 ℃，甲醇蒸气在空气中爆炸的体积分数为 6%～36.5%。

(6)甲醇蒸气对神经系统有刺激作用，吸入人体内，可引起失明和中毒。

(六)思考题

(1)影响食品液体香精中甲醇测定准确性的因素有哪些？

(2)食品液体香精中甲醇的来源和危害有哪些？

实验四 不同贮藏方式对坚果中维生素含量的影响

一、实验背景

【概述】

坚果营养丰富，含有丰富的维生素（维生素 B、维生素 E 等）。但在储藏在过程中，坚果的营养物质易受不同储藏条件的影响而导致坚果类维生素含量的变化。因此本实验探究坚果在不同储存条件下的维生素变化规律，寻找坚果最适合的储藏条件。

【实验目的】

（1）掌握维生素 C、维生素 A、维生素 E 测定的原理。

（2）掌握高效液相色谱法的原理及操作技术，不同贮藏光照强度对坚果中维生素 C 含量的影响。

（3）掌握反相高效液相色谱法的原理以及操作技术，包括样品的提取、洗涤、浓缩。

【课前准备】

学习国家标准中规定的维生素 C、维生素 A、维生素 E 的检测方法，了解各实验的操作流程及仪器使用说明，在实验步骤旁注明标准曲线绘制表格、色谱图范围确证及化学原理公式。

【思维导图】

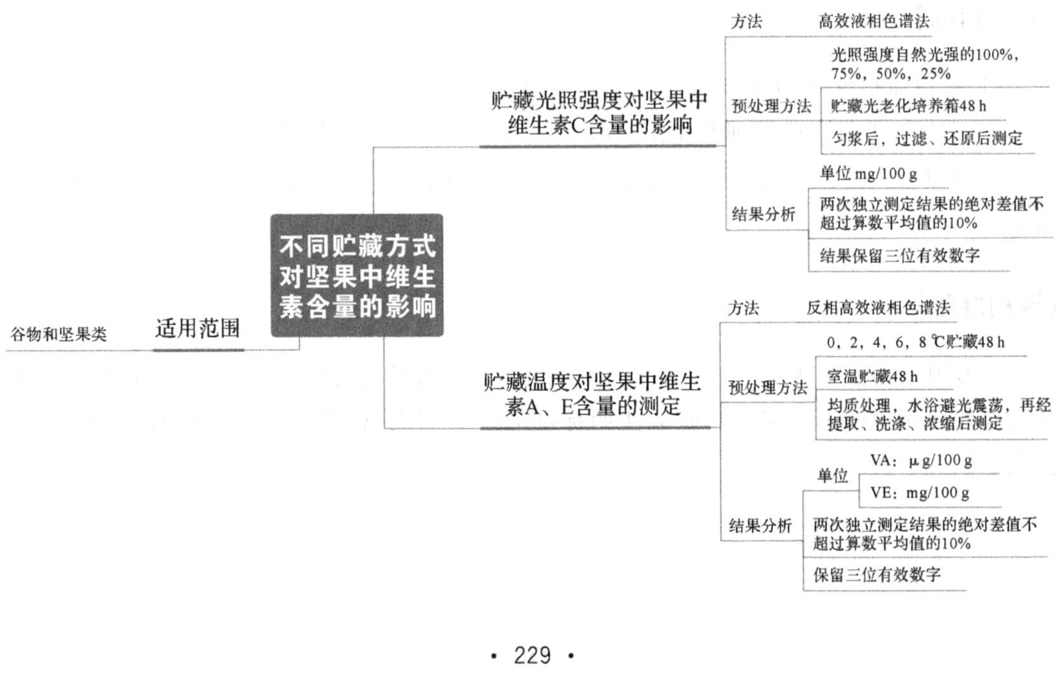

二、坚果中维生素C含量的测定

参考第二章食品分析基础实验：食品中抗坏血酸含量的测定。

三、坚果中维生素A、E含量的测定

参考第三章食品分析创新实验：乳制品中维生素A、E的测定。

实验五　葛根粉、木薯粉与红薯粉的掺假鉴别

一、实验背景

【概述】

葛根的优异功效催生了巨大的食品市场。但是由于葛根原料多用于提取物的生产，供给生产葛根粉食品的有限，加之葛根粉成本相对较高，葛根粉产品掺假现象较为严重。其中以掺入木薯淀粉为主。

红薯粉由于其独特的风味、较高的营养价值而广受消费者的喜爱。但是由于红薯粉的生产成本较高、而掺假容易，所以导致红薯粉产品掺假现象较为严重，其中以掺入胶质为主。

【实验目的】

(1)掌握淀粉组成、生氰糖苷含量测定的原理。

(2)掌握双波长法的原理及操作技术，以及不同薯类粉末的淀粉组成。

(3)掌握高效液相色谱-质谱法的原理以及操作技术，包括生氰糖苷的提取、萃取及测定。

【课前准备】

学习国家标准中规定的淀粉组成及含量、生氰糖苷检测方法，了解各实验的操作流程图及仪器使用说明。在实验步骤旁注明标准曲线绘制表格、色谱图范围确证及化学原理公式。

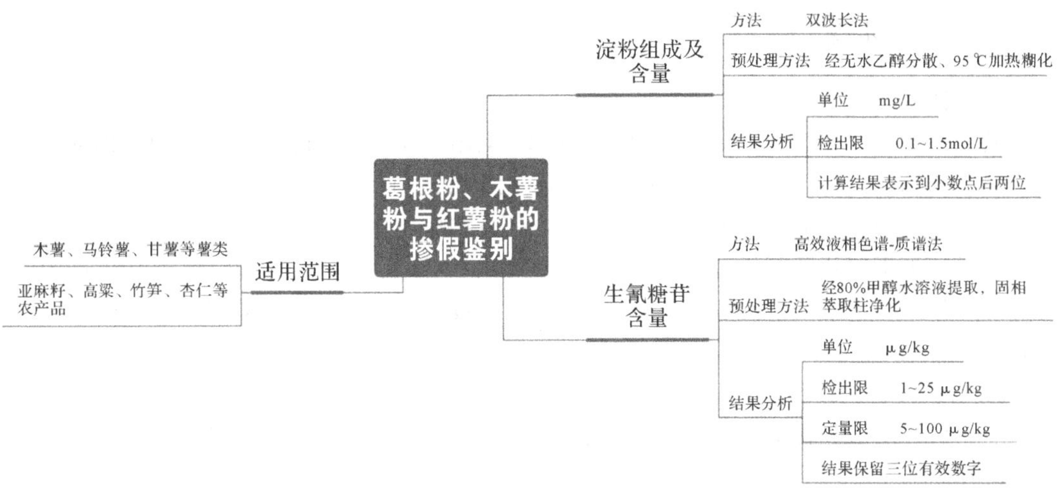

二、淀粉含量及组成的测定

(一)实验原理

试样中的直链淀粉和支链淀粉在碱溶液中加热溶解后，与碘试剂结合形成蓝色(直链淀粉)和紫红色(支链淀粉)的复合物。根据直链淀粉和支链淀粉标准溶液吸光度扫描曲线分别确定其最大吸收波长并绘制标准曲线。分别在两个波长下测定试样的吸光度值，由吸光度值结合标准曲线求得试样中直链淀粉和支链淀粉的浓度。

(二)器材与试剂

1. 实验仪器

分光光度计、天平、恒温鼓风干燥箱、数显恒温水浴锅、索氏抽提取器、粉碎机、筛网。

2. 实验试剂

(1)无水乙醇。

(2)甲醇(石油醚)。

(3)氢氧化钠溶液(1 mol/L)：称取 4.0 g 氢氧化钠，用水溶解并定容至 100 mL。

(4)乙酸溶液(1 mol/L)：称取 6.0 g 乙酸，用水溶解并定容至 100 mL。

(5)碘试剂(2 g/L)：称取碘 0.2 g，碘化钾 2.0 g，混合，用水溶解并定容至 100 mL。碘试剂室温保存，有效期为 3 天(现配现用，避光保存)。

(6)直链淀粉标准溶液(1 mg/mL)：准确称取 0.0500 g 马铃薯直链淀粉于三角烧瓶，加入 0.5 mL 无水乙醇分散样品，加入 5 mL 氢氧化钠溶液，95 ℃加热搅拌 10 min，冷却至室温，用水定容至 50 mL，摇匀。直链淀粉标准溶液室温保存有效期为 48 h。

(7)支链淀粉标准溶液(1 mg/mL)：准确称取 0.0500 g 马铃薯支链淀粉于三角烧瓶，加入 0.5 mL 无水乙醇分散样品，加入 5 mL 氢氧化钠溶液，95 ℃加热搅拌 10 min，冷却至室温，用水定容至 50 mL，摇匀。支链淀粉标准溶液室温保存有效期为 24 h。

(三)实验步骤

1. 试样制备

若样品为鲜薯样品,需取鲜薯样品 50 g 以上,洗净、去皮、切成厚度 1 cm 以下的薄片,于 40～50 ℃烘箱烘干至恒重,粉碎后过 80 目筛,用甲醇进行脱脂,以 5～6 滴/s 的速度回流抽提 4～6 h,将脱脂后的样品铺开放置两天后,保存待测。

若样品为干薯片及薯粉,需将干薯片经粉碎机粉碎,再过 80 目筛网,薯粉直接过 80 目筛网,用甲醇(石油醚)进行脱脂,以 5～6 滴/s 的速度回流抽提 4～6 h,将脱脂后的样品铺开放置两天后,保存待测。

2. 水分含量测定

脱脂后样品水分含量测定参照第二章中实验:食品中水分含量的测定。

3. 样品测定

准确称取 0.1000 g 待测样品于 50 mL 三角烧杯中,加入 1 mL 无水乙醇分散样品,再加入 10 mL 氢氧化钠溶液,95 ℃加热搅拌 10 min,冷却后用水定容至 100 mL,摇匀。吸取样品液 3.0 mL,加入 3 mL 乙酸溶液(调节 pH 至 3.0 或 3.5),再加入 0.5 mL 碘试剂,用水定容至 50 mL,混匀,避光静置 15 min。

以不加样品液为空白参比,用分光光度计在 640 nm、484 nm、557 nm 和 749 nm 这 4 个波长下测定得吸光度 A_{640}、A_{484}、A_{557}、A_{749}。计算吸光度差值 $A_{640}-A_{484}$ 和 $A_{557}-A_{749}$,每个样品重复 2 次。

4. 标准曲线的绘制

(1)直链淀粉标准曲线绘制:分别取直链淀粉标准溶液 0,0.1,0.2,0.5,1.0,1.5,2.0 mL于 50 mL 容量瓶中,加入 3 mL 乙酸溶液(调节 pH 至 3.0 或 3.5),再加入 0.5 mL 碘试剂,定容至 50 mL,混匀,避光静置 15 min,得浓度为 0,2,4,10,20,30,40 μg/mL 的系列直链淀粉标准溶液。以不加直链淀粉标准溶液为空白,将配制好的直链淀粉的系列标准溶液在 640 nm 和 484 nm 波长下测定吸光度为 A_{640}、A_{484},计算吸光度差值 $A_{640}-A_{484}$。然后以吸光度差值为横坐标,直链淀粉浓度为纵坐标,绘制直链淀粉标准曲线。

(2)支链淀粉标准曲线绘制:分别取支链淀粉标准溶液 0,0.5,1.0,2.0,3.0,4.0,5.0 mL于 50 mL 容量瓶中,加入3 mL乙酸溶液(调节 pH 至 3.0),加入 0.5 mL 碘试剂,定容至 50 mL,混匀,避光静置15 min,得浓度为 0,10,20,40,60,80,100 μg/mL 的系列支链淀粉标准溶液。以不加支链淀粉标准溶液为空白,将配制好的支链淀粉的系列标准溶液在 557 nm和 749 nm 波长下测定吸光度 A_{557}、A_{749},计算吸光度差值 $A_{557}-A_{749}$。然后以吸光度差值为横坐标,支链淀粉浓度为纵坐标,绘制支链淀粉标准曲线。

(四)数据和计算

【实验记录】

实验记录参考表 4-8。

表 4-8　薯类粉中淀粉含量及组成实验记录表

时间：	地点：		实验员：	室内温度：
W_i—样品中直链/支链淀粉占样品干重含量：　　%				
项目	第一次	第二次	第三次	第四次
样品质量/g				
样品水分含量/%				
样品液中直链/支链淀粉浓度/(μg/mL)				
样品中直链淀粉占样品干重含量/%				
标准差				
样品中支链淀粉占样品干重含量/%				
标准差				

【结果计算】

样品液吸光度差值 $A_{640}-A_{484}$ 和 $A_{557}-A_{749}$ 对照标准曲线计算其中的直链淀粉(X_1)和支链淀粉(X_2)的浓度，直链淀粉和支链淀粉的干基含量按公式(4-5)、(4-6)计算：

$$W_{直}=\frac{X_1\times 50\times 100}{3.0\times m\times(1-w)\times 1000}\times 100 \tag{4-5}$$

式中：$W_{直}$——直链淀粉占样品干重的含量，%；

X_1——样品液中直链淀粉浓度，μg/mL；

m——样品重量，g；

w——样品水分含量，%；

50——样品液显色后定容体积，mL；

3.0——样品糊化后用于显色体积，mL。

$$W_{支}=\frac{X_2\times 50\times 100}{3.0\times m\times(1-w)\times 1000}\times 100 \tag{4-6}$$

式中：$W_{支}$——支链淀粉占样品干重的含量，%；

X_2——样品液中支链淀粉浓度，μg/mL；

m——样品重量，g；

w——样品水分含量，%；

50——样品液显色后定容体积，mL；

3.0——样品糊化后用于显色体积，mL。

以两次平行测定的算术平均值表示测定结果，计算结果保留到小数点后两位。

(五)注意事项

(1)必须穿好实验服，注意佩戴隔热手套和口罩，方可操作。

(2)样品称取前应充分混合，以保证样品的均匀性。

(3)注意样品和标准溶液的准确配置。

(4)测定之前应检查仪器波长是否准确。

(六)思考题

(1)双波长法还可以应用在什么物质的检测中？

(2)双波长法相对单波长法的优势是什么？

三、生氰糖苷检测

参考第三章食品分析创新实验：鲜木薯中生氰糖苷的测定。

实验五 葛根粉掺假鉴别示范

实验六 食用植物油酸败程度的鉴定

一、实验背景

【概述】

油脂在储藏期间由于光、热、空气中的氧，以及油脂中的水、酶的作用，常常会发生变质腐败等复杂变化，这种变化称为酸败。已经酸败的油脂，具有强烈的使人不愉快的味道和气味，这样的油脂不适合食用。也有时油脂虽已酸败，但是感官性质的改变尚未达到影响人们食用的程度。因此，酸败油脂对人的危害，应加以重视。

【实验目的】

学习酸价、过氧化值、碘值的概念，以及脂肪酸组成的测定和检测原理。

【课前准备】

根据国家标准中规定，了解各实验的操作流程图及仪器使用说明，在实验步骤旁注明标准曲线绘制的数据表格及化学原理公式。

【思维导图】

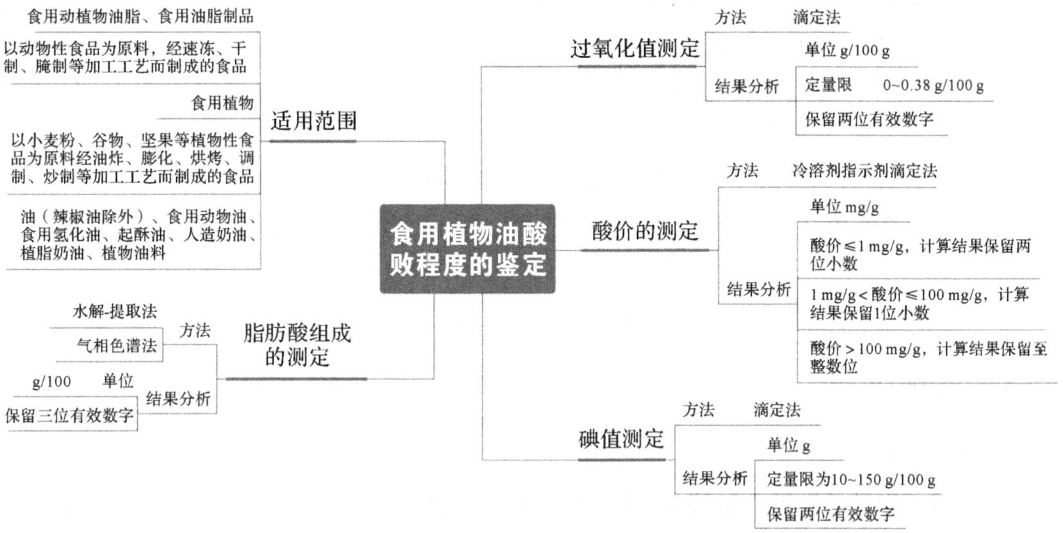

二、酸价的测定

（一）实验原理

用有机溶剂将油脂试样溶解成样品溶液，再用氢氧化钾或氢氧化钠标准滴定溶液中和滴定样品溶液中的游离脂肪酸，以指示剂相应的颜色变化来判定滴定终点，最后通过滴定终点消耗的标准滴定溶液的体积计算油脂试样的酸价。

（二）器材与试剂

1. 实验仪器

10 mL 微量滴定管、天平、恒温水浴锅、恒温干燥箱、离心机、旋转蒸发仪、索氏提取器、粉碎机或研磨机。

2. 实验试剂

（1）异丙醇（C_3H_8O）。

（2）乙醚（$C_4H_{10}O$）。

（3）甲基叔丁基醚（$C_5H_{12}O$）。

（4）95%乙醇（C_2H_6O）。

（5）酚酞（$C_{20}H_{14}O_4$）指示剂。

（6）百里香酚酞（$C_{28}H_{30}O_4$）指示剂。

（7）碱性蓝 6B（$C_{37}H_{31}N_3O_4$）指示剂。

（8）无水硫酸钠（Na_2SO_4），在 105～110 ℃条件下充分烘干，再装入密闭容器冷却并保存。

(9)无水乙醚($C_4H_{10}O$)。

(10)石油醚,30～60 ℃沸程。

(11)氢氧化钾或氢氧化钠标准滴定水溶液,浓度为 0.1 mol/L 或 0.5 mol/L,按照 GB/T 601标准要求配制和标定,也可购买市售商品化试剂。

(12)乙醚-异丙醇混合液:乙醚∶异丙醇=1∶1(V/V),500 mL 的乙醚与 500 mL 的异丙醇充分互溶混合,用时现配。

(13)酚酞指示剂:称取 1 g 的酚酞,加入 100 mL 的 95%乙醇并搅拌至完全溶解。

(14)百里香酚酞指示剂:称取 2 g 的百里香酚酞,加入 100 mL 的 95%乙醇并搅拌至完全溶解。

(15)碱性蓝 6B 指示剂:称取 2 g 的碱性蓝 6B,加入 100 mL 的 95%乙醇并搅拌至完全溶解。

(三)实验步骤

1.试样的制备

若食用油脂样品常温下呈液态,且为澄清液体,则充分混匀后直接取样。如果样品不澄清、有沉淀,则应将油脂置于 50 ℃的水浴或恒温干燥箱内,将油脂的温度加热至 50 ℃并充分振摇以熔化可能的油脂结晶。

若样品为固态,则称取固态油脂样品,置于比其熔点高 10 ℃左右的水浴或恒温干燥箱内,加热完全熔化固态油脂试样。

2.试样称量

根据制备试样的颜色和估计的酸价,称量 0.2～20 g 样品。

3.试样测定

取一个干净的 250 mL 的锥形瓶,按照要求用天平称取制备的油脂试样,其质量单位为克。加入乙醚-异丙醇混合液 50～100 mL 和 3～4 滴的酚酞指示剂,充分振摇溶解试样,再用装有标准滴定溶液的刻度滴定管对试样溶液进行手工滴定。当试样溶液初现微红色,且 15 s内无明显褪色时,为滴定的终点。立刻停止滴定,记录下此滴定所消耗的标准滴定溶液的毫升数,记为 V。

对于深色泽的油脂样品,可用百里香酚酞指示剂或碱性蓝 6B 指示剂取代酚酞指示剂。百里香酚酞的滴定终点颜色变蓝色,碱性蓝 6B 指示剂的滴定终点为由蓝色变红色。米糠油(稻米油)的冷溶剂指示剂法测定酸价只能用碱性蓝 6B 指示剂。

4.空白试验

另取一个干净的 250 mL 的锥形瓶,准确加入与试样测定时相同体积、相同种类的有机溶剂混合液和指示剂,振摇混匀。然后再用装有标准滴定溶液的刻度滴定管进行手工滴定。当溶液初现微红色,且 15 s 内无明显褪色时,为滴定的终点。立刻停止滴定,记录下此滴定所消耗的标准滴定溶液的毫升数,此数值为 V_0。

对于冷溶剂指示剂滴定法,也可在配制好的试样溶解液中滴加数滴指示剂,然后用标准滴定溶液滴定试样溶解液至相应的颜色变化且 15 s 内无明显褪色后停止滴定。此时试样溶解液的酸性正好被中和。再以这种酸性被中和的试样溶解液溶解油脂试样，然后用同样的方法继续滴定试样溶液至相应的颜色变化且 15 s 内无明显褪色，记录下此滴定所消耗的标准滴定溶液的毫升数，此数值为 V，如此无需再进行空白试验，即 $V_0=0$。

(四)数据和计算

【实验记录】

实验记录参考表 4-9。

表 4-9　酸价测定实验记录表

时间：	地点：		实验员：	室内温度：
X_{AV}—酸价：　　mg/g				
项目	第一次	第二次	第三次	第四次
样品质量/g				
标准滴定溶液的摩尔浓度/(mol/L)				
试样测定所消耗的标准滴定溶液的体积/mL				
相应的空白测定所消耗的标准滴定溶液的体积/mL				

【数据计算】

酸价(又称酸值)按照式(4-7)的要求进行计算：

$$X_{AV}=\frac{(V-V_0)\times c\times 56.1}{m} \tag{4-7}$$

式中：X_{AV}——酸价，mg/g；

V——试样测定所消耗的标准滴定溶液的体积，mL；

V_0——相应的空白测定所消耗的标准滴定溶液的体积，mL；

c——标准滴定溶液的摩尔浓度，mol/L；

56.1——氢氧化钾的摩尔质量，g/mol；

m——油脂样品的称样量，g。

(五)注意事项

(1)必须穿好实验服，注意佩戴隔热手套和口罩，方可操作。

(2)样品称取前应充分混合，以保证样品的均匀性。

(3)注意滴定终点的判定。

(六)思考题

(1)若油脂中水分含量过大对实验有什么影响?

(2)油脂酸价的测定有哪些别的方法?

三、过氧化值测定

参考第二章食品分析基础实验:食品中过氧化值的测定。

四、碘值的测定

【实验原理】

在溶剂中溶解试样,加入韦氏(Wijs)试剂反应一定时间后,再加入碘化钾和水,用硫代硫酸钠溶液滴定析出的碘。

【器材与试剂】

1. 实验仪器

玻璃称量皿、容量为500 mL的具塞锥形瓶、分析天平。

2. 实验试剂

(1)碘化钾溶液(KI):100 g/L,不含碘酸盐或游离碘。

(2)淀粉溶液:将5 g可溶性淀粉在30 mL水中混合,加入1000 mL沸水,并煮沸3 min,然后冷却。

(3)硫代硫酸钠标准溶液:$c(Na_2S_2O_3)=0.1$ mol/L,标定后7天内使用。

(4)溶剂:将环己烷和冰乙酸等体积混合。

(5)韦氏(Wijs)试剂:含一氯化碘的乙酸溶液。韦氏(Wijs)试剂中I/Cl的值应控制在1.10 ± 0.1。

【实验步骤】

1. 样品的称取

估计样品的碘值,称取0.10~15.00 g的样品,精确到0.001 g。

2. 样品的测定

将盛有试样的称量皿放入500 mL锥形瓶中,加入25 mL溶剂溶解试样,用移液管准确吸取25 mL韦氏(Wijs)试剂,塞好盖子,摇匀后将锥形瓶置于暗处。同时不加试样制作空白溶液。

对于估计碘值低于150的样品,锥形瓶应放于暗处静置1 h;对于碘值高于150的、已聚合的、含有共轭脂肪酸的(如桐油、脱水蓖麻油)、含有任何一种酮类脂肪酸(如不同程度的氢化蓖麻油)的,以及氧化到相当程度的样品,应置于暗处2 h。

到达规定的反应时间后，加 20 mL 碘化钾溶液和 150 mL 水。用标定过的硫代硫酸钠标准溶液滴定至碘的黄色接近消失。加几滴淀粉溶液继续滴定，一边滴定一边用力摇动锥形瓶，直到蓝色刚好消失。也可用电位滴定法确定终点。

【数据和计算】

1.实验记录

实验记录参考表 4-10。

表 4-10 碘值实验记录表

时间：	地点：		实验员：	室内温度：
W_i—试样的碘值：　g/100 g				
项目	第一次	第二次	第三次	第四次
样品质量/g				
空白溶液消耗硫代硫酸钠标准溶液的体积/mL				
样品溶液消耗硫代硫酸钠标准溶液的体积/mL				
硫代硫酸钠标准溶液的浓度/(mol/L)				
标准差				

2.结果计算

样品的碘值按式(4-8)计算：

$$W_i=\frac{12.69\times c\times(V_1-V_2)}{m} \tag{4-8}$$

式中：W_i——试样的碘值，g/100 g；

c——硫代硫酸钠标准溶液的浓度，mol/L；

V_1——空白溶液消耗硫代硫酸钠标准溶液的体积，mL；

V_2——样品溶液消耗硫代硫酸钠标准溶液的体积，mL；

m——试样的质量，g。

【注意事项】

(1)必须穿好实验服，注意佩戴隔热手套和口罩，方可操作。

(2)样品称取前应充分混合，以保证样品的均匀性。

(3)注意滴定终点的判断。

(4)实验过程中注意避光。

【思考题】

(1)滴定过程中淀粉为什么不能过早加入?

(2)测定碘值有何意义?液体油和固体脂碘值有何区别?

五、脂肪酸组成的测定

参考第三章食品分析创新实验:油脂中脂肪酸组成的测定。

实验七　蛋及蛋制品的安全性检验

一、实验背景

【概述】

蛋及蛋制品的营养价值较高,富含优质蛋白质。因此蛋及蛋制品的安全性对消费者的身体健康以及社会的可持续发展有着重要意义。

食品安全问题是人们高度关注的问题,特别是原料的新鲜程度,其质量检测也至关重要。GB/T 5009.47 规定了蛋与蛋制品中各项卫生指标的分析方法,适合鲜蛋及蛋制品中感官测定(GB 2745)、液相色谱-原子荧光光谱法测定无机砷含量(GB 5009.11)、火焰原子吸收光谱法测定锌含量(GB 5009.14)和液相色谱-质谱法测定多西环素残留量(GB 31659.2)。

【实验目的】

(1)学习无机砷、锌以及多西环素含量检测的原理。

(2)掌握液相色谱法-原子荧光光谱法的操作技术,包括样品预处理、样品消解等。

【课前准备】

根据国家标准中规定的蛋及蛋制品中无机砷、锌和多西环素检测方法,了解各实验的操作流程图及仪器使用说明。在实验步骤旁注明标准曲线绘制的表格、色谱图范围确证及原理公式。

【思维导图】

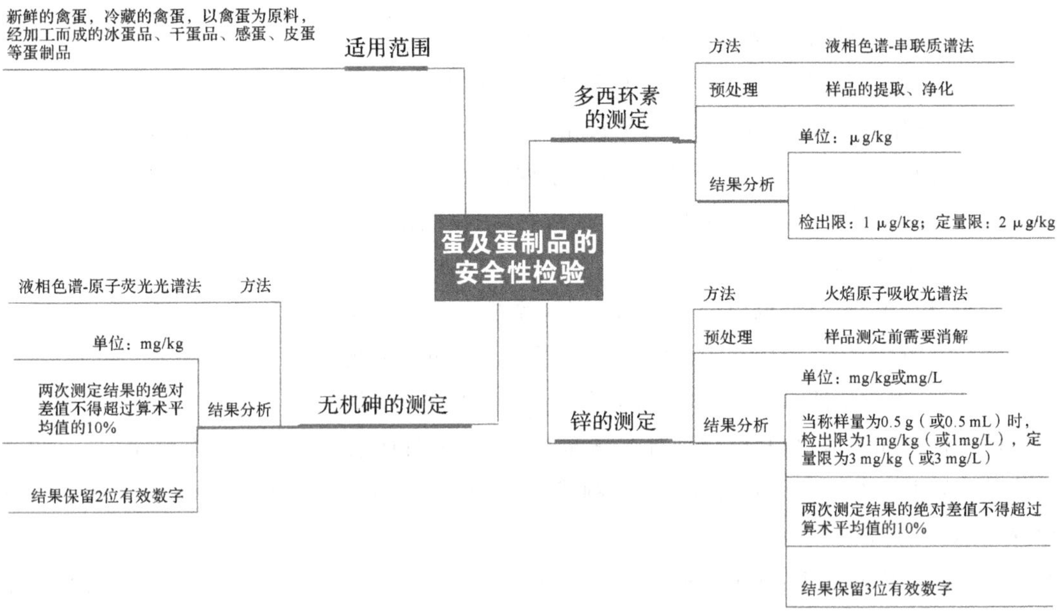

二、砷含量的测定

参考第二章食品分析基础实验：食品中砷的测定。

三、锌含量的测定

参考第二章食品分析基础实验：食品中锌的测定。

四、多西环素残留量的测定

（一）实验原理

试样中残留的多西环素，经 Mcllvanine-Na_2EDTA 缓冲液提取，HLB 固相萃取柱净化，液相色谱-质谱法测定，外标法定量。

（二）器材与试剂

1. 实验仪器

液相色谱-质谱仪、分析天平、涡旋混合器、涡旋振荡器、高速冷冻离心机、固相萃取装置、氮吹仪。

2. 实验试剂

(1)乙腈(CH_3CN):色谱纯。

(2)一水柠檬酸($C_6H_8O_7 \cdot 1H_2O$)。

(3)十二水磷酸氢二钠($Na_2HPO_4 \cdot 12H_2O$)。

(4)二水乙二胺四乙酸二钠($C_{12}H_{14}N_2Na_2O_8 \cdot 2H_2O$)。

(5)氢氧化钠溶液(1 mol/L):取氢氧化钠 4 g,加水溶解并稀释至 100 mL,混匀。

(6)Mcllvaine-Na_2EDTA 缓冲液:取一水柠檬酸 12.9 g、十二水磷酸氢二钠 27.6 g、二水乙二胺四乙酸二钠 37.2 g,加水 900 mL 使溶解,用氢氧化钠溶液调 pH 至 4.0±0.5,加水稀释至 1000 mL,混匀。

(7)0.1%甲酸溶液:取甲酸 500 μL,用水稀释至 500 mL,混匀。

(8)5%甲醇溶液:取甲醇 5 mL,用水稀释至 100 mL,混匀。

(9)30%甲醇溶液:取甲醇 30 mL,用水稀释至 100 mL,混匀。

(10)标准储备液:取盐酸多西环素适量(相当于多西环素 10 mg),精密称定,加甲醇适量使其溶解并定容至 10 mL 容量瓶,配制成浓度为 1 mg/mL 的标准储备液。−18 ℃以下保存,有效期 1 个月。

(11)标准中间液Ⅰ:准确量取标准储备液 0.1 mL 于 10 mL 容量瓶,用 30%甲醇稀释至刻度,混匀,配制成浓度为 10 μg/mL 的标准中间液Ⅰ。现用现配。

(12)标准中间液Ⅱ:准确量取中间液 11.0 mL,于 10 mL 容量瓶中,用 30%甲醇稀释至刻度,混匀,配制成浓度为 1000 ng/mL 的标准中间液Ⅱ。现用现配。

(13)系列标准工作液:分别准确量取标准中间液Ⅱ 0.1,0.2,0.5,1.0,2.0 mL 于 10 mL 容量瓶中,用 30%甲醇稀释至刻度,混匀,配制成浓度分别为 10,20,50,100,200 ng/mL 的系列标准工作液。现用现配。

(三)实验步骤

1. 试样制备

取适量新鲜的空白或供试禽蛋,去壳并均质。

2. 试样保存

禽蛋−18 ℃以下保存。

3. 试样测定

(1)提取:取试样 2 g(准确至±0.05 g),于 50 mL 聚丙烯离心管中,加入 Mcllvaine-Na_2EDTA 缓冲液 8 mL,振荡 10 min,4 ℃下 14000 r/min 离心 10 min,吸取上层液体于另一 50 mL 离心管中。用 Mcllvaine-Na_2EDTA 缓冲液重复提取 2 次,每次 8 mL,合并提取液,4 ℃下 14000 r/min 离心 10 min,取上清液备用。

(2)净化:取固相萃取柱,依次用甲醇、水各 3 mL 活化。取备用液,过柱,用水 3 mL,5%甲醇3 mL淋洗,抽干,加甲醇 3 mL 洗脱。抽干,收集洗脱液,于 40 ℃下氮气吹至液体小于 1 mL,加 30%甲醇至 1.0 mL,涡旋混匀,过微孔尼龙滤膜,供液相色谱-质谱仪测定。

(3)基质匹配标准曲线的制备:准确移取系列标准工作液各 100 μL 于经提取净化步骤

处理所得空白洗脱液中。40 ℃下氮气吹至液体小于 1 mL，加 30%甲醇至 1.0 mL，涡旋混匀，配制成浓度为 1.0，2.0，5.0，10.0，20.0 ng/mL 的系列基质匹配标准溶液，过微孔尼龙滤膜，供液相色谱-串联质谱仪测定。以多西环素特征离子质量色谱峰面积为纵坐标、标准溶液浓度为横坐标，绘制基质匹配标准曲线。

(4)测定

A. 液相色谱参考条件如下：

a)色谱柱：C_{18}柱，柱长 10 mm，内径 2.1 mm，粒径 1.7 μm，或相当者；

b)流动相：A 为乙腈，B 为 0.1%甲酸溶液。

c)流速：0.3 mL/min；

d 进样量：10 μL；

e)柱温：30 ℃；

f)流动相梯度洗脱程序见表 4-11。

表 4-11 梯度洗脱程序

时间/min	A/%	B/%
0.0	10	90
4.0	40	60
4.1	10	90
5.0	10	90

B. 质谱参考条件：

a)离子源：电喷雾离子源；

b)扫描方式：正离子扫描；

c)检测方式：多反应离子监测(MRM)；

d)离子源温度：150 ℃；

e)脱溶剂温度：450 ℃；

f)毛细管电压：3.3 kV；

g)定性离子对、定量离子对及锥孔电压和碰撞能量见表 4-12。

表 4-12 多西环素药物的质谱参数

被测物名称	定性离子对 m/z	定量离子对 m/z	锥孔电压 /V	碰撞能量 /eV
多西环素	445.2>321.0	445.2>154.0	34	28.0
	445.2>154.0			28.0

C. 测定法

a)定性测定

在同样测试条件下，试样溶液中多西环素的保留时间与基质匹配标准工作液中多西环素的保留时间相对偏差在±2.5%以内，且检测到的相对离子丰度，应与浓度相当的基质匹配标准溶液的相对丰度一致。其允许偏差应符合表 4-13 的要求。

表 4-13　定性测定时相对离子丰度的最大允许偏差

相对离子丰度	允许偏差
>50	±20
20～50	±25
10～20	±30
≤10	±50

b)定量测定

取试样溶液和基质匹配标准工作液，做单点或多点校准，按外标法以峰面积定量。基质匹配标准工作液及试样溶液中的多西环素响应值均应在仪器检测的线性范围。在上述色谱-质谱条件下，空白鸡蛋基质匹配标准溶液特征离子质量色谱图见 4-3。

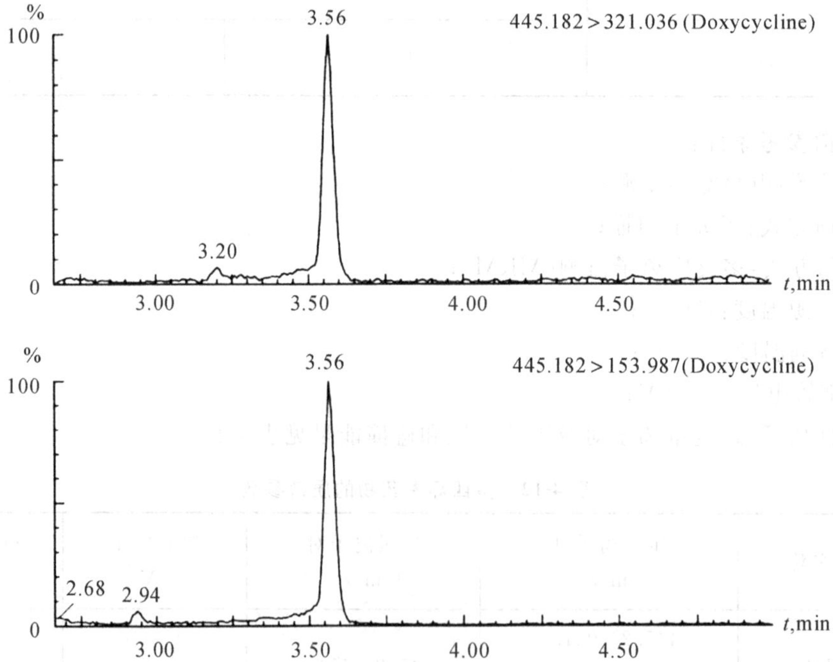

图 4-3　空白鸡蛋基质匹配标准溶液特征离子质量色谱图(4 μg/L)

(四)数据和计算

【实验记录】

实验记录参考表 4-14。

表 4-14　实验记录

时间：	地点：		实验员：	室内温度：
X—试样中多西环素残留量：　　μg/kg				
项目	第一次	第二次	第三次	第四次
基质匹配标准溶液中多西环素浓度/(ng/mL)				
试样溶液中多西环素峰面积				
基质匹配标准溶液中多西环素峰面积				
溶解残留物所用液体体积/mL				
标准差				

【结果计算】

试样中多西环素残留量按照标准曲线或式(4-9)计算：

$$X=\frac{c_s \times A_i \times V}{A_s \times m} \tag{4-9}$$

式中：X——试样中多西环素残留量的数值，μg/kg；

C_s——基质匹配标准溶液中多西环素浓度的数值，ng/mL；

A_i——样品溶液中多西环素峰面积；

V——溶解残留物所用液体体积的数值，mL；

A_s——基质匹配标准溶液中多西环素峰面积；

m——试样质量的数值，g。

(五)注意事项

(1)必须穿好实验服，注意佩戴隔热手套和口罩，方可操作。

(2)样品称取前应充分混合，以保证样品的均匀性。

(3)注意样品和标准溶液的准确配置。

(六)思考题

(1)高效液相色谱如何实现高效、快速、灵敏?

(2)流动相为什么要脱气?脱气的方法有哪些?

实验八　肉及肉制品的安全性检验

一、实验背景

【概述】

肉及肉制品的种类繁多,是餐桌上必不可少的一部分。因此肉及肉制品的安全性检验对消费者的身体健康有着非常重要的现实意义。挥发性盐基氮是肉制品腐败的标志物,GB 2707 规定,畜禽产品中挥发性盐基氮的含量应≤15 mg/100 g;亚硝酸盐可以抑菌、抗氧化、增强风味,是肉制品中常用的食品添加剂之一,GB 1886.11 规定其残留量应≤30 mg/kg(以亚硝酸钠计),可以使用离子色谱法测定亚硝酸盐;氯霉素为动物食品中禁止使用的化合物,肉制品中不得检出氯霉素,可使用气相色谱-质谱对肉制品中的氯霉素进行检测;GB 2762 中规定肉制品中总汞的限量≤0.05 mg/kg,可使用原子荧光光谱法进行测定。

【实验目的】

(1)掌握挥发性盐基氮、亚硝酸盐、氯霉素、总汞含量检测的原理。

(2)掌握自动定氮仪的操作技术,包括样品处理及挥发性盐基氮的测定等。

(3)掌握离子色谱法的操作技术,包括样品的提取及亚硝酸盐的测定等。

(4)掌握气相色谱-质谱法的操作技术,包括样品的提取、固相萃取及氯霉素的色谱确证及含量计算等。

(5)掌握原子荧光光谱法的操作技术,包括样品的提取及食品中总汞的测定等。

【课前准备】

按国家标准中规定的挥发性盐基氮、亚硝酸盐、氯霉素、总汞的检测方法,了解各实验的操作流程图及仪器使用说明。在实验步骤旁注明标准曲线绘制的数据表格、色谱图范围确证及原理公式。

【思维导图】

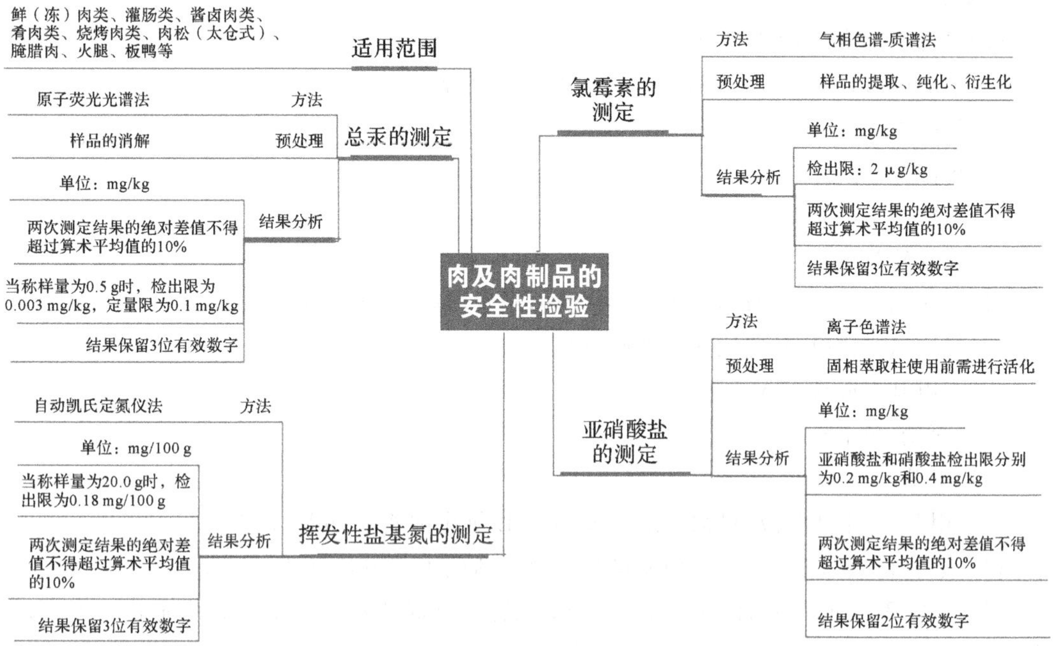

二、挥发性盐基氮的测定

参考第二章食品分析基础实验：食品中挥发性盐基氮的测定。

三、亚硝酸盐的测定

参考第二章食品分析基础实验：食品中亚硝酸盐，硝酸盐含量的测定。

四、氯霉素的测定

（一）实验原理

样品中氯霉素用乙酸乙酯提取，脂肪用正己烷去除，经 C_{18} 净化，BSTFA ∶ TMCS（99 ∶ 1）衍生后，用 NCI 源选择 m/z 为 466 的特征离子作为目标离子，在 SIM 模式下进行 GC-MS 测定。

（二）器材和试剂

1. 实验仪器

气相色谱-质谱联用仪（GC-MS）、分析天平（可准确称重至 0.000 1 g 及可准确称重至 0.01 g）、离心机（5500 r/min）、涡旋仪、固相萃取装置、旋转蒸发仪、均质器、振荡器、绞肉机、斩拌机等肉类组织粉碎机、氮吹仪、具塞离心管(50 mL,10 mL)、C_{18}固相萃取柱(200 mg,3 mL)。

2. 实验试剂

(1)氯霉素标准品:纯度≥99%。

(2)甲醇(色谱纯):甲醇∶水=2∶8配置成甲醇溶液。

(3)三氯甲烷。

(4)正己烷:色谱纯。

(5)乙酸乙酯。

(6)无水硫酸钠。

(7)氯化钠(40 g/L):称取4.00 g氯化钠,用水溶解,定容至100 mL。

(8)*N*,*O*-双三甲基硅烷三氟乙酰胺(BSTFA)。

(9)三甲基氯硅烷(TMCS)。

(10)丙酮(色谱纯)。

(11)甲苯。

(12)甲醇-氯化钠溶液:量取甲醇溶液20 mL氯化钠液80 mL混匀。

(13)混合衍生剂:*N*,*O*-双三甲基硅烷三氟乙酰胺∶三甲基氯硅烷=99∶1。

(14)氯霉素标准储备溶液(c=0.1 mg/mL):称取氯霉素标准品0.01 g(精确至0.0001 g),用丙酮溶解并定容至100 mL。储备液贮存在4 ℃冰箱中,可使用两个月。

(15)氯霉素标准工作溶液:根据试验需要,用丙酮稀释标准储备液,配成适当浓度的标准工作溶液。

(三)实验步骤

1. 样品制备

至少取有代表性的样品200 g,使用适当的机械设备将试样均质。均质后的样品尽快分析,否则,应密封低温贮存,防止样品变质或成分发生变化。贮存的样品在启用时,应重新混匀。

2. 提取

称取10 g样品(精确至0.01 g)置于50 mL具塞离心管中,加入少量无水硫酸钠和30 mL乙酸乙酯均质1 min,以5000 r/min离心5 min后,用吸管吸出上层乙酸乙酯于浓缩瓶中,残渣再加人乙酸乙酯15 mL重复提取样品。合并提取液,提取液在50 ℃水浴中旋转蒸发,除去乙酸乙酯,加入1 mL甲醇-氯化钠溶液和4 mL正己烷,充分振摇后,转移至10 mL具塞离心管中,用1 mL甲醇-氯化钠溶液清洗浓缩瓶,合并清洗液于10 mL具塞离心管中。涡旋0.5 min,经3000/min离心3 min后,用吸管吸去正己烷,加入4 mL正己烷重复上述操作。然后在离心管中加入4 mL乙酸乙酯涡旋1 min,经3000 r/min离心3 min后,用吸管吸出乙酸乙酯,加入4 mL乙酸乙酯重复上述操作,合并乙酸乙酯于浓缩瓶中,在50 ℃水浴中旋转浓缩至近干,用5 mL水溶解残渣。

3. 样品净化

依次用5 mL甲醇、5 mL三氯甲烷、5 mL甲醇、5 mL水活化C_{18}固相萃取柱,再加入上述步骤中得到的提取液，加 5 mL 甲醇溶液淋洗色谱柱，用 25 mL 甲醇洗脱于浓缩瓶中，洗脱液在 50 ℃下浓缩至近干。用 100 μL 甲醇溶解残渣并转移至 10 mL 具塞离心管中，再用甲醇冲洗浓缩瓶，合并洗液，于 50 ℃下用氮气吹干。

4. 衍生化

于吹干的样品残渣中加入 100 μL 甲苯和 100 μL 混合衍生剂，盖紧塞后，涡旋混匀 1 min，60 ℃下反应 30 min，然后在 50 ℃下用氮气吹干，加入 1 mL 正己烷溶解残渣。

配置好的标准工作液也需要进行衍生化操作。另取空白样液（不取样品）并按照上述1～4的步骤进行处理。

5. 测定

（1）气相色谱-质谱法测定条件

色谱柱：DB-5MS（30 m×0.25 mm×0.25 μm）石英毛细管柱或相当者；

载气：氮气，纯度＞99.999％；

流速：1.65 mL/min；

进样口温度：250 ℃；

进样量：1 μL；

进样方式：无分流（保持 1 min）进样；

柱温程序：初始 55 ℃，保持 1 min，以 25 ℃/min 速度升至 280 ℃，保持 6 min；

NCI 源：70 eV；

离子源温度：150 ℃；

接口温度：280 ℃；

溶剂延迟：7 min；

反应气：甲烷，纯度＞99.99％；

特征检测离子如表 4-15 所示。

表 4-15　特征检测离子

保留时间/min	目标物	检测离子 m/z
12.58	CAP-TMS	466，468，376，378

（2）定性测定：进行样品测定时，如果色谱峰保留时间与标准样品相一致，并且在扣除背景后的样品质谱图中，所选择的离子均出现，所选择的离子比与标准样品衍生物的离子比相一致（各离子比在标准品的±10％之内），则可判断样品中存在氯霉素。

（3）定量测定：吸取 1 μL 衍生的试样液、标准液或空白液，注到气相色谱-质谱联用仪中，以 m/z 466 为定量离子标准工作液中氯霉素的浓度为横坐标，峰面积为纵坐标，绘制标准曲线。根据试样液的峰面积，从标准曲线上查出溶液中对应的氯霉素浓度值。用标准工作曲线对试样进行定量，样品溶液中氯霉素衍生物的响应值均应在仪器测定的线性范围内。

在上述色谱条件下，氯霉素衍生物的参考保留时间为 12.58 min。氯霉素标准物质衍生物总离子流图和质谱图以及氯霉素标准物质衍生物选择离子质谱图参见图 4-4 至图 4-6。

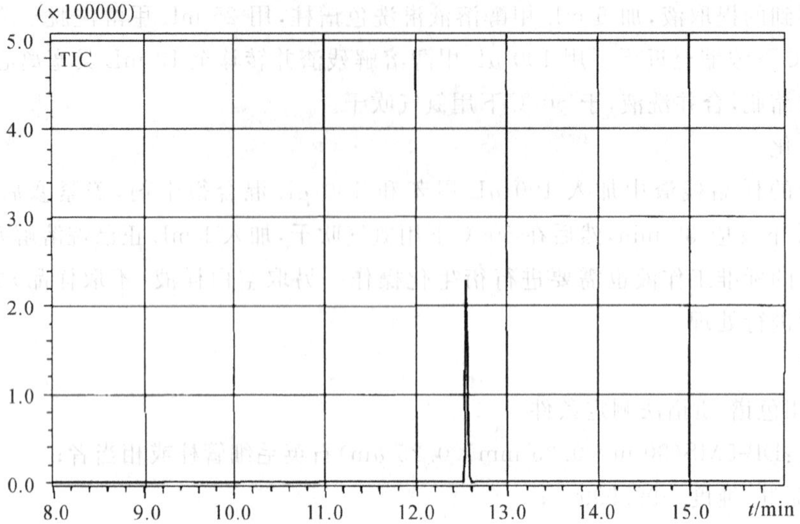

图 4-4　氯霉素标准物质衍生物的总离子流

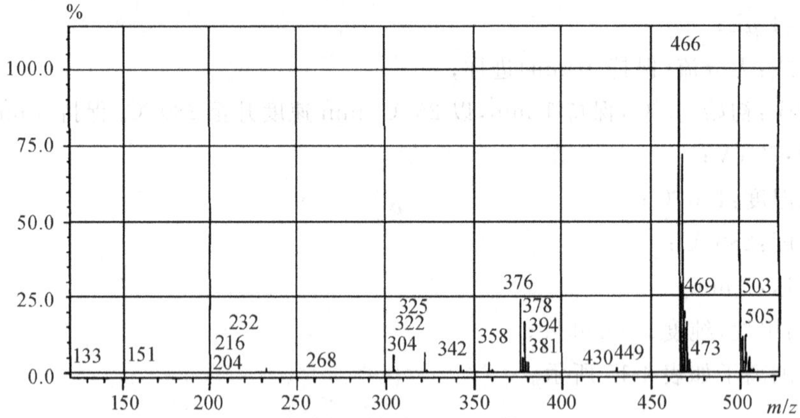

图 4-5　氯霉素标准物质衍生物的质谱图

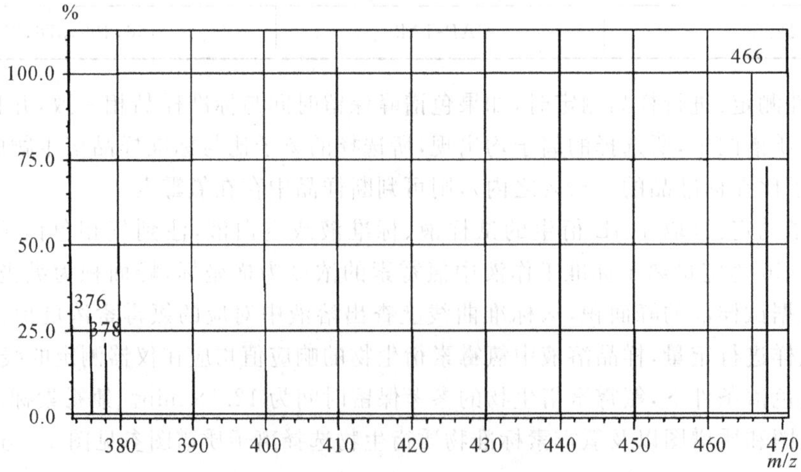

图 4-6　氯霉素标准物质衍生物的选择离子质谱图

(4)平行试验:按以上步骤,对同一样品进行平行试验测定。

(四)数据和计算

【实验记录】

实验记录参考表 4-16。

表 4-16　实验记录参考表

时间:	地点:	实验员:		室内温度:
X—试样中氯霉素的含量:　μg/kg				
项目	第一次	第二次	第三次	第四次
样品质量/g				
标准工作曲线上查得试样液中氯霉素的浓度/(ng/mL)				
标准工作曲线上查得空白液中氯霉素的浓度/(ng/mL)				
试样定容体积/mL				
标准差				

【数据计算】

按式(4-10)计算样品中氯霉素的含量。

$$X=\frac{(c-c_0\times V\times 10^{-3})}{m\times 10^{-3}} \tag{4-10}$$

式中:X——试样中氯霉素的含量,μg/kg;

c——从标准工作曲线上查得试样液中氯霉素的浓度,ng/mL;

c_0——从标准工作曲线上查得空白液中氯霉素的浓度,ng/mL;

V——试样定容体积,mL;

m——称取试样的质量,g。

结果取算术平均值,保留三位有效数字。

(五)注意事项

(1)必须穿好实验服,注意佩戴隔热手套和口罩,方可操作。

(2)样品称取前应充分混合,以保证样品的均匀性。

(3)注意样品和标准溶液的准确配置。

(六)思考题

(1)气相色谱-质谱的工作原理是什么?还可以用于什么检测?
(2)除了氯霉素,肉制品中还有什么常用的兽药?可以用什么方法来检测这些兽药?

五、总汞含量的测定

参考第二章食品分析基础实验:食品中有机磷农药残留量的测定。

实验九　酱油的安全性检验

一、实验背景

【概述】

酱油可以提供咸味,还可以使得菜品具有诱人的颜色,提高食品的感官体验。因此,酱油在人们日常烹饪中有着不可或缺的作用,是其中关键的调味品之一。酱油的品质及安全性对食品安全尤为重要。

GB 2717 规定酱油中的氨基酸态氮≥0.4 g/100 mL,按 GB 5009.235 中的方法测定。铵盐越低,在一定程度上说明酱油的发酵工艺和品质控制得更好。酿造酱油标准 GB 18186 以铵盐占比来限制它的含量,即铵盐含量不得超过氨基酸态氮的 30%。苯甲酸、山梨酸测定使用气相色谱法进行测定,苯甲酸、山梨酸的检出限均为 0.005 g/kg,定量限均为 0.01 g/kg。GB 1886.183 及 GB 1886.39 中规定酱油中苯甲酸、山梨酸的最大使用量为 1 g/kg。酱油卫生标准要求食盐含量不低于 15 g/100 mL(以氯化钠计)。

【实验目的】

(1)掌握氨基酸态氮、铵盐、苯甲酸和山梨酸以及食盐含量检测的原理。
(2)掌握酸度计的操作技术,包括样品的提取及氨基酸态氮的定量测定等。
(3)掌握半微量定氮法的操作技术,包括样品的提取及铵盐含量计算等。
(4)掌握气相色谱法的操作技术,包括样品的处理及苯甲酸及山梨酸含量计算等。
(5)掌握食盐测定的操作技术,包括样品预处理及食盐含量计算等。

【课前准备】

学习国家标准中规定的氨基酸态氮、铵盐、苯甲酸和山梨酸以及食盐含量检测方法,了解各实验的操作流程及仪器使用方法,在实验步骤旁注明标准曲线绘制表格、色谱图范围确证及原理公式。

【思维导图】

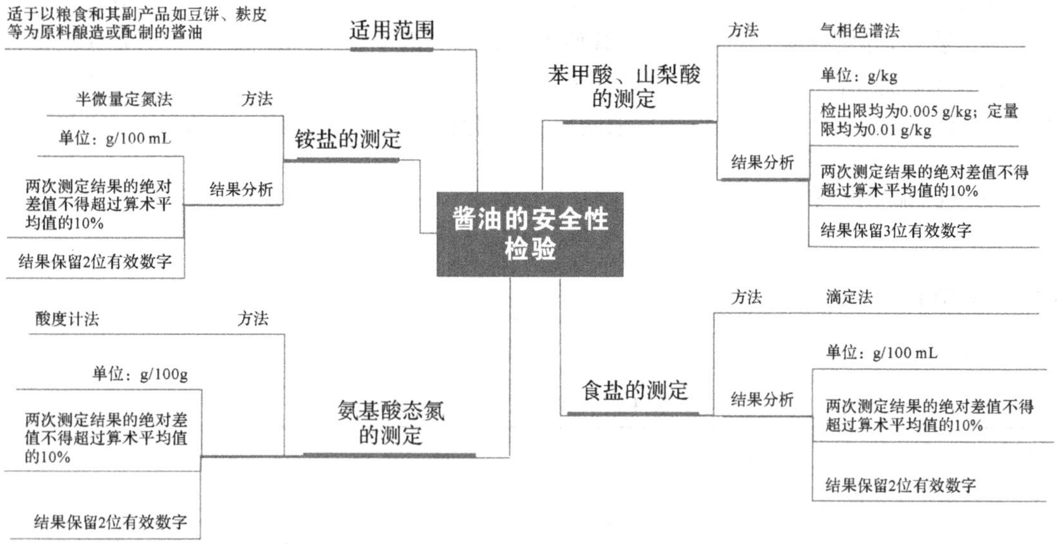

二、氨基酸态氮的测定

参考第二章食品分析基础实验：食品中氨基酸态氮的测定。

三、铵盐的测定

（一）实验原理

样品在碱性溶液中加热蒸馏，使氨游离出来，被硼酸溶液吸收，然后用盐酸标准溶液滴定计算含量。

（二）器材与试剂

1. 实验仪器

滴定管。

2. 实验试剂

(1)氧化镁。

(2)硼酸(20 g/L)。

(3)甲基红。

(4)溴甲酚绿。

(5)乙醇。

(6)盐酸标准滴定液[c(HCl)]=0.100 mol/L。

(7)混合指示液：甲基红-乙醇溶液(2 g/L)1 份与溴甲酚绿-乙醇溶液(2 g/L)5 份，临用新配。

(三)实验步骤

准确吸取 2 mL 混匀试样,置于 500 mL 蒸馏瓶中,加 150 mL 蒸馏水及 1 g 氧化镁。连接好蒸馏装置,并使冷凝管下端连接弯管伸入接收瓶液面下,吸收瓶内盛有 10 mL 硼酸溶液(20 g/L)及 2 滴混合指示剂,加热蒸馏,溶液沸腾约 30 min 即可,用少量水冲洗弯管,以盐酸标准滴定液(0.100 mol/L)滴定至终点。取同量水、氧化镁、硼酸溶液按同一方法做空白实验。

(四)数据和计算

【实验记录】

实验记录参考表 4-17。

表 4-17 实验记录表参考表

时间:	地点:		实验员:	室内温度:
X—酱油中铵盐含量: g/100 mL				
项目	第一次	第二次	第三次	第四次
试样体积/mL				
测定用试样消耗盐酸标准滴定液的体积/mL				
试剂空白消耗盐酸标准溶液的体积/mL				
盐酸标准滴定液的实际浓度/(mol/L)				
标准差				

【结果计算】

试样中铵盐的含量按式(4-11)计算

$$X=\frac{(V_1-V_2)\times c\times 0.017}{V_3}\times 100 \tag{4-11}$$

式中:X——酱油中铵盐含量,g/100 mL;

V_1——测定用试样消耗盐酸标准滴定液的体积,mL;

V_2——试剂空白消耗盐酸标准溶液的体积,mL;

c——盐酸标准滴定液的实际浓度,mol/L;

0.017——与 1.00 mL 盐酸标准滴定液[c(HCl)]=0.100 mol/L 相当的铵盐(以氨计)的质量,g/mmol;

V_3——试样体积,mL;

100——换算系数。

计算结果以重复性条件下获得的两次独立测定结果的算术平均值表示,保留2位有效数字。

(五)注意事项

(1)必须穿好实验服,注意佩戴隔热手套和口罩,方可操作。
(2)样品称取前应充分混合,以保证样品的均匀性。
(3)注意样品和标准溶液的准确配置。

(六)思考题

为什么要测定铵盐?其意义是什么?

四、苯甲酸、山梨酸的测定

参考第二章食品分析基础实验:食品中合成着色剂含量的测定。

五、食盐的测定

(一)实验原理

食盐的测定以氯化钠计。用硝酸银标准溶液滴定试样中的氯化钠,生成氯化银沉淀。待全部氯化银沉淀后,多滴加的硝酸银与铬酸钾指示剂生成铬酸银,溶液呈橘红色即为终点。由硝酸银标准滴定溶液消耗量计算氯化钠的含量。

(二)器材与试剂

1.实验器材
10 mL微量滴定管。
2.实验试剂
(1)硝酸银标准滴定溶液[$c(AgNO_3)=0.100$ mol/L]。
(2)铬酸钾溶液(50 g/L):称取5 g铬酸用少量水解后定容至100 mL。

(三)实验步骤

吸取2.0 mL试样稀释液,于150~200 mL锥形瓶中加100 mL水及1 mL铬酸溶液(50 g/L),混匀。用硝酸银标准溶液(0.100 mol/L)滴定至初显橘红色量。

取100 mL水,同时做试剂空白试验。

(四)数据和计算

【实验记录】

实验记录参考表4-18。

表 4-18 实验记录表参考表

时间：	地点：		实验员：	室内温度：
X—试样中食盐的含量： g/100 mL				
项目	第一次	第二次	第三次	第四次
试样体积/mL				
测定用试样稀释液消耗硝酸银标准滴定溶液的体积/mL				
空白消耗硝酸银标准滴定溶液的体积/mL				
硝酸银标准滴定溶液的浓度/(mol/L)				
标准差				

【结果计算】

试样中食盐(以氯化钠计)的含量按式(4-12)进行计算

$$X=\frac{(V_1-V_2)\times c\times 0.0585}{5\times 2/100}\times 100 \tag{4-12}$$

式中：X——试样中食盐(以氯化钠计)的含量，g/100 mL；

V_1——测定用试样稀释液消耗硝酸银标准滴定溶液的体积，mL；

V_2——试剂空白消耗硝酸银标准滴定溶液的体积，mL；

c——硝酸银标准滴定溶液的浓度，mol/L；

0.0585——与 1.00 mL 硝酸银标准溶液[$c(AgNO_3)=1.000$ mol/L]相当的氯化钠的质量，g/mmol。

计算结果保留三位有效数字。

(五)注意事项

(1)必须穿好实验服，注意佩戴隔热手套和口罩，方可操作。

(2)样品称取前应充分混合，以保证样品的均匀性。

(3)注意样品和标准溶液的准确配置。

(六)思考题

为什么要测定酱油中的食盐含量？

仪器介绍：凯式定氮仪

仪器介绍：气相色谱仪

仪器介绍：气相色谱质谱联用仪

仪器介绍：液相色谱仪

仪器介绍：液相色谱质谱联用仪

仪器介绍：液相色谱-电感耦合等离子质谱联用仪

参考文献

[1] 李敏，郑俏然. 食品分析实验指导[M]. 北京：中国轻工业出版社，2019.

[2] 戚穗坚，杨丽. 食品分析实验指导[M]. 北京：中国轻工业出版社，2018.

[3] (美)S. Suzanne Nielsen. 食品分析实验指导(第三版)[M]. 王永华，王丽军，蓝东明，译. 北京：中国轻工业出版社，2020.

[4] 高向阳，宋莲军. 现代食品分析实验[M]. 北京：科学出版社，2013.

[5] 赵晓娟，黄桂颖. 食品分析实验指导[M]. 北京：中国轻工业出版社，2016.

[6] 周菲. 桂花苯乙醇苷生物利用度的影响机制及其基于纳米载体的改善研究[D]. 杭州：浙江大学，2018.

[7] 曾维才. 食品分析实验[M]. 成都：四川大学出版社，2018.

[8] 丁晓雯. 食品分析实验[M]. 北京：中国林业出版社，2012.

[9] 张清安，范学辉. 食品分析与检验一体化实验指导[M]. 北京：科学出版社，2019.

[10] 高义霞，周向军. 食品仪器分析实验指导[M]. 成都：西南交通大学出版社，2016.

[11] 吉坤美，陈家杰，詹群珊，等. 胶体金免疫层析法检测食品中花生过敏原蛋白成分[J]. 食品研究与开发，2009，30(05)：101-105.

[12] 潘声旺，和垚，何茂萍，等. 胶体金免疫层析技术在检测乳制品中三聚氰胺的应用[J]. 四川农业大学学报，2020，38(03)：346-352.

[13] 宁军，李娜，严雨倩，等. 一种氯霉素高灵敏消线法检测试纸条的制备[J]. 食品安全导刊，2021，313(20)：165-168.

[14] 扶胜，冯才伟，杨梅，等. 胶体金免疫层析法快速检测赭曲霉毒素 A 在谷物及饲料中的研究[J]. 食品安全导刊，2016，135(12)：120-122.

[15] 涂顺，裘雪梅，谢少霞，等. 苏丹红 I 酶联免疫吸附检测方法的建立[J]. 食品与生物技术学报，2009，28(6)：791-794.

[16] 杨阿喜，胡效亚. 鲫鱼体内恩诺沙星的伏安法测定[J]. 食品科技，2011，36(12)：302-305，309.

[17] 但德忠，阮静纯. 微分电位溶出法连续测定饮料中的铜铅镉锌[J]. 分析试验室，2000(2)：27-30.

[18] 陈昌云. 现代食品安全分析综合实训指导[M]. 南京：南京大学出版社，2019.

[19] 胡美华，索莉莉，董瑞婷，等. 聚多巴胺磁分子印迹材料制备及其在食用油中黄曲霉毒素 B 富集中的应用[J]. 食品安全质量检测学报，2022，13(19)：6391-6398.

附　　录

附录一　实验记录规范

一、实验报告撰写模板

专业：____________________
姓名：____________________
学号：____________________
日期：____________________

浙江大学实验报告

课程名称：__________________　　　指导老师：________　　　成绩：________
实验名称：__________________
同组学生姓名：____

一、实验目的和要求

写明本次实验的具体目的，即为什么要做本次实验，以及本次实验的要求。

二、实验内容和原理

本次实验的内容和基本原理。

三、实验设备及材料

本次实验所有用到的仪器设备及材料。

四、实验方法和步骤

本次实验所采取的实验方法以及操作步骤。

五、实验结果与分析

对本次实验结果以及实验现象进行记录，并对实验现象产生的可能原因进行分析，对实验数据进行处理，对实验结果进行误差分析。

二、实验记录书写要求及管理规范

(1)实验记录必须做到及时、真实、准确、完整,防止漏记和随意涂改,严禁伪造和编造数据。

(2)常规试验方法应在首次实验记录时注明方法来源,并简述主要步骤。改进创新的实验方法应详细记录实验步骤和操作细节。

(3)实验过程中应详细记录实验过程中的具体操作,观察到的现象,异常现象的处理,产生异常现象的可能原因及影响因素的分析等。

(4)实验记录应用字规范,字迹工整,须用蓝色或黑色字迹的碳素笔书写。不得使用铅笔或其他易褪色的书写工具书写。

(5)实验记录应使用规范的专业术语,计量单位应采用国际标准计量单位,有效数字的取舍应符合实验要求;常用的外文缩写(包括实验试剂的外文缩写)应符合规范,首次出现时必须用中文加以注释,属外文译文的应注明其外文全名称。

(6)计算机、自动记录仪器打印的图表和数据资料等应按顺序粘贴在记录本或记录纸相应位置上,并在相应处注明实验日期;不易粘贴的,可另行整理,装订成册并加以编号,同时在记录本相应处注明标明,以便查对;试验图片、照片应粘贴在实验记录的相应位置上。

(7)实验记录应妥善保存,避免水浸、卷边、缺页,保持整洁、完好、不破损、不丢失。

三、实验记录的内容

(1)日期:包括年、月、日和时间,环境条件(如温度、湿度等)。

(2)实验名称。

(3)实验目的。

(4)实验材料。

(5)试剂(名称、批号、厂家、浓度、溶剂、保存条件)。

(6)仪器(名称、型号、供货厂商)。

(7)细胞/细菌(名称、复苏及冻存时间、保存处)。

(8)动物(品系、来源、年龄、性别、数量)。

(9)临床标本(姓名、性别、年龄、诊断及其他临床资料)。

(10)试剂的配制。

(11)实验方法:详细描述实验步骤。

(12)实验结果:包括所收集的原始数据、可视图及实验结果的整理。

(13)出现的问题:应分析其可能的原因及解决方法,并详细记录于实验记录本上。

(14)实验小结:简短的实验结果总结和解释,有助于指导后续的研究。其内容包括主要结论、存在问题、改进方法和实验体会等。